国家社科基金重点项目（批准号：15AZD079）
西南民族大学国家一流本科专业建设点资助项目，XNYL2020001

政府、企业、公众共治环境污染相互作用的机理与实证研究

The Mechanism and Empirical Research of the Interaction between Government,Enterprises and the Public in Co-governance of Environmental Pollution

姜太碧　李 强　马训舟　王 鹏　杨 丽◎著

·北 京·

图书在版编目（CIP）数据

政府、企业、公众共治环境污染相互作用的机理与实证研究／姜太碧等著．--北京：中国经济出版社，2021.9（2023.8重印）

ISBN 978－7－5136－6650－3

Ⅰ.①政… Ⅱ.①姜… Ⅲ.①环境综合整治－研究－中国 Ⅳ.①X322

中国版本图书馆CIP数据核字（2021）第189054号

责任编辑　李若雯
责任校对　王　帅
责任印制　巢新强

出版发行　中国经济出版社
印 刷 者　北京建宏印刷有限公司
经 销 者　各地新华书店
开　　本　710mm×1000mm　1/16
印　　张　17.5
字　　数　256千字
版　　次　2021年9月第1版
印　　次　2023年8月第2次
定　　价　78.00元
广告经营许可证　京西工商广字第8179号

中国经济出版社 **网址** www.economyph.com **社址** 北京市东城区安定门外大街58号 **邮编** 100011

本版图书如存在印装质量问题，请与本社销售中心联系调换（联系电话：010－57512564）

版权所有　盗版必究（举报电话：010－57512600）

国家版权局反盗版举报中心（举报电话：12390）　　**服务热线**：010－57512564

党的十八届五中全会和我国“十三五”规划纲要都明确提出：以提高环境质量为核心，实行最严格的环境保护制度，形成政府、企业、公众共治的环境治理体系。已有文献对环境污染治理过程中政府、企业、公众三个相关利益主体行为及治理对策等展开了不同层面、不同角度的理论研究与实证研究。研究方法上，虽有定性分析和定量分析，但基本都停留在对相关利益主体行为的单向作用关系分析上，即使有少数分析相关利益主体行为两两相互作用的研究成果，也都只分析了两两局部均衡关系，对于三者共治环境污染相互作用机理的研究成果却非常少，尤其缺少在两两相互作用形成的局部均衡基础上，再构建一般均衡模型而进行的三者共治环境污染相互作用机理的研究。

在政府、企业、公众三方共治环境污染过程中的关键问题或者说目前治理环境污染过程中存在的缺憾是，公众参与环境污染治理的积极性不高，也可以说公众参与环境污染治理的方式有限，其对环境质量的诉求不能得到有效的体现。因而，在三方共治环境污染方面，一直存在缺乏公众参与这一短板。这必然使政府在制定环境污染治理政策和实施环境质量改善措施时，企业在追求自身利润和谋求长远发展时，忽视公众诉求。这一点也可以从目前环境治理的实际效果中反映出来。因此，为了改善环境质量，实现政府、企业、公众共治环境污染，我们必须将公众诉求纳入三方共治环境污染体系中，真正体现公众主体在环境治理中的重要地位和作用。

为此，课题组提出使用劳动力尤其是高素质劳动力的流动来衡量公众对于环境质量的诉求。劳动力尤其是高素质劳动力的流失，形成了两股力量：一股力量通过劳动力流动影响政府的财政收入和声誉进而影响政府的环境治理决策；另一股力量通过劳动力市场影响企业的污染行为。当然，企业的工资水平也影响着劳动力的流动；企业通过缴纳税费也具有了与政府尤其是地方政府在环境治理、污染物排放等方面的议价能力，即影响政府环境治理决策的能力。政府的环境治理决策还受到公众诉求的影响。因此，公众诉求显性地表达出来，就能形成政府、企业、公众间的相互影响、相互制约的利益关联系统，直至达到均衡。

此外，课题组利用宏观统计数据建立了政府、企业、公众共治环境污染的局部均衡模型与一般均衡模型，实证地检验了公众在与政府、企业共治环境污染过程中的重要作用。课题研究发现，局部均衡模型中政府与企业之间不稳健的结果在加入公众诉求后的一般均衡模型中变得显著且稳健起来，这说明公众诉求是政府、企业、公众共治环境污染过程中的一个重要环节。在三方共治环境污染的一般均衡模型中，公众诉求减少了企业污染物排放量、增加了政府环境污染治理投资，而政府环境污染治理“安抚”了公众诉求，企业污染排放“触发”了公众诉求。因此，公众诉求成为与政府、企业共治环境污染过程中相互作用的一条重要纽带。

整个课题研究内容共分上下2篇共12章。上篇为政府、企业、公众共治环境污染的作用机理与行为表现（包括第1章至第7章），主要通过文献梳理和收集相关宏观统计数据与围观调查数据，从总体上描述三方主体各自的行为表现与行为机理。下篇为政府、企业、公众共治环境污染相互作用的局部均衡与一般均衡分析（包括第8章至第12章）：课题组首先利用宏观统计数据建立了政府、企业与公众共治环境污染中两两相互作用（包括政府与企业、政府与公众、企业与公众）的局部均衡分析模型；其次通过使用劳动力流动衡量公众诉求，使用工业“三废”排放衡量企业环境污染行为，使用城市环境基础设施建设投资衡量政府环境污染治理投资，较为巧妙地建立起政府、企业与公众共治环境污染的一般均衡模型，分析和揭示了被已有研究忽视的公众诉求如何与政府、企业相互作用的机理；最后提出了政府、企业与公众共治环境污染的政策启示。

关键词：环境污染共治；相互作用机理；公众诉求；局部均衡分析；一般均衡模型

上篇　政府、企业、公众共治环境污染的作用机理与行为表现

上篇

政府、企业、公众共治环境污染的作用机理与行为表现

第1章　概论

1.1　研究背景

环境问题是人类与自然相互作用的产物。人类与自然间的相互作用大体经历了三个阶段：宇宙本体论阶段、人类本体论阶段和生态本体论阶段（岳友熙，2007）。在人与自然相互作用过程中，人类作为自然选择的产物，因其改造自然的能力，似乎成了能与自然抗衡的一个物种，世界资本也因此被划分为自然资本与人造资本。关于人造资本能否替代自然资本实现人类与自然可持续发展的问题一直争论不休，并形成了“强可持续性”与“弱可持续性”两种对立范式（诺伊迈耶，2002）。但无论哪种范式都认为，人类利用自然资源使经济快速发展的同时，由于不了解自然生态自我修复的自然速率以及自然资源存量的利用阈值等，在一定程度上忽视了自然资源利用过程中的生态环境保护，由此产生了大量环境问题，如地下水水位下降、土壤侵蚀和沙漠扩张、气温上升、冰川融化、物种灭绝、生物多样性减少等。

近年来，中国的环境问题尤其是空气污染对于社会经济和公众健康的影响引起了社会各界的极大关注。以空气污染为例，空气污染组成成分中有一个近年来逐渐被公众熟悉的物质——$PM_{2.5}$。$PM_{2.5}$的中文名称为细颗粒物，它是指直径小于或等于2.5微米的颗粒物，被定义为可吸入悬浮粒子。该物质能够在空气中较长时间悬浮，其在空气中的含量越高，则代表空气质量越差，空气污染越严重。由于$PM_{2.5}$粒径小、覆盖面积大，同时易附带微生物、重金属等有害物质，因此易在人体肺部积聚，从而危害健康。目前，由于 $PM_{2.5}$ 污染物的出现和增加，各界更需要关注空气污染对社会经济的影响。

我国对 $PM_{2.5}$ 的监测与报告始于 2012 年。为了在更长时间跨度上比较我国各地级及以上城市 $PM_{2.5}$ 浓度的变化情况，我们使用美国国家航空航天局（NASA）利用卫星遥感气溶胶光学厚度（aerosol optical depth，AOD）估算地面的 $PM_{2.5}$ 浓度，即 $PM_{2.5}$ 卫星反演数据。1998—2016 年我国 $PM_{2.5}$ 年均浓度、浓度极大值与浓度极小值的变化趋势见图 1－1。$PM_{2.5}$ 年均浓度的变化趋势可以分为两个阶段：第一阶段，1998—2007 年，我国 $PM_{2.5}$ 年均浓度呈现出震荡上升趋势，并于 2007 年达到顶点；第二阶段，2008 年以来，我国 $PM_{2.5}$ 年均浓度呈现出缓慢下降的趋势，但在 2013 年有所反弹，并在随后再次下降。$PM_{2.5}$ 全年浓度极小值的变化并不是很大，但从趋势上看，$PM_{2.5}$ 全年浓度极小值与 $PM_{2.5}$ 年均浓度一样，也呈现出先上升后下降的趋势。$PM_{2.5}$ 全年浓度极大值的变化比均值和极小值的变化都更加明显，1998—2016 年虽有波动，但仍然呈现上升趋势。从整体趋势来看，1998 年应该是 $PM_{2.5}$ 浓度相对较低的点，而 2006 年应该是 $PM_{2.5}$ 浓度的拐点，2016 年的 $PM_{2.5}$ 浓度还处于一定的高度。因此，下面将从 1998 年、2006 年和 2016 年三个时间点分别描述全国 $PM_{2.5}$ 浓度的分布情况。

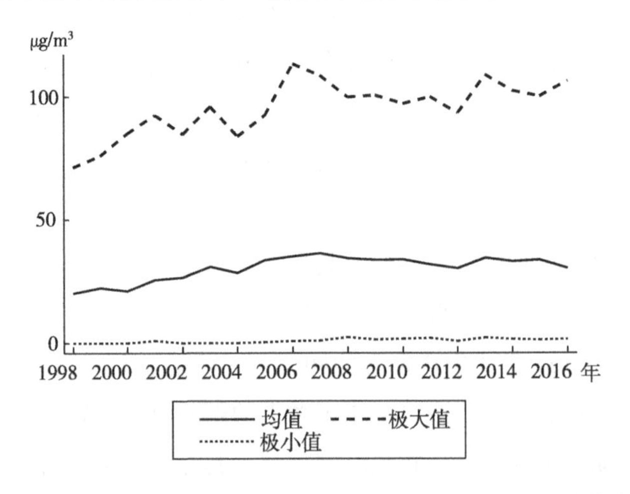

图 1－1　1998—2016 年我国 $PM_{2.5}$ 年均浓度、浓度极大值与浓度极小值的变化趋势

资料来源：NASA。

接下来，我们选择了北京、上海、广州、深圳以及成都等城市来观察 $PM_{2.5}$年均浓度在 1998—2016 年的变化趋势。如图 1 -2 所示，北京市的 $PM_{2.5}$年均浓度上升较快的时期有两个，分别是 2001 年和 2006 年，并于 2006 年达到顶点，在 2008 年略有下降，2010—2016 年的年均浓度在 45μg/m^{3}上下波动。

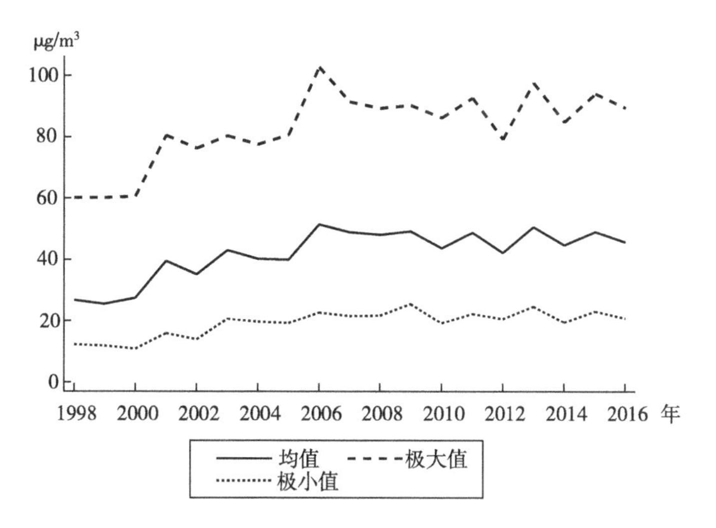

图 1 -2 1998—2016 年北京市 $PM_{2.5}$年均浓度、浓度极大值与浓度极小值的变化趋势

资料来源：NASA。

1998—2016 年上海市 $PM_{2.5}$年均浓度、浓度极大值与浓度极小值的变化趋势见图 1 -3。2001—2009 年上海市 $PM_{2.5}$年均浓度呈现出震荡上升的趋势，2010 年后开始下降，又于 2012 年再次震荡上升，于 2015 年达到近年来的顶点。与北京市 $PM_{2.5}$年均浓度相比，上海市 $PM_{2.5}$年均浓度较高。

1998—2016 年广州市 $PM_{2.5}$年均浓度、浓度极大值与浓度极小值的变化趋势见图 1 -4。广州市 $PM_{2.5}$年均浓度在 2000—2007 年同样呈现出震荡上升的趋势，并于 2007 年第一次达到顶峰，比北京市达到顶峰的时间晚了 1 年，但比上海市达到顶峰的时间早了 2 年。该市 $PM_{2.5}$年均浓度在 2008—2016 年呈现出震荡下行的趋势，但在 2015 年有一次明显的反弹。

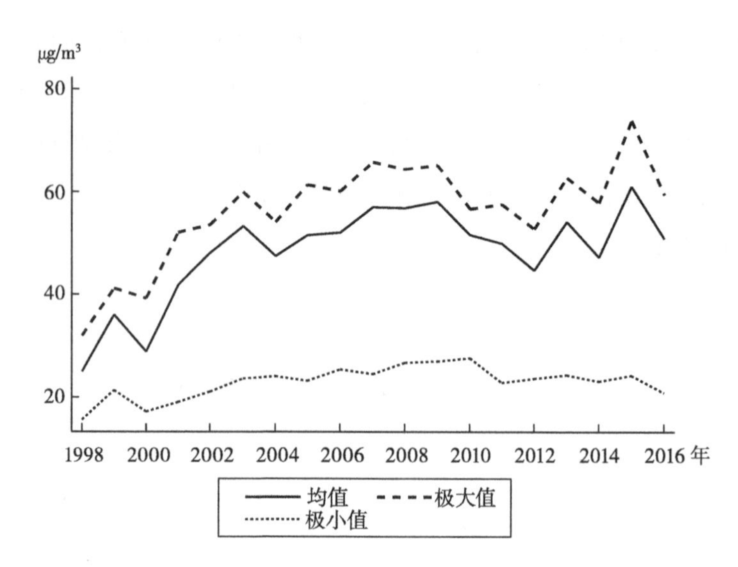

图 1 -3　1998—2016 年上海市 $PM_{2.5}$ 年均浓度、浓度极大值与浓度极小值的变化趋势

资料来源：NASA。

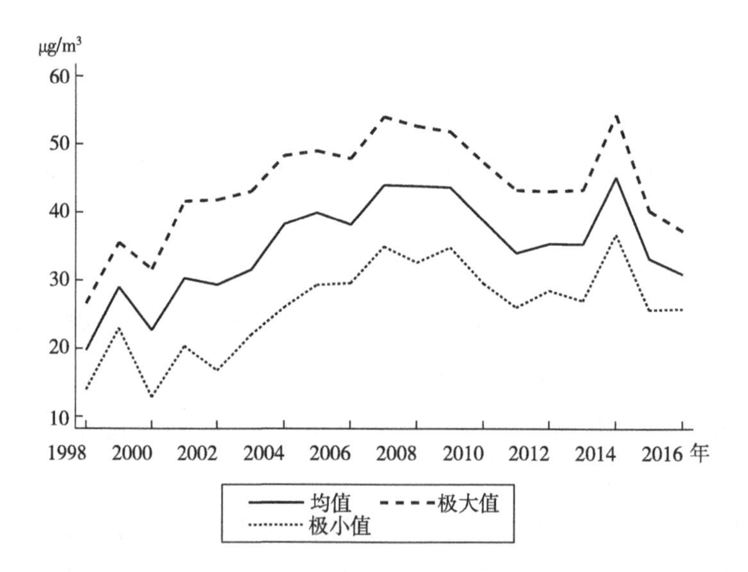

图 1 -4　1998—2016 年广州市 $PM_{2.5}$ 年均浓度、浓度极大值与浓度极小值的变化趋势

资料来源：NASA。

1998—2016 年深圳市 $PM_{2.5}$ 年均浓度、浓度极大值与浓度极小值的变化趋势见图 1 -5。深圳市 $PM_{2.5}$ 年均浓度在 1998—2008 年呈现出震荡上升的趋势，并于 2008 年达到顶峰，随后深圳市 $PM_{2.5}$ 年均浓度总体呈现出下降趋势，但深圳市 $PM_{2.5}$年均浓度在2014年有一次反弹。总体来看，广州市与深圳市 $PM_{2.5}$年均浓度在1998—2016年的轨迹几乎一致。

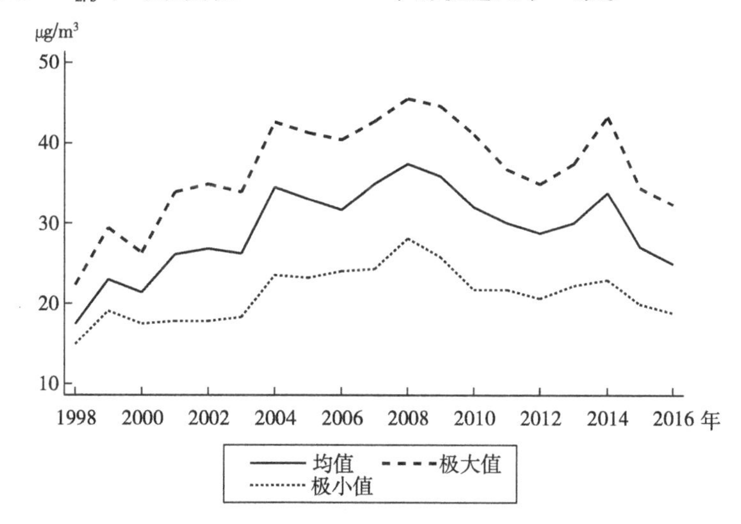

图1-5 1998—2016年深圳市 $PM_{2.5}$年均浓度、浓度极大值与浓度极小值的变化趋势

资料来源：NASA。

1998—2016年成都市 $PM_{2.5}$年均浓度、浓度极大值与浓度极小值的变化趋势见图1-6。相对而言，成都市 $PM_{2.5}$年均浓度的曲线没有那么平滑，表现出要么上升得很快，要么下降得很快的特征。1998—2005年，成都市 $PM_{2.5}$年均浓度呈现出震荡上升的趋势，并于2005年达到顶峰，随后至2016年呈现出波浪式震荡下行的趋势，分别于2010年和2013年有两次反弹①。

党的十八届五中全会以及我国“十三五”规划纲要明确提出：以提高环境质量为核心，实行最严格的环境保护制度，形成政府、企业、公众共治的环境治理体系。研究政府、企业与公众的环境污染共治体系具有重大的理论意义和现实意义。本课题以政府、企业与公众作为研究对象，采用实证方法，分析政府、企业和公众三个不同利益主体在环境污染治理中互

① 如果未有特别说明，本书的数据均指地级及以上城市市辖区层面的数据，并不包括地级及以上城市农村部分。使用地级市数据的优势在于可以增加样本量，分析的单元更加微观。但是使用地级市的数据也存在一定的不足，如地级市行政区划调整较为频繁，地级市人口、经济、环境等统计数据的变化有可能仅仅是由行政区划改变所导致的。

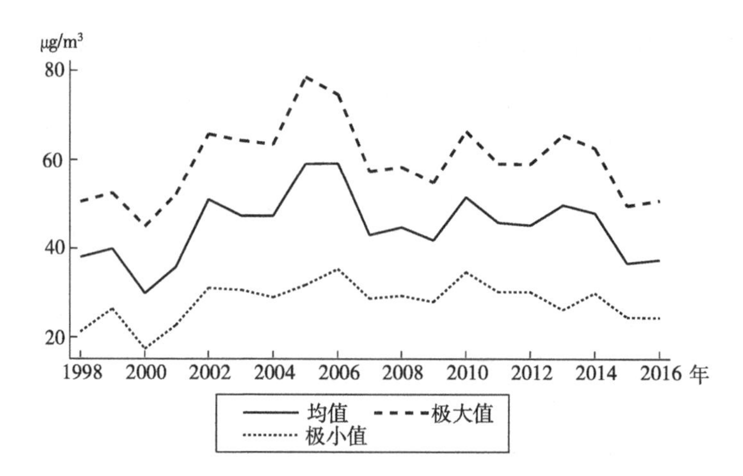

图 1-6　1998—2016 年成都市 $PM_{2.5}$ 年均浓度、浓度极大值与浓度极小值的变化趋势

资料来源：NASA。

相作用的机理关系，为决策者提供一个更系统和更全面的机制，并基于对实证数据的检验，从所获得的基于数量关系的机制分析的结论中，提炼政府、企业与公众共治环境污染的政策启示。

1.2　研究意义

环境污染是我国当前社会经济发展中最突出、最严峻的问题之一，也是社会各界关注的焦点。治理环境污染需要政府、企业、公众各主体共同努力。但各主体在环境污染治理中都有各自的目标函数和约束条件，只有满足所有目标函数和约束条件的均衡解，才是满足各方共同利益的结合点，由此提出的才是政府、企业、公众共治环境污染的有效对策。

虽然近年来出现了诸多研究政府、企业、公众在环境污染治理中的两两关系的文献，如对政府与企业的相互作用关系的相关研究有：Porter 和 Van der Linde（1995）、Ambec 和 Barla（2006）、Coel（2002）、Schmalensee（2013）、Kemfert（2005）、Carrion - Flores 和 Robert（2010）、Rio 等（2011）、黄德春和刘志彪（2006）、陈诗一（2010）。对公众与政府以及公众与企业的相互作用关系的研究有：李永友和沈坤荣（2008）、陈福平（2009）、童燕齐（2003）、曹正汉（2011）、郑思齐等（2013）、邓志强（2009）、吴柳芬和洪大用（2015）。但以上研究多数仅停留在政府、企业、公众两两主体间的影响分析上，并且分析视角仅停留在两两主体间的单向关系上，对于两两主体间的双向影响分析，进而构建三者间的共治机制的文献几乎没有。尤其缺少在两两相互作用形成的局部均衡基础上，再构建一般均衡模型研究三者共治环境污染相互作用的机理。环境污染问题具有较强的外部性，如果通过单一主体直接用经济学的市场机制来解决环境污染外部性问题会面临诸多困难，因此本课题借用经济学的一般均衡分析思想把相关主体的利益行为联结起来，求出各方主体行为的利益均衡点，从而找到环境污染的共治对策。

本课题基于对政府、企业与公众三者在治理环境污染中两两作用机制的分析，从而构建出三者的一般均衡模型。通过采用相关的实证分析方法，获得三者在治理环境污染中的一般均衡数量关系，从而帮助政策制定者更加系统、全面地获知任何一方行为的变化对整体的影响关系。基于此，才能更准确地进行政策模拟分析和提出科学的政策启示。

1.3 研究思路

1.3.1 总体思路、研究视角和研究路径

目前，我国环境政策的制定、实施及具体治理措施主要是基于政府主导。企业是政府环境政策和规制的依从方。对于公众而言，缺乏参与环境保护的方式和渠道，也就是说环境治理的权利分配主要集中于政府，这造成很难通过利益激励来促使各利益方共同治理环境。然而，近年来公众对环境污染（尤其是空气污染）治理等有着强烈的诉求，希望能参与到环境治理过程中。这就需要研究政府、企业、公众三方如何共同参与环境污染治理问题。而在目前的制度环境下，三方共治环境污染或多或少缺乏公众主体的参与。那么如何将公众参与污染治理纳入三方共治的框架就成为本课题需要探讨的重要内容。因此，本课题的核心研究内容为基于公众诉求的政府、企业与公众共治环境污染的一般均衡分析。

由于公众因对清洁环境的向往而移民的倾向日益显著，尤其是高素质劳动力或具有较高人力资本的公众相对而言更具有流动性，因此课题组认

为，在现实制度环境下，公众一般通过“用脚投票”这一较为隐晦的方式表达对环境质量的诉求。该方式表现出的结果便是受污染城市的劳动力尤其是高素质劳动力流动。劳动力的流动会影响受污染城市的商品房价格、企业生产等，进而影响地方政府的财政收入，也会导致工薪税等财政收入直接减少。鉴于此，地方政府不得不采取更为有效的环境污染治理措施，关停污染较为严重的企业，减少污染物或污染气体的排放量，增加对改善环境的投入。当然，公众也会对当地政府环境污染治理行为做出相应的反应，若环境污染仍然严重则可能继续“用脚投票”而流出污染地区，若环境改善则可能暂缓流动甚至吸引劳动力流入等。

当然，劳动力尤其是高素质劳动力的流动也会与企业产生相互作用。企业的发展一是需要资金投入，二是需要人力资本投入。如果说公众“用脚投票”一方面影响当地商品房价格进而影响政府财政收入，那么另一方面就会影响企业劳动力（特别是高素质劳动力）供给从而影响企业的长远发展。同时，企业的行为，尤其是所支付的工资水平反过来也影响劳动力的流动。若某一企业所能支付的工资较高，即使该地方的污染程度较为严重，公众也可能选择留在该地区而不迁徙，说明企业使用高工资补偿了糟糕的环境；若某一企业所支付的工资较低，即使该地区的污染水平较低，公众也可能选择迁徙，说明公众更偏好较高的工资而不是较好的环境水平。因此，企业与公众之间相互作用的机制可以体现在劳动力市场上，而劳动力的流动又与环境质量和工资水平直接相关。

同时，政府与企业之间也存在相互作用的机制，学者对此的研究也取得了较大的进展。一方面，政府更宽松的污染排放标准会减少企业的污染治理成本，这样将带动更多的就业和增加政府的财政收入；另一方面，政府对环境质量的规制较为宽松则可能更加吸引污染企业，企业的销售总收入也会更高，由此政府也会获得更多的财政收入。因此，一方面企业可以通过税费等方式游说政府，以获得较为宽松的环境规制措施；另一方面政府可能调整环境规制措施以引导企业的调整和发展。

综上所述，政府、企业、公众在环境污染治理中都是非常重要的一环。如果没有公众的参与，则政府与企业之间的相互作用有可能损害公众的利益；如果没有政府的参与，环境污染治理就无从谈起，因为环境具有典型的公共物品属性；如果没有企业的参与，则环境治理问题本身就不存在，因为有低成本的生产才可能有严重的污染。所以，在环境污染共治中，政府、企业、公众三方主体缺一不可。本课题研究的总体思路和研究路径如图1－7所示。

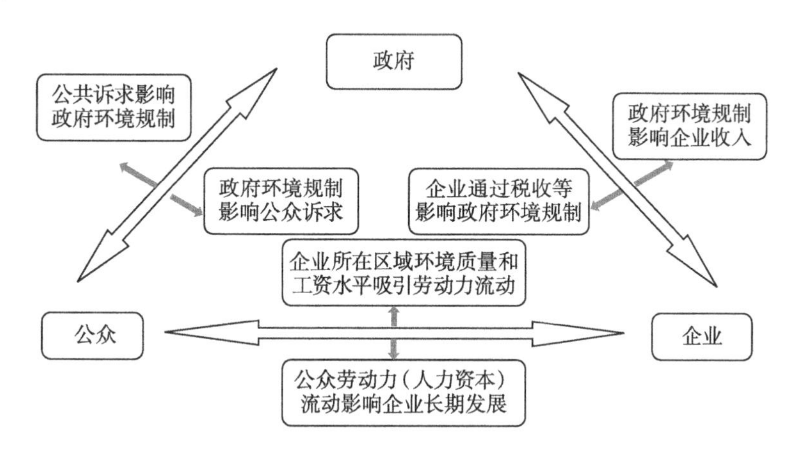

图1－7　本课题研究的总体思路和研究路径

图1－7展示了政府、企业与公众间相互作用的机制。公众通过迁徙表达对环境的诉求，影响政府环境规制，政府环境规制又影响企业的销售收入水平，而企业的销售收入又是其支付工人工资的保障，进而企业的工资水平又作用于公众劳动力的流动；如此循环往复，直至均衡状态。在均衡状态下，公众有着一定的工资水平，享受着一定的环境水平（或优良或有一定的污染）；政府通过监督管理企业获得一定的财政收入，并通过财政支出方式治理环境污染；企业通过缴纳税金等方式影响政府在环境治理方面的行为与决策，同时支付具有竞争力水平的工资吸引公众劳动力尤其是高素质劳动力的流入。在政府、企业、公众三方共同作用所达到的均衡中，利益主体各得其所。这种相互制约并各得其所的现象实际上可以使用经济学中的一般均衡模型进行分析。为此，本课题首先分别建立政府与企业、政府与公众、企业与公众两两相互制衡的局部均衡模型；在此基础上，再建立政府、企业、公众相互作用的一般均衡模型，并用全国层面的城市样本实例进行验证。

1.3.2 政府、企业与公众之间的局部均衡研究思路

1.3.2.1 政府与企业共治环境污染的局部均衡研究思路

国内外诸多研究从政府对企业的监管角度来探讨政府与企业之间的环境问题博弈关系。Gawande 和 Bohara（2005）实证分析了惩罚机制对美国海岸警卫队检查漏油的影响。其研究结果显示，有效惩罚可以提高检查漏油的效率。熊鹰和徐翔（2007）、刘志荣（2007）基于博弈论方法，构建了政府与企业对于环境管制的博弈行为模型。卢方元（2007）构建了排污企业之间以及排污企业和政府的两种演化博弈情景，分析这两种情景下各利益方互相作用的博弈策略选择。其研究结果为环境污染严重的现象提供了相关解释。陈舜友、丁祖荣和李娟（2008）构建了无政府监管和存在政府监管的两种博弈情景，推导这两种情景下两者之间的混合纳什均衡。姜博、童心田和郭家秀（2013）从寻租的角度分析了政府和企业两个主体间的博弈行为，包括政府是否对污染企业的环保投入情况给予监管和企业是否对政府开展寻租等。

然而，环境污染治理过程中的政府与企业之间的博弈关系远不止于已有文献所探讨的监督和寻租问题。本课题探讨了政府与企业面临的更广泛的相互作用议题和相关的社会选择困境。以政府对空气污染物排放的规制力度过大对企业的影响，以及企业的反作用对政府的影响为例，具体表现在两方面：

首先，政府对空气污染物排放规制力度过大，将增加企业的负担，导致企业生产成本的增加和竞争力等的减弱。Gollop 和 Robert（1983）基于美国企业的微观数据，考察了政府对 SO_2 的控制和限制排放政策对企业生产率的影响。实证分析的结果表明，该环境政策导致了企业更低的生产率，企业的年均生产率降低了 0.59 个百分点，迫使企业使用成本更高的低硫煤。Barbera 和 McConnell（1990）运用 1960—1980 年美国化工、钢铁、造纸等行业的数据，分析了环境政策对全要素生产率的直接影响和间接影响。分析结果表明，对全要素生产率的直接影响表现为使其行业的生产率平均下降 0.08 至 0.24 个百分点，而其间接影响表现为行业间存在异质性。

Jorgenson 和 Wilcoxen（1990）研究了环境规制对整个国家经济的影响，发现美国 1973—1985 年所实施的环境规制政策对国民生产总值（GNP）造成了显著的负效应。这些环境规制政策的实施导致美国 GNP 增长率降低约 0. 191 个百分点。Gary 和 Shadbegian（1993）考察了环境规制对造纸厂行业的影响，研究结果表明，造纸厂企业为了达到更加严格的环境规制目的而对防止污染所进行的投资会显著减少生产性的投资。Walley 和 Whitehead（1994）认为，如果环境治理成本增加，那么单个企业的收益会减少，从而降低企业的竞争力，使企业更难实现环境与竞争的共赢。Daly（1993）探讨了环境管制标准对区域经济外国直接投资（FDI）的影响，其认为，在自由贸易的经济背景下，各国会纷纷降低自己的环境管制标准以获得更多的 FDI，这也从侧面体现出更低的环境管制标准对国外投资具有更大的吸引力，从而更有利于区域经济的发展。Hart 和 Ahuja（1996）对美国 500 个公司样本的实证研究发现，减少污染物排放量与增加公司利润之间存在正相关性。同时，污染度越高的企业，在污染削减中获利可能性越高。

其次，政府对企业采用更加严格的环境管制政策会反过来通过不同的途径影响政府的财政收入，从而影响政府制定环境规制标准。其影响途径有两条：一是企业销售收入的下降直接导致政府财政收入的下降。例如，Lorentzen、Landry 和 Yasuda（2010）的实证研究结果表明，企业的垄断程度会影响地方政府对环境规制的执政力度，这种现象尤其表现在电力、石油和其他高污染、高排放的行业。由于这些企业在整体区域经济中占据重要的地位，不仅能够为政府贡献较多的税收，同时也能增加当地就业，因此其在区域经济发展中具有一定的掌控能力和较高的谈判地位，这就可能迫使政府放纵这类企业排放污染。二是政府更严格的污染排放标准将增加企业污染治理的成本，使企业向其他污染控制标准低的区域转移。企业的流出以及劳动力随之流出，均造成地方政府财政收入减少。其中，劳动力流出对地方财政造成的影响主要表现为大量低端劳动力的流出，可能会使劳动力个人所得税总额下降（以及所引致的相关行业部门萎缩），从而减少地方政府的财政收入。例如，在国家层面研究中，Lucas、Wheeler 和

Hettige（1992）通过收集美国人口普查局的数据对 1.5 万家企业的数据进行了研究，结果发现，众多污染密集型企业于 1976—1987 年从美国本土迁移至其他发展中国家；Birdshall 和 Wheeler（1992）对拉丁美洲国家的污染问题进行的研究也发现相同的结果，在经济合作与发展组织（OECD）国家对污染密集型行业实施更为严格的污染管制后，拉丁美洲国家的污染密集型行业的比重迅速增加；陈刚（2009）的分析结果显示，由于吸引 FDI 流入能够增加政府财政收入和就业，因此政府有制定宽松环境规制的动机，这会导致跨国企业所在地区成为跨国企业污染排放的“避难所”。傅帅雄、张可云和张文彬（2011）对 2001—2008 年全国层面的区域污染产业布局和污染产业在区域间的转移进行了实证分析。其分析结果显示，污染型行业的区域转移与实际污染转移并非完全一致。同时，技术进步对污染减排起着至关重要的作用。

综上并结合本课题研究的空气污染治理问题，为了提高空气环境质量，减少社会相关的环境成本（例如，居民的健康成本、受能见度影响的交通运输成本等），政府对于空气污染治理的投资和管控，一方面会增加企业的负担、企业的流出和随之发生的劳动力流动，另一方面企业负担的增加和相应劳动力的流出又会反作用于政府对污染治理的规制力度。由于政府与企业的利益是相互联系和相互影响的，因此，本课题将政府环境规制对企业的单向影响扩展到两者之间的互相作用。也就是说，同时分析政府环境规制对企业的影响机制和企业因受到环境规制的影响反过来又影响

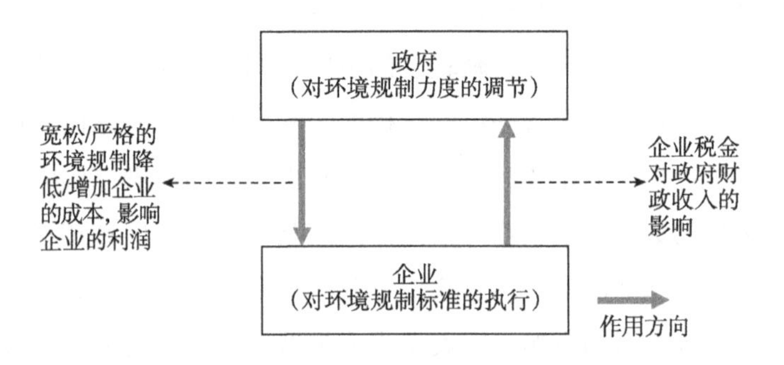

图 1-8　政府与企业间的互相制衡作用机制

政府财政收入（包括增值税和主营业务税金及附加），进而影响政府的环境污染治理投资的机制（见图1-8）。因此，本课题选取全国地级及以上城市的面板数据，通过局部均衡分析方法对污染治理中政府与企业相互作用的机理进行实证分析。

1.3.2.2 政府与公众共治环境污染的局部均衡研究思路

本部分探讨在当前中国社会治理结构下，公众对环境质量的诉求是否能够影响政府环境制定的决策。公众是环境质量切身的消费者，公众诉求是政府、企业、公众三方共治环境污染中非常重要的一环。如果没有公众诉求的推动，发达国家的环境治理可能无法达到今天的水平。

政府与公众之间其实存在着相互制衡的关系。公众“用脚投票”表达对环境的诉求，这种诉求通过影响政府的财政收入和声誉从而影响了政府的环境保护与治理行动；反过来，政府的环境保护与治理行动也影响着公众的诉求（劳动力的流动）。居民“用脚投票”的方式是其自由迁徙的表现，他们通过“用脚投票”选择最满足其偏好的公共服务。这种显示偏好的行为结果可以向政府提供相关的环境信息，有利于政府对其公共服务质量进行评估和相应改善（Tiebout，1956）。在中国目前的制度环境下，不能进行类似的研究，但公众也在“用脚投票”。虽然不能观察到公众“用脚投票”的过程，但能够观察到选择的结果。公众可以选择远离污染源或污染较为严重的城市居住，其结果即为（高素质）劳动力的流失。而地方政府观察到劳动力因污染而产生的流动影响了政府财政收入，不得不采取治理环境污染的措施。而企业观察到高素质劳动力的流失，不得不为了企业的利益采取减少环境污染的措施以留下人才，这在客观上促进了环境的改善。因此，劳动力尤其是高素质劳动力的流失，形成了两股力量：一股力量通过影响政府的财政收入，或通过影响当地的商品房价格影响地方政府的环境决策；另一股力量通过劳动力市场影响企业的污染物排放决策（见图1-9）。

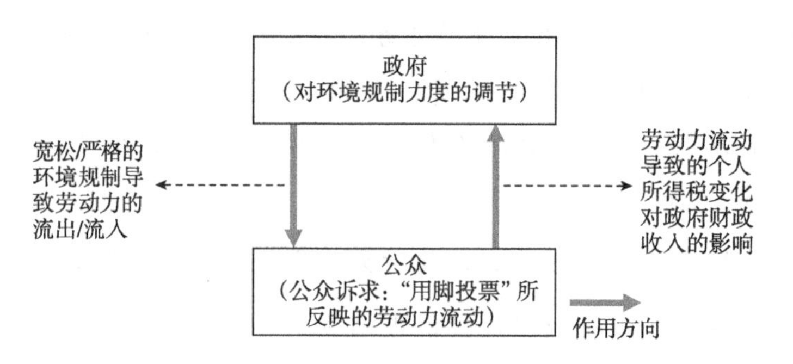

图1－9　政府与公众间的互相制衡作用机制

1.3.2.3　企业与公众共治环境污染的局部均衡研究思路

目前，已有文献对企业与公众之间在环境污染如何共治上的探讨相对较少。例如，董慧凝（2006）提出，为了治理环境污染，应该使国家、地方政府、企业和公众合理分担责任，然而关于企业与公众间如何共担责任，即如何相互制衡以共治环境污染却并没有给出相应的建议。又如，姜爱林、陈海秋和张志辉（2008）认为，国内诸多企业为追求经济效益而抵制各类环境保护法和环境规制条例，这使区域城市的自然生态系统受到严重破坏。然而这些文献并没有分析企业与公众之间应该如何互动才能达到共治环境污染的目的。最近的研究则为解释企业与公众之间在共同治理环境污染关系中提供了一些新思路。例如，楚永生、刘杨和刘梦（2015）运用2003—2012年中国31个省（区、市）的面板数据，探讨了环境污染与异质性劳动力流动之间的相关性。实证分析的结果表明，环境污染对异质性劳动力的流动具有显著的影响，该影响的特征为“U”形分布。李佳（2014）研究发现，污染对劳动力供给的影响分为“替代效应”和“收入效应”，且“替代效应”占主导地位。实证研究结果表明，空气污染对劳动力供给确实存在负向影响：SO_2 等污染物排放量增加1%，将导致劳动力供给减少0.028%，但是这种影响随着经济规模的不同而有所变化，存在“门槛效应”。在经济欠发达地区，“收入效应”在污染对劳动力供给影响中起主导作用；在经济发达地区，“替代效应”起主导作用。更早一点的研究，例如，彭水军（2008）将劳动力供给和人力资本内生化至动态增长模型中，通过数量推导得出在具有污染外部约束的情况下，长期经济增长和环境污染是如何受到内生化的劳动休闲决策以及人力资本投资的影响的，进而揭示社会经济可持续发展与环境政策选择之间的关系。分析结果表明，首先，经济可持续的最优发展方式为拥有较高的人力资本投资效率以及较高的污染减排的支出弹性。其次，经济的稳态增长率与这两者呈正相关关系。此外，环保意识增强，也会提高稳态的增长率。这些研究主要分析了企业的排污行为如何影响公众（劳动力）的流动，但其研究的关系是单向的。应该看到，公众（劳动力）的流动也会对企业的长远发展造成影响。

然而，如果只看到劳动力的流动对企业的影响，则只看到了问题的一个方面。问题的另一个方面是，企业的工资水平也影响着劳动力的流动。如果企业工资程度较大，即使该地区的污染程度较大，也可以吸引劳动力的到来，或者说较高的工资水平留住了劳动力；如果工资程度较小，即使该地区的污染程度较小，也很难吸引劳动力的到来，或者说不能留住劳动力。因此，一个地区的企业所支付的工资水平也影响着劳动力的流动。目前，文献调研未能查找到这方面的相关文献。企业与公众间的互相制衡作用机制见图1－10。

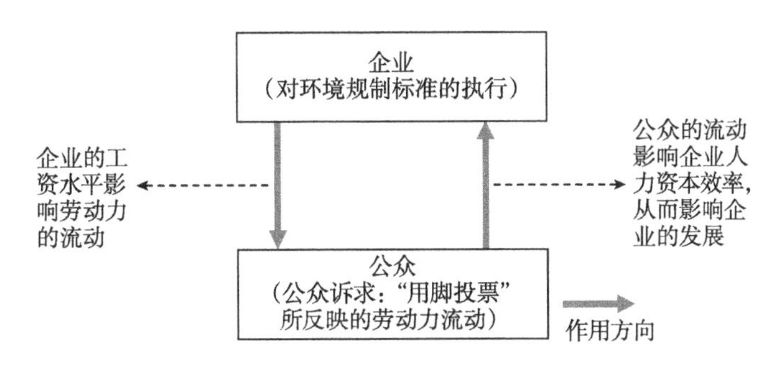

图1－10 企业与公众间的互相制衡作用机制

1.4 研究方法

由于本课题是基于实证的研究，因此在研究方法上主要是通过构建计量模型来对相关问题进行分析。

第一，基于一般均衡的联立方程回归。

本课题建立一般均衡模型，利用计量经济学中的联立方程模型，模拟和估计政府、企业、公众三方共同治理环境污染的相互作用机制。具体地，本课题在方法上较为创新地提出了用劳动力流动指标来衡量公众对环境质量的诉求。通过将公众诉求引入政府、企业、公众三方共治环境污染的一般均衡模型，能够补齐已有研究中的短板，即已有研究的政府、企业、公众三方共治环境污染模式中，始终存在难以客观衡量公众诉求的难题，从而使三方共治变为政府与企业的共治。实践证明，缺乏公众参与的环境污染共治，最终会使公众的利益无法得到体现，也无法建立真正有效的环境污染共治体系。

政府、企业、公众共治环境污染的这一课题，需要同时考虑到这三方两两如何相互作用，更需要考虑到三方之间相互作用的结果如何达到均衡，即如何使三方均各得其所。于是，这就需要在理论上将三方同时纳入模型，不仅考虑两两局部均衡，更要考虑三方的一般均衡。本课题首先细分了政府与企业、政府与公众、企业与公众之间的两两局部均衡，在此基础上建立起一般均衡模型来模拟和估计三方之间的互动与制衡关系。因此，本课题所使用的一般均衡分析和联立方程的估计方法适当且有效。

第二，基于以公众诉求为中心的计量回归分析。

本课题使用劳动力尤其是高素质劳动力的流动作为指标来衡量公众对于环境质量的诉求。公众可以选择远离污染源或污染较为严重的城市居住，其结果表现为劳动力尤其是高素质劳动力的流失，并进一步地引起地方政府增值税等税费收入降低，以及对商品房的需求降低和商品房价格下降等。而地方政府观察到劳动力因污染发生的流动影响了政府的财政收入和声誉，促使地方政府不得不采取更为有效的环境污染治理措施。而企业观察到高素质劳动力的流失，不得不为了企业的利益采取减少环境污染的措施以留下人才，这也在客观上促使企业进行技术创新来改善环境质量。因此，劳动力尤其是高素质劳动力的流失，形成了两股力量：一股力量通过公众劳动力流动影响政府的财政收入和声誉进而影响政府的环境决策；另一股力量通过劳动力市场影响企业的污染行为。当然，企业的工资水平也影响着劳动力的流动；企业通过缴纳税金也具有了与政府尤其是地方政府在环境治理、污染物排放等方面的讨价还价能力，即影响政府的环境决策。此外，政府的环境决策还受到公众诉求的影响。因此，将公众诉求显性地表达出来，就能形成政府、企业、公众间相互影响、相互制约的利益关联系统，直至均衡。一般均衡模型正是基于以上考虑进行构建和模型估计的。

1.5 研究创新之处

1.5.1 基于一般均衡模型的分析

通过对国内外文献的调研发现，已有文献主要针对环境污染的成因、环境污染治理中相关利益主体行为及治理对策等方面展开了不同层面、不同角度的理论研究与实证研究。在研究方法上，虽有定性分析和定量分析，但基本都停留在对相关利益主体行为的单向作用关系分析上，即使有少数分析相关利益主体行为的两两相互作用的研究成果，也仅分析了两两主体间的局部均衡关系。对于三者共治环境污染相互作用机理的研究成果非常少，尤其缺少在两两相互作用形成的局部均衡基础上，再构建一般均衡模型研究三者共治环境污染相互作用的机理。由于环境污染问题具有较强的外部性，如果通过单一主体直接用经济学的市场机制来解决环境污染外部性问题会面临诸多困难，以及基于此所进行的政策模拟和预测可能都会缺失准确性。

本课题研究的最终目的是构建政府、企业、公众共治环境污染的治理体系。为此，本课题首先界定清楚这三方的角色，分析政府与企业、政府与公众、企业与公众两两相互作用关系，并根据两两相互作用关系构建制衡机制，以反映局部均衡关系。其次在三方两两局部均衡模型的基础上，从公众诉求影响劳动力流动、劳动力流动影响企业发展、公众诉求和企业发展影响政府环境规制等内在逻辑出发做正向分析和反向分析，构建政府、企业、公众在共治环境污染过程中形成的你中有我、我中有你的相互制衡机制，建立政府、企业、公众共治环境污染的一般均衡模型。

在此系统中，政府在制定环境政策时要考虑到企业的发展，在履行监管责任时要考虑到公众的诉求；企业在追求利润时要考虑到政府的环境监管，在谋求长远发展时要考虑到公众的人力资本供给；公众在表达诉求时要考虑到政府的环境监管政策和政府在环境治理方面的投资。只有在这种相互作用、相互制衡的机制中，政府、企业、公众各方尤其是公众的利益才能得到有效保障，在相互制约中达到的均衡才能相对稳定，并得到令三方均较为满意的结果，即最优的或者说最能接受的环境监管水平、环境质量水平和工资水平。因此，将三者构成的相互作用机理用一般均衡模型体现出来，是本课题在已有研究文献上的创新或者说进行突破的方面。

1.5.2 引入衡量公众诉求的新指标

在政府、企业、公众三方共治环境污染中的关键问题或者说目前治理环境污染中存在的缺憾是，公众参与环境污染治理的积极性不高，也可以说公众参与环境污染治理的方式有限，公众对于环境质量的诉求不能得到有效的体现。因而，在三方共治环境污染方面，一直存在缺乏公众参与的短板，这必然使政府在制定环境污染治理政策和实施环境改善措施时，企业在追求自身利润和谋求长远发展时，忽视公众的诉求，这一点也可从目前环境治理的实际效果中反映出来。因此，为了改善环境质量，实现政府、企业、公众共治环境污染，我们必须将公众诉求纳入三方共治环境污染体系中。

但问题的难点也在于找到一个适当而有效的、衡量公众诉求的变量，以该指标为基础，建立政府、企业、公众三方相互作用的共治环境污染机制。找到的指标不仅要能衡量公众对于环境的诉求，同时要能与政府、企业的行为联系起来并构建出一般均衡模型。在现实制度背景下，我们比较容易观察和获取到公众“用脚投票”选择的结果。而这一投票的结果，或者说公众的迁徙，对于政府和企业均会产生重要的影响。因此，本课题将公众的迁徙，即“劳动力的流动”作为公众对环境质量诉求的间接反应，或者说公众行为的指标。

本课题将公众迁徙造成的影响归结于两个方面：一是对政府的影响；二是对企业的影响。对政府而言，公众的迁徙将造成政府工薪税收入减少。但还有一个可能被政府忽视的影响，即公众迁徙可能造成商品房价格的波动。因为公众的流动也是劳动力的流动，如果大量劳动力流出某一受污染城市，则必然降低对该城市商品房的需求，从而造成商品房价格的下跌。在当前的财政体制下，商品房价格的下跌，必然导致当地政府的财政收入减少。总结起来就是，公众的流动或者说公众“用脚投票”，将会减少地方政府财政收入。

对企业而言，公众的迁徙将造成企业人力资本的流失，影响企业的长远发展。当然，企业也可以通过调整工资水平对公众的迁徙或者说人力资本的流动造成影响。目前已有很多文献研究政府与企业之间在环境治理问题上相互作用的机制。但在劳动力流动视角下，政府、企业如何应对劳动力的“用脚投票”行为鲜有文献研究。本课题认为，政府的环境监管政策、环境污染治理措施一方面会影响企业的利润和企业的行为，另一方面会影响公众的流动。因此，政府、企业、公众在环境污染治理中其实是相互作用、相互制衡的。

综上所述，将公众的诉求用劳动力的流动尤其是高素质劳动力的流动来表示，则可以将其纳入政府、企业、公众三方共治环境污染的机制中，并以此为基础构建一般均衡模型以分析三方之间的相互影响。在政府、企业、公众三方共治环境污染的机制中，三方将形成相互作用、相互制约的利益共同体。三方共同治理环境污染的均衡将是三方均可以接受的环境监管水平、环境质量水平和工资水平。

第2章　政府、企业、公众共治环境污染相互作用机理的文献综述

从经济学角度分析，生态环境是典型的公共物品。由于公共物品具有难以完全通过纯市场方式来生产和消费的外部性特征，因此影响生态环境质量的环境污染问题一直都是经济学家拟求解的难题。Pigou（1932）指出，人类生存需要的空气是一种具有非竞争性和非排他性的纯公共物品，如私人部门任意污染就会产生“公地悲剧”；为此，Coase（1960）提出产权制度和交易成本理论，旨在通过明确产权边界来解决类似环境污染的“公地悲剧”；Baumol 等（1971，1988）还进一步设计了排污许可证制度以解决环境污染问题；Richard（2013）则以美国 CO_2 津贴交易系统为例，证明市场激励体系在环境污染治理中也有效。此外，还有不少学者通过研究环境污染与经济发展之间的关系，旨在从宏观上找到不同发展阶段治理环境污染的对策，如 Grossman 和 Krueger（1991）认为，经济发展水平和环境污染呈现典型的倒“U”形曲线关系，即环境库兹涅茨（EKC）曲线。尽管后来的学者对 EKC 曲线存在的诸多问题（如经济对环境单向作用的假设问题、异方差问题等）（Arrow，1995；Stern et al.，1996；Stern，2004）还进行了更深入的探讨，但总体而言，他们的研究都是建立在经济发展与环境污染宏观关系的基础上来思考环境污染治理对策的。但实际上，环境污染在很大程度上表现出来的是微观问题，是污染者、受害者、监管者等主体间行为相互作用的结果，因此研究相关利益主体如政府、企业、公众等的微观行为与相互作用机理，才是解决环境污染问题的关键，这也正是许多学者围绕环境污染的相关利益主体行为及相互影响关系展开研究的主

要原因。

2.1　政府与企业共治环境污染相互作用机理

政府与企业的行为关系是：一方面，政府担负环境规制的制定、监督和环境污染治理的部分资金投入等职能，而企业则在环境规制约束下实现企业利润最大化；另一方面，企业经营的税费等反过来又可能影响政府环境规制的力度和方向。对此，一部分学者认为，政府环境规制政策会降低企业生产率、减缓经济增长速度（Jorgenson & Wilcoxen，1990）和引起企业投资不足（Saltari & Travaglini，2011），特别是部分地方政府在短期经济增长目标引导下，环境规制政策执行非常有限（Lieberthal，1997）。但 Porter 和 Van der Linde（1995）提出的“波特假说”则说明，适度的环境规制反而激励企业创新，从而提高企业生产率，增强企业市场竞争力。另外，Tom Tietenberg（2001）和 Coel（2002）发现市场激励方法可以减少政府和企业信息不对称的不利影响，其中排污交易权制度就是政府激励企业增加控污投资最有效的方法。Kemfert（2005）通过评估不同国家污染治理成本，发现 R&D 投资支出会提升能源效率，从而降低污染治理成本。Ambec 和 Barla（2006）还针对“波特假说”做了进一步拓展，指出企业经理在企业决策上作用很大，环境规制会激励企业经理在环境治理上的创新投资。Carrion – Flores 和 Robert（2010）则根据美国制造业数据进行实证研究后发现，环保专利技术的使用显著减少了企业污染物排放量。而 Rio 等（2011）则认为，还应该从宏观的政治体系来分析环境规制问题。针对市场激励问题，Schmalensee 等（2013）则用美国 SO_2 津贴交易系统的数据进一步说明了合理设计市场激励机制的前提。

国内学者对政府和企业在环境污染治理中的相互作用也进行了有益的探讨。黄德春和刘志彪（2006）以海尔为例进行分析，发现适度的环境规制能提高企业竞争力，进而改善环境质量。张其仔（2006）通过研究中国 4 个重污染行业，建议整合环境保护政策与科技创新政策，以促进技术进步和降低污染密集度。熊鹰和徐翔（2007）运用博弈论的方法研究不同假设条件下企业污染治理和政府监管的博弈过程，发现仅仅加大对企业污染的处罚力度不能有效治理污染，对政府失职行为的监管同样重要。李永友和沈坤荣（2008）通过分析我国现有政策，发现污染治理投资作用不显著，现有政策需要调整。陈诗一（2010）通过分析中国工业可持续发展问题发现严格政府环境规制和企业节能减排可以实现经济发展与环境保护的双赢。彭水军和包群（2006）考察了环保政策对 EKC 曲线的影响，指出我国环保经费使用率偏低。藏传琴和刘岩（2010）分析了不对称信息下政府和企业的博弈行为及行为选择，发现鼓励企业公开污染信息有利于治理环境污染。另外，魏玮和毕超（2011）、何小刚和张耀辉（2011）、沈能（2012）、景维民和张璐（2014）、张宇和蒋殿春（2014）、王书斌和徐盈之（2015）等分别从区际产业转移、产业和区域创新、外商投资偏好等不同角度详细研究了政府环境规制对治理环境污染的影响。肖欣荣和廖朴（2014）还将环境污染和政府治理引入 OLG 模型，研究了政府最优污染治理投入问题。

通过上述已有研究不难发现，政府严格环境污染规制，一方面会增加企业负担、导致企业流出和劳动力流出；另一方面企业负担的增加和相应劳动力的流动又会反作用于政府对环境规制的强度和水平。政府与企业的利益是相互联系、相互影响的，即政府环境规制对企业有影响，同时企业因受环境规制的影响反过来影响政府财政收入等，进而影响政府的环境投资或环境规制行为。

2.2 政府与公众共治环境污染相互作用机理

政府与公众的行为关系是：一方面，政府通过调整环境规制力度、方向与增加公共环境投资为公众提供优良的环境质量，而公众“用手投票”参与和评价政府的环境规制政策，并影响政府的声誉；另一方面，公众“用脚投票”反馈其对环境质量的态度并对政府施加改善环境质量的压力。对此，Tiebout（1956）认为，公众可以自由流动，他们可以“用脚投票”，选择自己偏好的公共服务，给地方政府施加改善公共服务的压力；Auerbach 和 Flieger（1967）也提出应重视公众的力量，保护公众的知情权和参与权。Dasgupta 和 Wheeler（1997）使用中国 1997—2003 年 29 个省份的面板数据研究发现，公众监督的关键在于污染程度，并且公众监督的成效与公众的受教育程度呈正相关关系。Webler 和 Tuler（2000）还对森林管理决策过程中的公民参与进行了评价，并指出公众参与环境治理对政府和企业都有监督和激励作用。List 和 Sturm（2006）、Harsman 和 Quigley（2010）指出，公众“用手投票”的机制与政府环境治理政策存在相关关系。Gentzkow（2010）还发现，美国近些年不断增加的关于环保问题的媒体报道也能有效激励政府官员治理环境污染。

国内有关政府与公众在环境污染治理中相互作用的研究也非常丰富。环境问题中的公众参与是指公民有权通过一定的程序或途径，以一定的方式参与一切与环境利益相关的决策活动和环境管理，并有权对政府的决策行为、管理行为以及单位、个人的环境资源利用行为进行监督，使得各项行为活动符合广大公众的切身利益，且有利于环境保护（方洪庆，2000；解振华等，2005；熊鹰，2007）。李永友和沈坤荣（2008）通过实证分析发现，虽然现阶段公众对环保的诉求大部分未得到解决，但是对环境污染治理作用的方向是正确的。陈福平（2009）发现，经济发展水平和公众受教育程度与公众环境治理的参与度呈正相关关系。但也有研究表明，中国公众对财富的渴求度高于对清洁环境的渴求度（童燕齐，2003）。童燕齐和杨明（2002）发现，公众参与环境污染治理的动力机制主要来自自身权益保护，当环境污染危害到自身权益时，公众参与治理的积极性最高。曹正汉（2011）认为，公众的“群体事件”或许在一定程度上能促进中央对地方政府的监督与政策调整。郑思齐等（2013）发现，公众对环境的关注度能促进地方政府增加环境投资。邓志强（2009）提议将“绿色 GDP”纳入政府经济指标考核，同时鼓励通过提高公众参与度来提升环境污染治理效率。吴柳芬和洪大用（2015）直接以中国雾霾治理政策的制定过程为例，分析公众与政府相互作用的基本特征。

在环境污染治理中，政府无疑是处于核心地位，因为环境是一种典型的公共物品，环境的消费具有非竞争性和非排他性。因此，减少污染和保护环境，需要政府在公共层面实行积极的环境管制政策。然而，在我国财政分权和政治集权的管理体制下，政府面对“自上而下”的压力，仅将减少污染和保护环境作为一项任务来完成，缺乏建立节能环保长效机制的主动性。从发达国家的经验来看，环保事业的最初推动力来自公众。因为公众是环境质量切身的消费者，公众对环境的诉求是政府、企业、公众三方共治环境污染中非常重要的一环。因此，政府与公众之间其实也存在相互影响关系。一方面，公众“用手投票”和“用脚投票”表达对环境的诉求，这种诉求通过影响政府声誉和财政收入从而影响政府的环境保护与治理行为；另一方面，政府的环境保护与治理行为也影响着公众的诉求（如劳动力的流动）和政府声誉，即政府与公众之间是相互作用、相互影响的。

2.3 企业与公众共治环境污染相互作用机理

企业与公众的行为关系是：一方面，如果企业能够为公众提供良好的生态环境质量和有吸引力的工资水平，那么不但公众口碑会提升企业的无形资产价值，而且拥有劳动能力的公众（尤其是高素质劳动力的公众）也愿意为企业发展贡献其劳动力，从而促进企业的长远发展；另一方面，如果企业不能为公众提供良好的环境质量和工资水平，那么公众对企业的负面评价会降低企业的无形资产价值，同时拥有高素质劳动力的公众也可能会放弃为该企业发展贡献劳动力，从而制约企业的长远发展，反过来在一定程度上倒逼企业改善环境质量和提高工资水平。对此，Wang（2000）通过研究中国1500家工厂，并用小区压力指标衡量公众参与度，发现公众参与度提高会显著降低企业污染。Gray和Shimshack（2011）运用博弈模型分析认为，虽然政府的强制性措施对企业污染治理行为有影响，但公众的参与对企业污染治理行为也有促进作用。Jaffeer（2011）认为，虽然地方政府对于企业污染治理的管制对改善企业治理污染的态度和行为有积极作用，但地方政府会因为考虑经济发展而放松管制，因此公众的参与很重要。Chen等（2013）还测算了中国空气质量的公众健康成本，发现空气质量直接影响公众健康，公众也愿意为拥有良好的环境付出一定成本。Jerrett（2003）、Naranya（2008）、Neidell（2004）和Ou（2008）发现，当社会公众健康受到威胁时，则会出现公众对治理污染的各种诉求，这些诉求一方面作用于政府，另一方面作用于企业。Chay 和 Greenstone（2005）利用 20 世纪 70—80 年代美国政府对每个县的污染情况判定是否达到设定的标准，并对没有达到标准的县加强监管这一事实，发现没有达到标准的县人口减少得相对较多，与制造业相关的就业减少得也相对较多。

国内也有研究为解释企业与公众在共同治理环境污染中的关系提供了一些新思路。如楚永生等（2015）基于 2003—2012 年中国 31 个省（区、市）的面板数据，运用空间计量方法实证分析了环境污染对异质性劳动力流动产生的影响，结果显示：一是环境污染对跨区域劳动力流动的规模变化有显著的影响；二是人力资本积累较多的劳动者倾向于空间集聚，但环境污染会阻碍集聚趋势的速度；三是受环境污染影响，异质性劳动力的流动规律不是线性的，而是呈“U”形分布。李佳（2014）研究发现，污染对劳动力供给的影响分为“替代效应”和“收入效应”，且“替代效应”占主导地位。实证研究结果表明，空气污染对劳动力供给确实存在负向影响，SO_2 等污染物排放量增加 1%，将导致劳动力供给减少 0.028%，但是这种影响随着经济规模的不同而有所变化，存在“门槛效应”。在经济欠发达地区，污染对劳动力供给的“收入效应”占主导地位；在经济发展一般的地区，则地缘因素占主导地位；在经济发达地区，“替代效应”占主导地位。彭水军（2008）通过构建内生化劳动力供给和人力资本积累的动态增长模型，系统地分析在污染外部性约束条件下，家庭内生化劳动休闲决策和人力资本投资影响长期经济增长与环境污染的动力机制，揭示政府环境政策的选择与可持续发展的关系。其结论表明：第一，较高的人力资本投资效率和污染减排支出弹性是实现经济可持续的最优发展战略的必要性条件。第二，人力资本投资效率与污染的减排支出弹性越高，环保意识越强，则稳态增长率越高。Qin 和 Zhu（2015）利用百度指数（对“移民”这一关键词的搜索量，以此衡量公众的移民倾向）与城市空气污染数据，发现空气质量指数（AQI）每增加 100 点，移民倾向将增加 2.3% ~4.7%，而且该影响在重度污染时（AQI >200）更大。肖挺（2016）研究空气污染对劳动力流动的影响，发现城市污染气体排放量的增加致使劳动人口减少；伴随城市居民收入水平的提高，污染物排放量增加导致劳动人口的流失现象会更为严重。这些文献主要研究了企业的排污行为如何影响公众（劳动力）的流动，但这些研究是单向的；同时应该看到，公众（劳动力）的流动也会对企业的长远发展造成影响。闫文娟等（2012）认为，公众参与在全国样本中对降低污染有显著影响。

一般来说，劳动力或者说人力资本在其他情况都相同的条件下，由于企业污染致使地区污染水平很高，劳动力可能会选择“用脚投票”，流向其他条件下相同但环境更好的地方工作。同理，在环境污染水平等条件相同的情况下，如果企业工资水平较高，则可以吸引劳动力的到来。因此，一个地区的企业所支付的工资水平也影响着劳动力的流动。劳动力的流失意味着对企业发展至关重要的人力资本流失，这将影响企业的长远发展。因此公众的“用脚投票”行为从某种意义上对企业来说一种“退出威胁”。这种“退出威胁”也能促使企业减少污染物排放量，但同时企业的工资水平对劳动力又有着吸引的能力。因此，两者之间是相互作用的，而影响不是单方面的。

第3章　环境污染之政府影响与政府行为

3.1　环境污染对政府影响的文献概述

政府是指国家进行统治和社会管理的机关，是国家表示意志、发布命令和处理事务的机关，实际上是国家代理组织和官吏的总称（宋德福，2001），代表着社会公共权力。政府追求的目标众多，从经济学视角来看，包括宏观经济增长、充分就业等；从社会学视角来看，包括寻求社会稳定和谐、消除贫困、民生幸福等（桑玉成，1996），当然政府也会寻求社会民众对其信任和态度认可等。已有大量研究探讨了环境污染问题给政府这些方面带来的影响，尤其是环境恶化对政府的一系列目标产生了巨大影响，从而使其不得不高度重视环境污染处理和保护环境。

3.1.1　环境污染对经济增长和可持续性发展的影响

借用 Kuznets（1955）研究经济增长和收入差距发现的倒“U”形关系，大量关于经济增长和环境污染的文献都是从探讨经济增长对环境污染的影响角度出发并也发现了倒“U”形关系，即 EKC 曲线。有关这一视角的研究请参考相关综述文献[①]，在此不展开分析，本小节重点基于环境污染对经济增长影响这一视角对文献进行梳理。正如 Coondoo 和 Dinda（2002）所指出的，通常情况下，假定收入与污染之间的关系是收入引起环境变化的单向因果关系，而不是环境引起收入变化的单向因果关系。这一假设的有效性正受到质疑。他们基于 1960—1990 年 88 个国家（地区）

① Ekins(1997)、Dinda(2004)、Stern(2004)等。

的面板数据进行分析，发现环境污染和经济增长因果关系的性质与方向可能因国而异，结果显示了三种不同类型的因果关系对应于不同的国家群体。对北美和西欧的发达国家群体（也包括东欧），因果关系的方向是从污染排放到收入；对中南美洲、大洋洲的国家群体和日本等国家群体，因果关系的方向是从收入到排放；对亚洲和非洲的国家群体，因果关系是双向的。Perrings（1987）较早认识到经济增长和环境状况是互相影响的。Ramón（1994）在理论研究中将环境视为一种生产要素，只有生产者对其生产库存反馈效应内在化时[①]，经济增长和贸易自由化才能减少自然资源退化。如果偏好是相同的，经济增长必然是有害于对生产没有库存反馈效应的环境因素。Arrow 等（1995）指出，对资源环境的不合理开采和利用会导致未来生产能力的下降，不利于经济增长的可持续性。有学者尝试运用联立方程来刻画经济增长和环境污染之间的影响机制。Eriksson 和 Zehaie（2005）构建了一个依赖于人口密度和污染性质的增长模型，发现经济稳态的变化会受到人均感知污染程度下降的影响。Shen（2006）认识到经济增长和污染是共同决定的理论框架，利用 1993—2002 年中国省级面板数据和联立方程模型考察了人均收入与人均污染物排放之间的关系。在收入方程中，Shen 发现了污染对收入的负面影响。Tai 等（2015）指出，健康状况不佳和污染恶化是影响许多发展中国家生产效率和经济增长的主要问题，发达国家和国际组织因此提供了资金，助力其解决污染问题并资助医疗保健项目。学者利用内生增长模型，证实了这类对外援助对受援国的经济增长有促进作用，但是如果降低对污染的援助比例，经济增长速度就会放缓甚至受损。Saida 和 Kais（2018）利用 1990—2015 年撒哈拉以南非洲国家的年度数据分析也发现 CO_2 排放与人均 GDP 有双向因果关系。

国内学者对此也有尝试，其中绝大多数研究都支持了环境污染减缓了经济增长速度的观点。如匡耀求、黄宁生和胡振宇（2004）对东莞市 1995—2000 年的研究发现，环境污染严重影响东莞北部水乡尤其是下游各镇区的经济增长。包群和彭水军（2006）利用省级面板数据和联立方程模

① 原文为“Producers Internalize Their Stock Feedback Effects on Production”。

型考察了环境污染与经济增长的关系，研究发现环境因素对经济增长存在不利影响，有3类污染指标具有负的产出效应。彭水军和包群（2006a）运用VAR模型分析了环境污染与人均GDP之间的长期动态关系，发现环境污染对经济增长存在着滞后性的反向作用。张锋、胡浩和张晖（2010）分析发现，江苏省农业面源污染对经济增长总体上有负面影响且具有滞后效应。李叶和赵洪进（2014）研究发现：短期内环境恶化会促进经济增长，但环境持续恶化会对经济增长产生负面影响，即环境污染最终还是会抑制经济增长。李茜等（2015）基于1985—2011年省级面板数据和PVAR模型也发现污染物排放对经济发展有非常显著的负向作用。袁程炜和张得（2015）利用1991—2010年四川省的数据发现，环境污染对经济增长有显著的负向效应。叶初升和惠利（2016）运用我国省级面板数据、SBM模型、方向性距离函数和GML指数测算发现在考虑农业污染物排放时全要素生产率会显著下降。有少量研究发现环境污染和经济增长呈正相关关系（李富有、王博峰，2014）。

孙刚（2004）引入环境保护扩展了Stokey - Aghion模型，研究发现环保投入对环境质量改善的边际贡献率在长期能否大于一个临界值是可持续发展能否维持的关键。彭水军和包群（2006b）将环境质量作为内生要素引入生产函数和效用函数，构建三个带有环境污染约束的经济增长模型，发现环境标准越严厉、对环境质量的偏好程度越高、可持续发展意识越强，则稳态长期经济增长率越高。钟伟（2007）分析发现解决养殖业环境污染问题是农村畜牧业经济可持续发展的关键。

上述研究表明环境污染对于经济增长和经济可持续发展具有重要的影响，已有研究都表明减少环境污染或者改善环境质量有利于经济增长和可持续发展。

3.1.2　环境污染对就业、贫困和社会稳定的影响

陆旸（2012）分析指出在环境经济学中相对于环境与增长问题研究，鲜有对环境与就业问题的研究，其对环境规制影响就业的机制进行探讨和经验分析发现，在理论上环境保护与就业净效应之间的关系存在一个“模

棱两可”的预期。马骥涛和郭文（2018）利用中国30个省份2000—2015年的面板数据并基于柯布—道格拉斯生产函数分析了环境规制对就业规模和就业结构的影响，发现环境规制对就业规模的影响呈现“U”形变化趋势，样本期间中国环境规制强度仍处于“U”形曲线的下降阶段，其规模效应发挥主要作用；环境规制对就业结构具有正向作用，推动了高技能劳动力对低技能劳动力的替代；环境规制对轻污染地区就业规模“U”形曲线的移动没有影响，但重污染地区就业规模的“U”形曲线向右下方移动，影响以第三产业为主地区就业规模的“U”形曲线向左上方移动，其拐点值小于以工业为主地区。刘君等（2018）利用中国1983—2015年的时间序列数据，构建计量实证模型，采用较为前沿的时间序列数据分析方法研究环境污染水平对就业规模和就业结构的影响发现：环境污染水平对就业规模的影响整体上呈倒“U”形曲线，即随着环境污染程度加重，就业规模先上升后下降，但环境污染水平对不同产业的就业人数表现出明显的差异性；环境污染水平对就业结构的影响是不合理的，随着环境污染程度加重，第二产业就业人数增加，第三产业就业人数减少，就业结构向第二产业集中，导致就业结构的转变不合理。

许莹晖（2014）在其研究中简单综述环境污染会导致贫困发生。一方面，环境污染使劳动者感觉不舒服，如水污染影响生活，给农业生产造成恶劣影响；有毒气体和噪声会导致居民恶心、头晕等，影响正常休息，使居民身体和精神遭受严重损害，健康状况下降，导致疾病发生，可能使居民因病致贫。另一方面，环境污染降低了劳动者从事紧张体力劳动的欲望，从而普遍降低了他们的劳动生产水平和生产效率，导致贫困。程欣等（2018）对生态环境与贫困、灾害与贫困的关系进行分析，探索贫困人口的减贫诉求和扶贫模式，并提出了兼顾环保、减灾和减贫的系统性扶贫理论模型和分析框架。研究发现：生态环境与贫困存在复杂关联，关键影响因子包括环境恶化因素、资源因素和多维贫困因素；灾害与贫困的关系研究主要关注脆弱性、直接关系和农户生计3个视角；贫困人口的诉求呈现多元化趋势，但扶贫模式却较少综合考虑环境和灾害等因素。王新和吴玉萍（2011）指出，解决环境与贫困问题的关键是促进社会公平。

李光钰（2016）指出，环境问题不仅破坏人们的生存环境，损害人们的身体健康，而且容易造成社会关系的紧张，甚至导致群体事件的冲突，从而影响社会稳定。其中，环境污染、监管不力、体制缺陷以及法制不完善等构成影响社会稳定的重要因素。梁枫和任荣明（2017）基于 CGSS 2010 数据研究经济、环境和社会稳定三者的关系：环境问题会增加民众参与群体性事件的意愿和程度；经济发展会降低民众参与群体性事件的意愿和程度；而如果将环境问题作为中介因素，那么经济发展会通过环境问题增加民众参与群体性事件的意愿和程度。故其提出要坚持绿色经济的发展理念，同步实现经济发展和环境改善，增强民众对经济与环境和谐共生的信心，促进社会稳定。

3.1.3　环境污染对政府信任和居民政治态度的影响

诺贝尔经济学奖获得者肯尼斯·阿罗曾说“没有任何东西比信任更具有重大的实用价值，信任是社会系统的重要润滑剂。它非常有成效，它为人们省去了许多麻烦，因为大家都无须去猜测他人话的可信度。不幸的是，这不是一件可以轻易买到的商品”。环境污染会导致居民对政府的信任程度下降。王强（2013）指出，生态环境是一种典型的公共产品和公共资源，保护环境、治理污染是政府义不容辞的神圣职责，环境污染严重以及由此造成的公众身心健康遭受威胁，必然引起公众抱怨、质疑和问责，导致对身为代理人的各级政府信任度的下降。刘细良和刘秀秀（2013）、王凯民和檀榕基（2014）的研究均发现环境群体性事件可能致使社会民众对政府的公信力产生更大的负面影响。朱海伦（2015）以浙江省海宁市“晶科能源事件”为例指出环境公共治理的实现路径是民主协商，而信任是环境公共治理协商民主得以实现的前提，只有普遍信任才能够促进协商民主的实现从而达成环境公共治理的目的。孙伟力（2016）实证研究发现，公众对环境危机的感知越严重，对中央政府和地方政府的信任程度越低。彭建交等（2018）强调环保负面舆论扩散、环境群体性事件频发和环境满意度偏低等现象的存在均体现出我国地方政府在环境治理领域存在着比较严重的信任流失。黎泉、林靖欣和魏钰明（2018）基于跨国面板数据分析发现，环境质量越高，公众对政府的信任度越高。此外，王学义和何兴邦（2017）基于微观数据实证考察了空气污染问题对城市居民对政府信任度的影响机制，发现其影响机制主要包括空气污染主观感受及对政府空气污染治理的尽责评价。

环境污染不可避免地会使社会公众的利益受到损害，由此可能导致社会民众通过投诉、信访、司法等渠道维护自身权益，使政府加大环境监管力度，改善当期环境污染问题。在此过程当中，社会民众对政府的行为表现极为关注，如若不当，则极有可能引发居民政治态度转化。左翔和李明（2016）指出，对于受到污染侵权的居民来说，民主和法治不完善使其自身的合法权益难以得到保障，这会诱发居民政治态度的改变。他们利用CGSS2006微观调查数据，并将城市相关数据与之匹配，实证研究了环境污染与中国居民政治态度的关系。研究发现，若居民遭遇环境污染侵权，就会显著降低对政府权威的认可程度，进而显著增强对民主制度和司法独立的诉求，对政府应加强对企业规制的认同度则没有明显变化。上述政治效应随着经济发展水平的提高有逐步强化的趋势；然而，随着环境侵权威胁的加剧，经济发展提高政府权威、降低居民对民主制度需求的效应却会衰减。

总而言之，环境污染对宏观经济、政治信任以及社会稳定等方面都会带来巨大影响，从而引发诸多社会问题。因此，各国政府都非常重视环境问题，保护环境关系到整个人类社会的未来。中国政府对此也非常重视，将环境保护确立为一项基本国策，强调经济发展的同时加强环境保护。随着经济社会的发展，环境污染问题越来越突出，我国政府对环境问题越来越重视，历年的政府工作报告中都有极大的篇幅来阐述污染防治和生态建设，习近平总书记也提出了“绿水青山就是金山银山”的著名论断，揭示了“治理环境污染就是改善生产力，保护生态环境就是保护生产力”的道理。特别是近年来，我国政府坚持预防为主、综合治理、全面推进、重点突破，着力解决危害人民群众健康的突出环境问题；坚持实施可持续发展战略，形成文明的消费模式，合理开发和节约使用各种自然资源，全面推进生态保护，强化城乡污染治理，保护环境。坚持创新体制机制，依靠科

学进步，强化环境法治，发挥社会各方面的积极性等。

3.2　政府环境保护与环境污染治理行为

3.2.1　我国环境保护机构建设与人才建设

我国与环境相关的政府机构目前有中华人民共和国生态环境部，其是国务院组成部门，为正部级，2018年3月根据第十三届全国人民代表大会第一次会议批准的国务院机构改革方案设立。保护环境是我国的基本国策，生态环境部的主要前身为环境保护部，为整合分散的生态环境保护职责，统一行使生态和城乡各类污染排放监管与行政执法职责，加强环境污染治理，保障国家生态安全，建设美丽中国，我国将环境保护部的职责，国家发展改革委的应对气候变化和减排职责，国土资源部的监督防止地下水污染职责，水利部的编制水功能区划、排污口设置管理、流域水环境保护职责，农业部的监督指导农业面源污染治理职责，国家海洋局的海洋环境保护职责，国务院南水北调工程建设委员会办公室的南水北调工程项目区环境保护职责整合，组建生态环境部，作为国务院组成部门，该机构的变迁历史见图3－1。

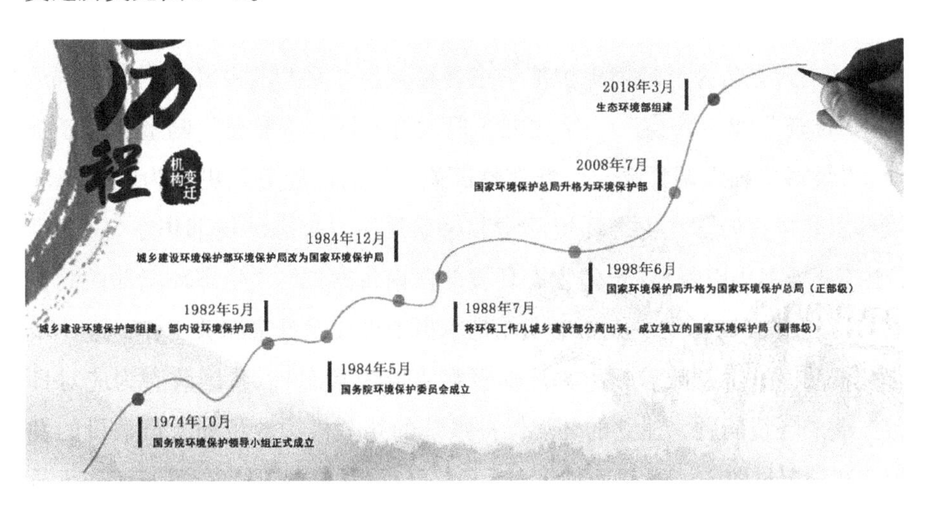

图3－1　生态环境部的历史变迁

资料来源：生态环境部。

各省（区、市）和相关部门在以习近平同志为核心的党中央坚强领导下，以习近平新时代中国特色社会主义思想特别是习近平生态文明思想为指导，认真贯彻党中央、国务院决策部署，以改善生态环境质量为核心，以加快建设生态文明标志性举措为突破口，全力以赴推进生态环境保护各项工作，取得积极建设进展和成效。为贯彻落实环境保护政策，2002 年，环境保护部在南京和广州分别试点华东和华南环保督查中心，2006 年正式设立。此后，西北、西南、东北、华北督查中心先后成立，到 2008 年覆盖 31 省（区、市）的六大区域督查中心全面组建。2016 年 1 月 4 日，中共中央环境保护督察委员会即中央环保督察组由环境保护部牵头成立，中纪委、中组部的相关领导参加，代表党中央、国务院对各省（区、市）党委和政府及其有关部门开展环境保护督察，原则上在每届党的中央委员会任期内，应当对各省、自治区、直辖市党委和政府，国务院有关部门以及有关中央企业开展例行督察，并根据需要对督察整改情况实施“回头看”，针对突出生态环境问题，视情组织开展专项督察。党中央高度重视环境保护督察工作，将其作为推进生态文明建设和环境保护的重大制度安排，2017 年，中央环保督察实现了 31 个省（区、市）全覆盖。2017 年，经中央编办批复，六大环境保护督查中心由事业单位转为环境保护部派出行政机构，正式更名为“环境保护部华东督察局”“环境保护部西南督察局”等。“督查”和“督察”一字之差，但大有不同，“督查”侧重于监督企业，“督察”则强调督政，监督党政机关。目前已经分别更名为“生态环境部东北督察局”“生态环境部华北督察局”“生态环境部华东督察局”“生态环境部华南督察局”“生态环境部西南督察局”“生态环境部西北督察局”。“督察局”的一大新增职能是承担中央环保督察相关工作，进一步强化督政。这也意味着，中央环保督察将成为常态①。我国政府为应对日益严峻的环境问题，建立的环境保护系统的相关机构数量和人员数量的发展变化情况见图 3 -2。显而易见，无论是环保机构数还是环保系统工作人员数，都表现出明显的攀升趋势，凸显出政府在治理环境上人力、财力的巨大

① 资料来源于搜狐网，https://www.sohu.com/a/207477051_203652。

投入。2004—2015 年我国省部级以上各类环境保护系统机构数量变化情况见表 3 - 1，具体包括环保行政主管部门机构、环境保护监察机构、环境监测站、环境保护科学研究所、环保宣教机构、环保信息机构；随着社会的发展和需要，近些年我国又逐步建立环保辐射监测机构和环保应急机构。省部级以上的环境保护系统机构总数具有非常明显的增长态势。

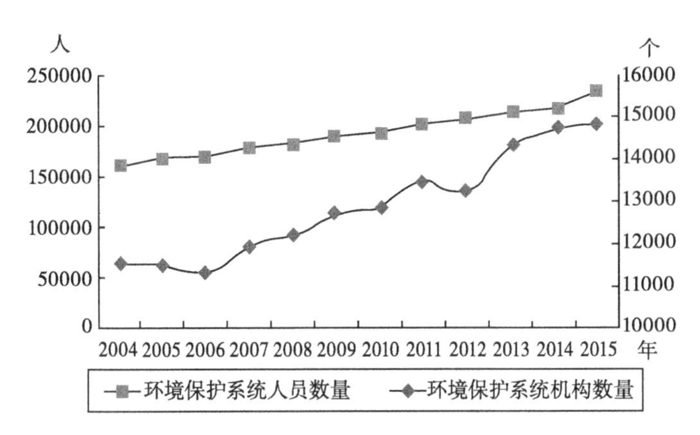

图 3 - 2　2004—2015 年我国环境保护系统机构数量和环保人员数量变化情况

资料来源：中国环境保护数据库。

表 3 - 1　2004—2015 年我国省部级以上各类环境保护系统机构数量变化情况

单位：个

年份	环境保护系统机构数量	环保行政主管部门机构数量	环境保护监察机构数量	环境监测站数量	环境保护科学研究所数量	环保宣教机构数量	环保信息机构数量	环保辐射监测机构数量	环保应急机构数量
2004	372	33	34	40	32	31	27	—	—
2005	385	33	34	40	32	31	27	—	—
2006	393	33	33	40	33	31	28	—	—
2007	387	32	34	40	31	30	27	—	—
2008	393	32	35	39	31	31	27	—	—
2009	401	32	48	40	32	30	27	—	—
2010	414	32	48	37	33	32	27	—	—
2011	442	32	47	44	33	32	29	—	—
2012	439	32	51	47	34	31	24	28	10

续表

年份	环境保护系统机构数量	环保行政主管部门机构数量	环境保护监察机构数量	环境监测站数量	环境保护科学研究所数量	环保宣教机构数量	环保信息机构数量	环保辐射监测机构数量	环保应急机构数量
2013	445	32	51	47	35	34	24	34	10
2014	447	32	51	46	35	33	24	35	11
2015	443	32	52	47	33	31	29	32	12

资料来源：中国环境保护数据库。

2004—2015 年我国省部级以上环境保护系统重要类型的机构人员数量变化情况见图 3－3，省部级以上的环境保护系统人员总量具有非常明显的增长态势。其中，环境监测站人员数和环境保护监察机构人员数在 2012 年出现了一增一减的情况。

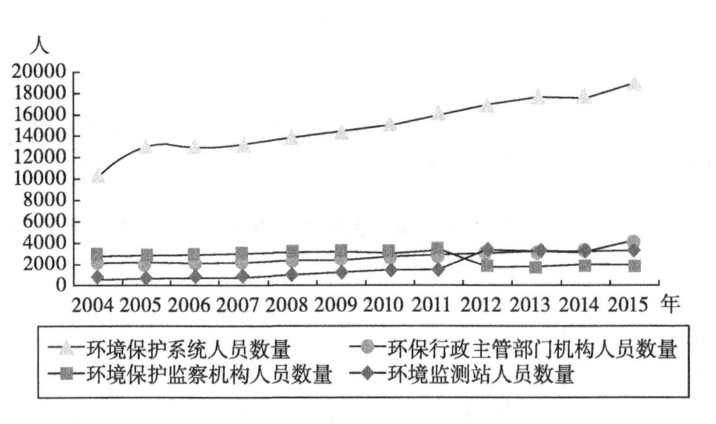

图 3－3　2004—2015 年我国省部级以上环境保护系统重要类型的机构人员数量变化情况

资料来源：中国环境保护数据库。

此外，生态环境是一种典型的公共产品和公共资源，保护环境、治理污染是政府义不容辞的职责。在我国公共产品供给体制中，县级政府作为国家财政体系的基础，直接为辖区居民提供各类公共产品（封进、余央央，2007）。2004—2015 年我国县级环境保护系统的机构数量发展情况见表 3－2，从表 3－2 中发现，县级环境保护系统机构总数从 2004 年的 7576 个发展到 2015 年的 9154 个，具有较明显的上升态势。其中，环境监测站数量也呈直线式增长趋势。

表3-2　2004—2015年我国县级环境保护系统机构数量发展情况　单位：个

年份	环境保护系统机构数量	环保行政主管部门机构数量	环境保护监察机构数量	环境监测站数量
2004	7576	2750	2363	1850
2005	7655	2777	2413	1849
2006	7680	2789	2366	1886
2007	8154	2795	2563	2012
2008	8432	2799	2658	2116
2009	8548	2811	2668	2158
2010	8606	2810	2658	2211
2011	8973	2809	2718	2313
2012	8807	2812	2497	2327
2013	8866	2811	2515	2346
2014	8965	2815	2523	2362
2015	9154	2815	2619	2402

资料来源：中国环境保护数据库。

2004—2015年我国县级环境保护系统的机构人员数量发展情况见图3-4。类似地，县级环境保护系统机构人员总数从2004年到2015年基本上呈现出直线式增加趋势，到2015年已经达到146696人。其中，县级环境保护系统各类机构人员数量变化情况与省部级以上环境保护系统各类机构人员数量变化情况明显不同。环境监测站人员数量和环境保护监察机构人员数量在2012年出现了一减一增的情况，刚好与省部级以上的两类机构人数变化相反。

为了及时了解环境状况和发展变化趋势，我国建立起了各种环境监测项目，例如，环境空气监测点位、酸雨监测点位、沙尘天气影响环境治理监测点位、地表水水质监测断面点位、集中式饮用水水源地监测点位、近岸海域监测点位、开展环境噪声监测的监测点位和开展污染源监督性监测的重点企业数等。在此不再一一展开分析，以下主要从环境监测机构、人员和设备等方面进行分析，并以环境空气监测点位数进行图示分析。

2017年我国各省份环境监测机构数量与人员数量的分布情况见表3-3。从环境监测部门/机构数的省域数量来看，2017年前三甲分别是河

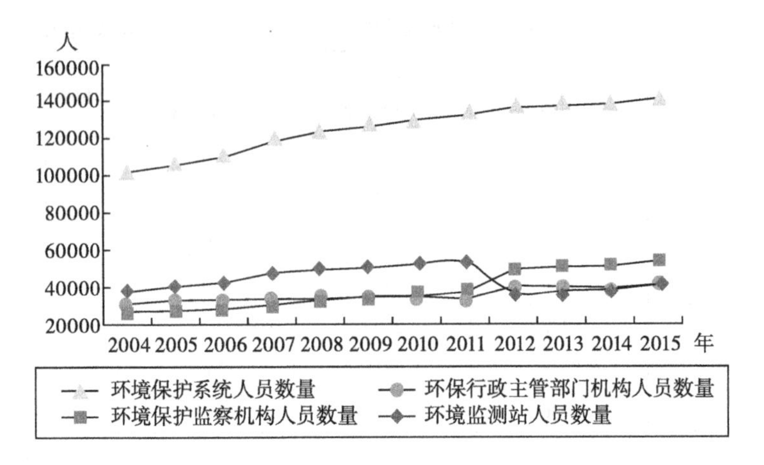

图 3-4 2004—2015 年我国县级环境保护系统各类机构人员数量发展情况

资料来源：中国环境保护数据库。

北、四川和河南，均超过 200 个，而后三位分别为北京、上海和宁夏；从环境监测人员数量来看，前三位分别是河南、四川和山东，后三位分别是宁夏、青海和西藏。当然，各省份建设环境监测部门/机构，配备环境检测人员需要结合地区行政区划、地域面积等因素进行综合考量，但机构和人员数量的多寡也在一定程度上间接反映出地方政府的重视程度和地区环境状况。

表 3-3 2017 年我国各省份环境监测机构数量与人员数量的分布情况

单位：个，人

省份	环境监测部门/机构数量	环境监测管理部门数量	环境监测中心/站机构数量	环境监测人员数量	环境监测管理部门人员数量	环境监测中心/站人员数量
总计	3336	744	2494	58670	3887	52737
北京	20	1	19	585	6	578
天津	21	1	17	597	196	345
河北	220	43	172	3669	174	3410
山西	167	43	117	3422	285	2904
内蒙古	160	30	126	2368	78	2218
辽宁	114	26	87	2525	224	2223
吉林	95	24	68	1634	136	1442

续表

省份	环境监测部门/机构数量	环境监测管理部门数量	环境监测中心/站机构数量	环境监测人员数量	环境监测管理部门人员数量	环境监测中心/站人员数量
黑龙江	129	13	116	1640	38	1602
上海	20	4	16	990	33	957
江苏	58	13	36	1609	61	1507
浙江	81	15	65	1937	146	1711
安徽	88	28	53	1243	147	1081
福建	129	25	100	2337	126	2073
江西	105	24	80	1182	96	1055
山东	192	30	152	3960	131	3657
河南	203	75	120	4746	416	4078
湖北	119	24	93	2431	314	2056
湖南	170	47	122	3060	269	2584
广东	131	21	108	2970	52	2888
广西	124	26	96	1709	93	1581
海南	25	5	20	384	27	345
重庆	65	21	43	1301	53	1239
四川	208	47	159	4293	299	3897
贵州	110	23	84	1294	59	1208
云南	189	33	144	2131	73	2017
西藏	39	13	25	187	27	156
陕西	67	20	46	913	44	835
甘肃	117	22	93	1491	105	1244
青海	25	9	15	212	26	186
宁夏	13	1	12	264	5	259
新疆	130	36	89	1385	131	1217

资料来源：《中国环境年鉴（2018）》。

2017 年我国各省份环境监测用房面积、经费和设备分布情况见表 3－4。可以看到各省份差异较大，2017 年环境监测用房面积最大的四川是最小的天津的 264 倍；环境监测业务经费最多的山东是最少的青海的 77.77 倍；监测仪器设备台套数四川最多、天津最少，相差 100 多倍；环境监测设备价值四川最高，西藏最低，四川是西藏的27倍。

表3-4　2017年我国各省份环境监测用房面积、经费和设备分布情况

省份	环境监测用房面积/平方米	环境监测业务经费/万元	环境监测——监测仪器设备台套数/套	环境监测——监测仪器设备原值总值/万元
总计	2855584	1665009.0	317138	2187981
北京	28988.1	27932.8	6734	62049.7
天津	790.0	7990.0	247	16892.0
河北	142370.4	91597.6	14612	94764.4
山西	112693.5	16401.4	12045	63673.4
内蒙古	140682.1	30122.7	14125	95267.3
辽宁	112214.0	39419.2	17908	101621.3
吉林	80147.6	59896.9	5512	36573.2
黑龙江	76232.2	16697.6	6704	45693.1
上海	68704.7	58372.0	7116	95990.2
江苏	78618.0	112217.4	11276	82783.2
浙江	118119.0	69357.2	11719	102655.4
安徽	59712.7	73606.2	5865	40576.3
福建	94473.8	42063.6	14535	87774.1
江西	98649.4	21193.9	7275	40491.2
山东	151294.0	161886.9	17589	117729.8
河南	124934.2	36280.8	17935	119433.3
湖北	109034.6	41287.3	11299	87975.7
湖南	136194.4	89060.4	11131	64534.5
广东	160151.1	93441.9	21663	158131.7
广西	89777.1	82146.4	9047	63562.4
海南	12142.0	7566.4	2634	22086.3
重庆	89229.0	31330.3	13386	64676.9
四川	208859.8	122020.2	26002	167399.2
贵州	90431.2	25113.8	8423	50288.9
云南	145152.5	38424.6	14521	62989.3
西藏	9833.8	4411.6	1155	6096.8
陕西	47100.8	9255.0	4136	29169.1
甘肃	63741.8	68599.0	9958	54979.4

续表

省份	环境监测用房面积/平方米	环境监测业务经费/万元	环境监测——监测仪器设备台套数/套	环境监测——监测仪器设备原值总值/万元
青海	11287.9	2081.7	1553	8023.2
宁夏	28715.5	8705.7	2520	19027.1
新疆	150310.9	55367.7	6723	50267.6

资料来源：《中国环境年鉴（2018）》。

2007—2017年我国环境空气监测点位数量的发展情况见图3-5，由图3-5可以看出，在我国空气污染问题最严重和公众对空气质量最为关注的2010—2012年，环境空气国控监测点位数量也急剧增加，后几年基本维持不变。而来自市场的环境空气监测点位数量随着近些年人们进一步关注环境增加较为明显。

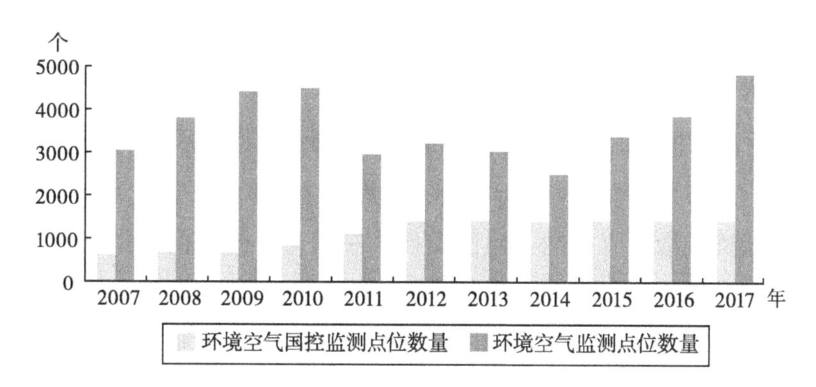

图3-5 2007—2017年我国环境空气监测点位数量的发展情况

资料来源：中国环境保护数据库。

2011—2015年我国环境教育基地建设情况见图3-6。通过环境教育基地建设加强环境教育宣传和开展各类环境保护教育活动，让企业和社会公众更多地理解环境污染的危害和良好环境如何构建。通过积极引导和动员全体社会成员共同构建绿色和谐环境，创建美好生活。因此，环境教育基地建设对环境保护和污染预防有着重要作用。从图3-6中也不难发现，环境教育基地数量也在不断发展增加。

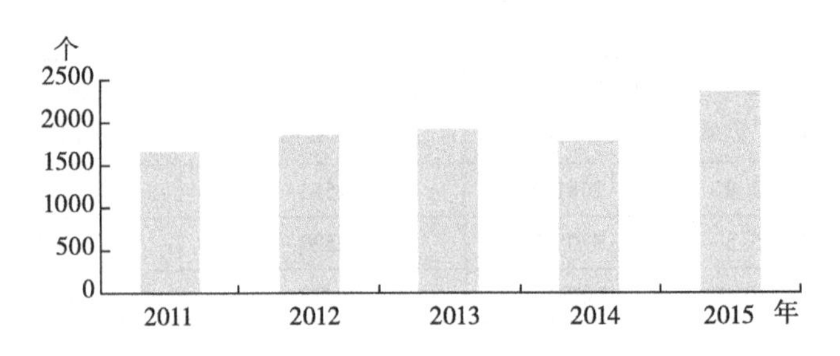

图3-6 2011—2015年我国环境教育基地建设情况

资料来源：中国环境保护数据库。

3.2.2 我国政府环境保护和污染治理的行动表现

接下来，本小节主要通过近些年来政府的环境保护投资等宏观数据和社会公众对政府环保工作的评价等微观调查数据来简要分析政府环保行动表现。

根据《国家环境保护模范城市考核指标及其实施细则（第六阶段)》①，环境污染治理投资包括三部分：工业污染源污染治理投资、建设项目“三同时”② 环保投资和城市环境基础设施建设投资。工业污染源污染治理投资是指没有被纳入建设项目“三同时”管理的污染治理项目投资，包括治理废水、废气、废物、噪声和其他污染物的投资。建设项目“三同时”环保投资是指已经明确被纳入环境保护“三同时”管理的建设项目环保投资，这部分环保投资将在建设项目全部竣工验收后汇总到当年“三同时”项目环保投资中，在统计年鉴中体现为“当年完成环保验收项目环保投资”。城市环境基础设施建设投资包括燃气、集中供热、排水、园林绿化、市容环境卫生的投资。

首先，从环境污染治理投资总额上看，21世纪后，投资总量绝对额呈大幅上升趋势，从2001年的1166.7亿元增加到2016年的9219.8亿元，

① 资料来源于生态环境部官网，http://www.mee.gov.cn/gkml/hbb/bgt/201101/t20110125_200178.htm。

② “三同时”制度是指一切新建、改建和扩建的基本建设项目、技术改造项目、自然开发项目，以及可能对环境造成污染和破坏的其他工程建设项目，其中防治污染和其他公害的设施以及其他环境保护设施，必须与主体工程同时设计、同时施工、同时投产使用的制度。

其间2014年投资总额最高，达到了9575.5亿元。从相对额来看，以GDP为参照，环境污染治理投资占GDP的比重从2000年到2010年基本上呈现出增加的态势，从1.05%增加到最高值1.84%，之后又略有下降趋势，到2017年为1.15%（见图3－7）。因此，可以看出，党和政府对关系国民切身利益的环境问题投入了大量的资源进行治理。

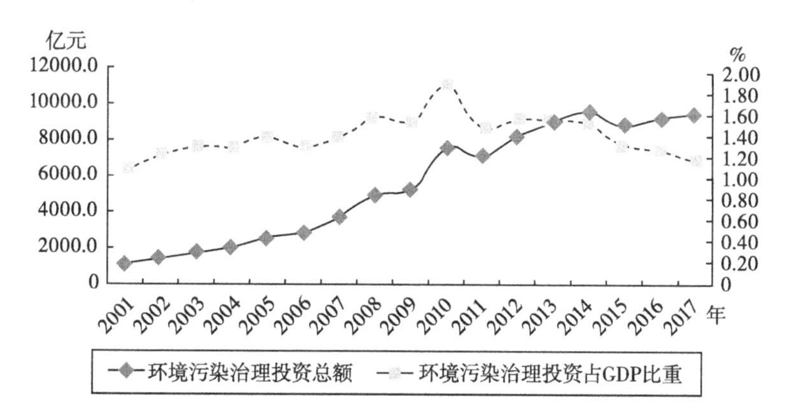

图3－7　2001—2017年环境污染治理总投资及其占GDP的比重

资料来源：课题组根据历年《中国环境统计年鉴》整理所得。

其次，通过分析城镇环境基础设施建设投资、工业污染源污染治理投资和当年完成环保验收项目环保投资占环境污染治理投资总额的比重及变化趋势来考察环境污染治理投资总额的构成。如图3－8所示，城镇环境基础设施建设投资、当年完成环保验收项目环保投资、工业污染源污染治理投资三者占环境污染治理投资总额的比重依次递减。工业污染源污染治理投资主要衡量排放污染物的老企业结合技术改造和清洁生产用于污染防治发生的投资；而当年完成环保验收项目环保投资主要衡量产生污染物的新建项目与主体生产设施同时设计、同时施工、同时投产（即“三同时”）的污染防治投资。因此，可以发现我国此时期新建项目的污染防治投资总额比老企业的污染防治投资总额相对较高。

以1997年为基期利用消费者物价指数进行通货膨胀调整后2000—2015年我国工业污染源污染治理投资各项的分布和发展趋势见图3－9。总体而言，治理噪声以及治理废物的投资金额相对较稳定，2000—2014年并

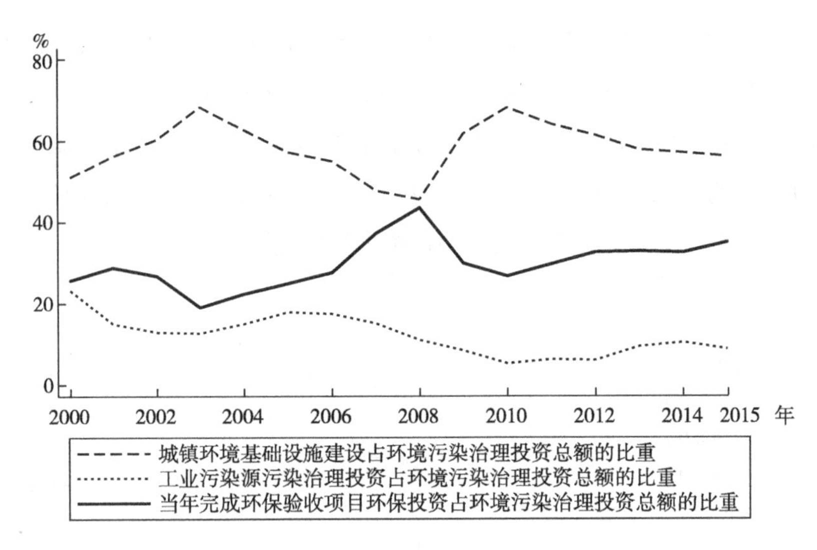

图 3－8　2000—2015 年环境污染治理投资分项占比

资料来源：课题组根据历年《中国环境统计年鉴》整理所得。

没有发生显著的变化。同一时期的治理废水的投资金额呈现出倒“U”形发展趋势，在 2007 年达到最高；治理废气的投资金额变化相对较大，尤其是在 2013 年和 2014 年呈现出爆发式的增长趋势，2015 年开始又略有下降。

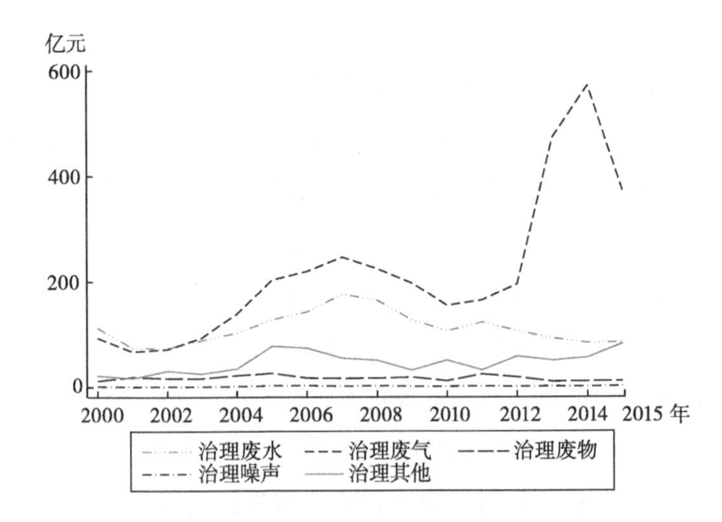

图 3－9　2000—2015 年我国工业污染源污染治理投资分布状况

资料来源：课题组根据历年《中国环境统计年鉴》整理所得。

2000—2015 年我国完成环保验收项目环保投资的变化趋势见图 3－10。由图 3－10 可知，除了 2008—2009 年环保投资额出现了较大幅度下降，总体而言，我国当年完成环保验收项目环保投资额呈现明显的上升趋势。

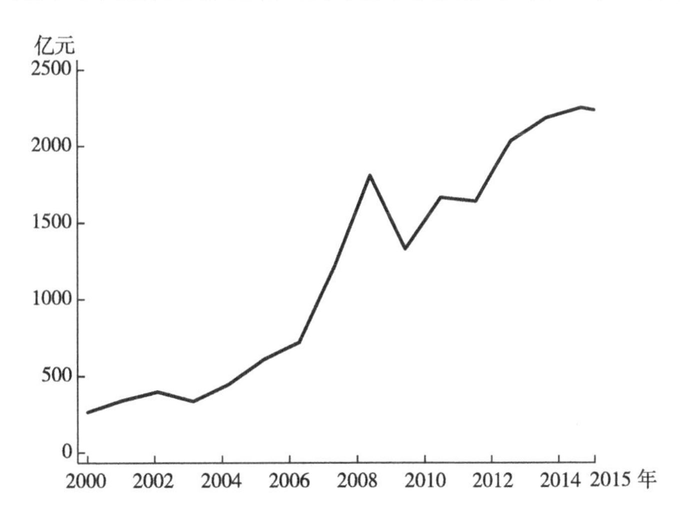

图 3－10　2000—2015 年我国完成环保验收项目环保投资额

资料来源：课题组根据历年《中国环境统计年鉴》整理所得。

2000—2015 年我国城镇[①]环境基础设施建设投资中各项的变化趋势见图 3－11。环境基础设施建设投资包括排水、园林绿化、市容环境卫生、燃气和集中供热的投资。2000—2014 年，我国城镇排水、园林绿化、市容环境卫生、燃气和集中供热等各项环境基础设施建设投资总体上均呈现上升趋势，排水与园林绿化的投资额相对而言在 2010 年以前增加的幅度较大，但 2010 年后变化不大，而且略有小幅下降。其他如集中供热和燃气的投资额在 2012 年后也出现了下降趋势。

2000—2015 年我国政府所处理的环境行政处罚案件和受理的环境行政复议案件情况见图 3－12。不难发现，环境行政处罚案件数量有明显的增加趋势，这折射出潜在的可能性：一是环境违规事件在逐年增加，环保系统行政效率并未提高；二是环境违规事件数量可能并无多大变化，环保行

① 《中国环境统计年鉴》统计口径包括城镇，而不仅仅是城市，因此《中国环境统计年鉴》数据与《中国城市统计年鉴》数据相比有明显不同。

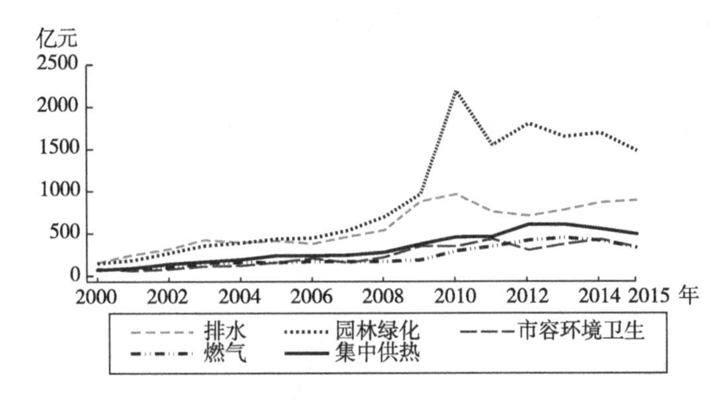

图 3 - 11　2000—2015 年我国城镇环境基础设施建设投资分布

资料来源：课题组根据历年《中国环境统计年鉴》整理所得。

政系统效率大大提高；三是事件数量增加，效率也在提高；等等。总而言之，这种增长至少能够说明政府对环境问题越来越重视。

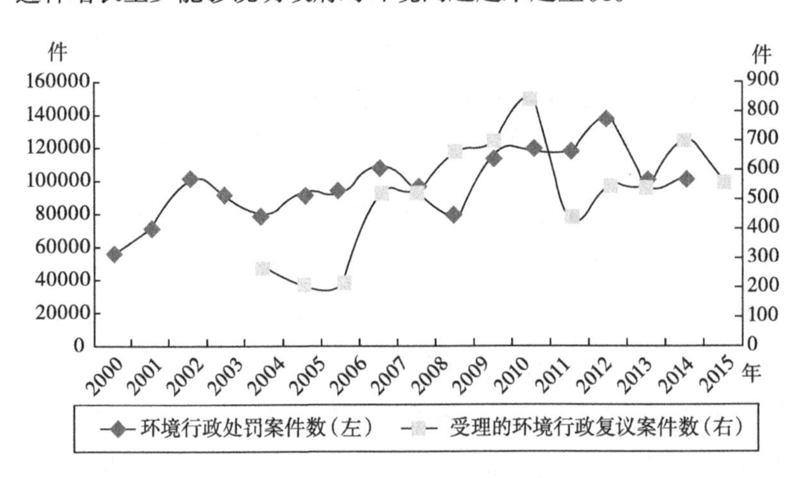

图 3 - 12　2000—2015 年我国政府所处理的环境行政处罚案件和受理的环境行政复议案件情况

资料来源：课题组根据历年《中国环境年鉴》整理所得。

2011—2015 年我国社会环境宣传教育相关活动情况见图 3 - 13。政府通过加强社会环境教育宣传，让企业和社会公众更多地了解环境污染的危害和良好环境如何构建，通过积极引导和动员全体社会成员共同构建绿色和谐环境，创建美好生活。

检验政府工作最终要以公众的切身感受为重要标准，即一切从公众的

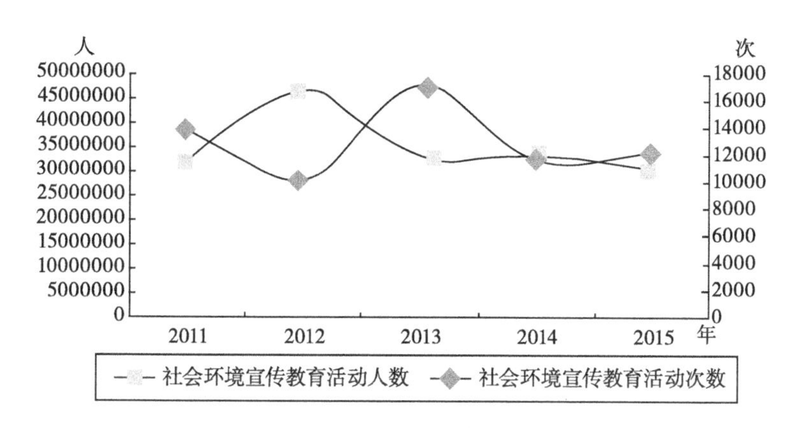

图 3－13　2011—2015 年我国社会环境宣传教育相关活动情况

资料来源：课题组根据历年《中国环境年鉴》整理所得。

切身利益出发，让公众有真真切切的感知。为此，利用全国大型微观调查数据——中国综合社会调查（China General Social Survey，CGSS）2010 年、2013 年和 2015 年的数据中社会公众对政府环境工作的评价进行了简要分析。其中有一题为："在解决中国国内环境问题方面，您认为近 5 年来，中央政府做得怎么样?" 要求受访者从"片面注重经济发展、忽视了环境保护工作""重视不够，环保投入不足""虽尽了努力，但效果不佳""尽了很大努力，有一定成效""取得了很大的成绩""无法选择/说不清"中进行选择，公众的选择结果统计情况见表 3－5。总体来说，社会民众对中央政府在解决环境问题方面的作为评价并不高，选择"尽了很大努力，有一定成效"和"取得了很大的成绩"的比例，无论是在 2010 年还是 2013 年，占比均不足 40%。2013 年相比 2010 年变化并不太大，而且均有 16% 以上的民众表示"无法选择/说不清"。

表 3－5　2010 年和 2013 年公众对中央政府解决环境问题的评价　（%）

选项	2010 年	2013 年
片面注重经济发展、忽视了环境保护工作	7.40	8.04
重视不够，环保投入不足	14.97	13.73
虽尽了努力，但效果不佳	23.68	21.63
尽了很大努力，有一定成效	29.53	31.87
取得了很大的成绩	8.28	7.88

续表

选项	2010 年	2013 年
无法选择/说不清	16.14	16.85

资料来源：课题组根据 CGSS2010 和 CGSS2013 整理计算所得。

类似地，2010 年和 2013 年公众对地方政府解决环境问题的评价见表 3－6。社会公众对地方政府在解决环境问题方面的作为评价同样不是太好，选择“尽了很大努力，有一定成效”和“取得了很大的成绩”的比例，无论是在 2010 年还是 2013 年，相比中央政府均低一些。对比 2013 年和 2010 年可以发现，均有 14%以上的民众表示“无法选择/说不清”。

表 3－6　2010 年和 2013 年公众对地方政府解决环境问题的评价　（%）

选项	2010 年	2013 年
片面注重经济发展、忽视了环境保护工作	12.97	10.32
重视不够，环保投入不足	27.50	19.17
虽尽了努力，但效果不佳	18.06	19.32
尽了很大努力，有一定成效	22.98	29.04
取得了很大的成绩	4.27	6.95
无法选择/说不清	14.23	15.21

资料来源：课题组根据 CGSS2010 和 CGSS2013 整理计算所得。

2015 年 CGSS 问卷针对受访者对政府在环境保护工作方面的表现是否满意的统计结果见图 3－14。由图 3－14 可以看出，2015 年评价为“满意”的比例较高，而评价为“不满意”与“非常不满意”的比例不足 20%。总的来说，2015 年受访群体对政府环境保护工作的评价还是比较满意的。

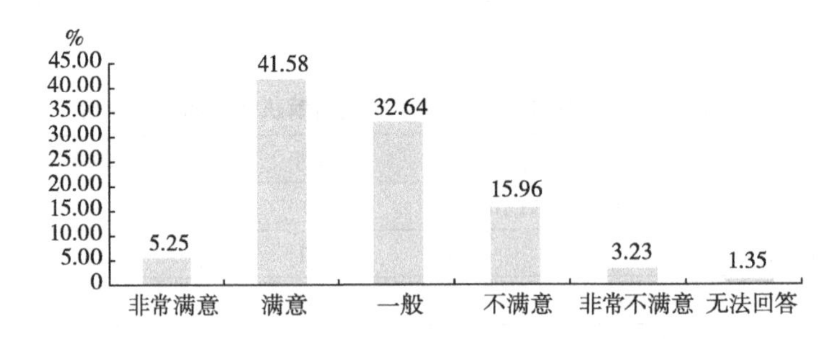

图 3－14　2015 年社会民众对政府环境保护工作表现的满意度

资料来源：课题组根据 CGSS2015 整理计算所得。

第4章　环境污染之企业影响与企业行为

4.1　环境污染对企业的影响

在政府与企业的行为关系中，一方面，政府担负环境规制的制定、监督和环境污染治理的部分资金投入等职能，而企业则在环境规制约束下实现企业利润最大化；另一方面，企业经营的税费等反过来又可能影响政府环境规制的力度和方向。对此，一部分学者认为，政府环境规制政策会降低企业生产率、减缓经济增长速度（Jorgenson & Wilcoxen，1990）和引起企业投资不足（Saltari & Travaglini，2011），特别是部分地方政府在短期经济增长目标引导下，环境规制政策执行非常有限（Lieberthal，1997）。但Porter和Linde（1995）提出的“波特假说”则说明，适度的环境规制反而激励企业创新，从而提高企业生产率，增强企业市场竞争力。Ambec和Barla（2006）进一步发展了“波特假说”，并指出企业经理在企业决策上作用很大，环境规制会激励企业经理在环境治理上的创新投资。

周浩和郑越（2015）利用我国地级市数据的泊松模型考察环境规制对中国新建制造业企业选址的影响。他们使用污染源污染治理本年投资额和城市环境基础设施建设完成投资额两个变量作为衡量城市环境规制水平的指标，发现环境约束越放松的城市新建的污染型企业越多，即存在“污染避难所”效应。黄德春和刘志彪（2006）以海尔为例进行分析，发现适度的环境规制能提高企业竞争力，进而改善环境质量。熊鹰和徐翔（2007）用博弈论的方法研究不同假设条件下企业污染治理和政府监管的博弈过程，发现仅仅加大对企业污染的处罚力度不能有效治理污染，对政府失职行为的监管同样重要。陈诗一（2010）通过模拟分析中国工业 2009—2049 年的可持续发展问题发现，严格政府环境规制和企业节能减排可以实现经济发展和环境保护的双赢。李刚等（2012）分析了环境管制力度与中国经济增长之间的关系，结果表明，若加强对环境的管制，将使经济增长率下降约 1 个百分点，使制造业部门就业量下降约 1.8%，出口量减少约 1.7%。国务院《关于印发打赢蓝天保卫战三年行动计划的通知》要求未达标排放的企业一律依法停产整治①。若政府严格实施环境规制，将会影响企业产量和销售收入。

4.2 环境污染的企业行为

企业在缴纳税金以及获得利润的同时，其生产行为的副产品就是工业污染物的排放。接下来，我们将使用历年《中国城市统计年鉴》中的数据，分析工业企业的工业废水、工业二氧化硫、工业烟尘等企业环境污染物排放量的历年变化。

2003—2015 年我国工业废水、工业二氧化硫、工业烟尘排放量情况见图 4-1。由图 4-1 可以看出，2003—2015 年，工业废水排放量在 2007 年达到顶点后一直呈显著下降的趋势；工业二氧化硫排放量在 2005 年达到顶点后一直呈显著波浪式下降趋势；与前两者不同的是，2005—2010 年，工业烟尘排放量呈小幅下降趋势，并在 2010 年达到最小值，随后在 2011 年跃升至最高点并一直围绕着最高点波动。

2003—2015 年我国工业固体废物综合利用率、污水处理厂集中处理率、生活垃圾无害化处理率的变化趋势见图 4-2。总体而言，三者在此期间呈现出稳步逐渐上升的趋势。其中，根据《中国城市统计年鉴》，自 2006 年起生活垃圾填埋场的统计采用新的认定标准，生活垃圾无害化处理数据与往年不可比。然而，即使以 2006 年为界将生活垃圾无害化处理率分为两段来看，其逐渐上升的趋势仍然十分明显。

---

① 资料来源于中国政府网，http://www.gov.cn/zhengce/content/2018-07/03/content_5303158.htm。

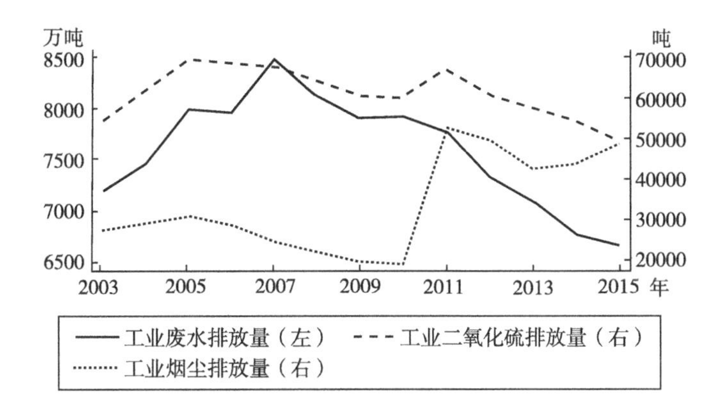

图4-1 2003—2015年我国工业废水、工业二氧化硫、工业烟尘排放量情况

资料来源：《中国城市统计年鉴》。

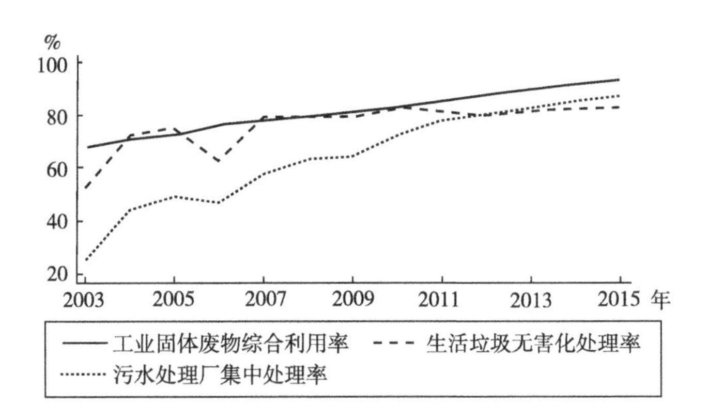

图4-2 2003—2015年我国工业固体废物综合利用率、污水处理厂集中处理率、生活垃圾无害化处理率的变化趋势

资料来源：《中国城市统计年鉴》。

注：自2006年起生活垃圾填埋场的统计采用新的认定标准，生活垃圾无害化处理数据与往年不可比。

使用主成分分析方法，我们按年提取了地级及以上城市工业废水、工业二氧化硫、工业烟尘排放量的主成分，用来综合衡量城市污染水平。若某一地级城市的该指数越大，说明该城市当年的工业废水、工业二氧化硫、工业烟尘排放量比其他地级城市更大。2003—2015年我国地级及以上城市工业废水、工业二氧化硫、工业烟尘排放主成分均值变化趋势见图4-3。由图4-3可以看出，我国地级及以上城市的工业污染物排放量曲线呈现出双峰状：2005—2007 年，工业污染物排放量的主成分均值达到顶点，随后受 2008 年美国次贷危机影响呈现出陡然下降的趋势；2009—2010 年在低点徘徊后，于 2011 年再次到达顶峰，随后在 2012—2015 年一直处于下降态势。

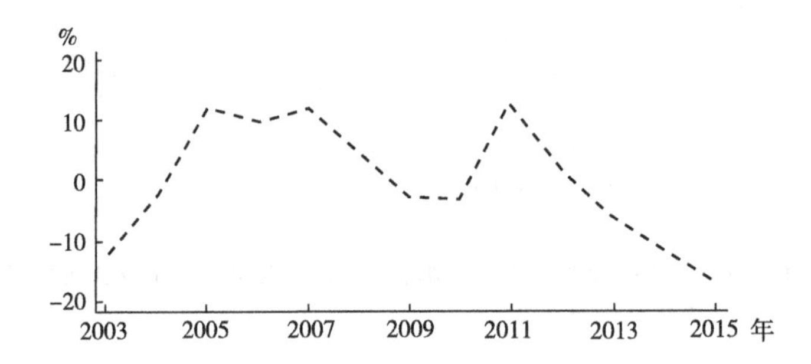

图 4－3　2003—2015 年我国地级及以上城市工业废水、工业二氧化硫、工业烟尘排放主成分均值变化趋势

资料来源：《中国城市统计年鉴》。

第5章　环境污染之公众影响与公众行为

5.1　公众为何关心环境污染

人不是孤立的存在，而是存在于一定环境之中，受到环境影响的同时也影响着环境。环境污染问题是人类社会在生产发展过程中产生的，反过来却危及人类的生存，环境污染对人类生产生活的方方面面都产生了重要影响。环境污染问题逐渐严重，引起了政府的高度重视和学者的重点关注。学者们从不同视角探讨和分析社会公众关心环境污染的原因，目前环境经济学中关于环境污染的研究主要集中在以下方面：环境污染对健康尤其是死亡率的影响，并以此估算环境污染的社会成本或改善空气质量的社会效益；研究环境污染对劳动生产率的影响，为环境政策的成本—收益分析提供了新的视角；探讨环境污染与住房价格关系，为衡量环境的成本提供了资本化的视角；关注环境质量尤其是空气质量如何影响劳动力（尤其是高技能劳动者）的长期空间流动；研讨环境污染对人类终极目标幸福感的影响；等等。

5.1.1　环境污染对健康和人力资本的影响

雾霾天气中，空气中浮游着大量尘粒和烟粒等有害物质，会对人体的呼吸道造成伤害，医学界和经济学家都大量研究了环境污染对人体健康的负面影响。空气污染物通常包括可吸入颗粒物（PM_{10}和$PM_{2.5}$）、二氧化硫（SO_2）、一氧化碳（CO）、二氧化氮（NO_2）和臭氧（O_3）等。每种污染物对人体健康都有短期或长期的影响。短期影响包括心肺功能降低、引发呼吸道疾病、非致命的突发性心脏病和心绞痛等。① 长期影响包括导致心肺疾病、呼吸道感染、哮喘、肺癌等（EPA，2004；Neidell，2004），甚至导致提前死亡，尤其是老幼人群（Chay & Greenstone，2003；Arceo et al.，2016；Deryugina et al.，2016）。陈玉宇等（2013）的研究发现，空气污染导致淮河以北的居民平均寿命可能减少五年。此外，医学文献也表明，空气污染会降低认知能力，使人情绪低落、焦虑感增加，长期下去甚至可能导致抑郁（Pun et al.，2016）。

空气污染对健康的这些负面影响会弱化人力资本的积累（健康也是人力资本的一种），对人们的居住和工作选择以及在劳动力市场上的表现都有很大的影响。国内有很多医学文献研究空气污染对健康的影响，苗艳青和陈文晶（2010）利用2008年山西省调研数据，运用Grossman模型分析了两种空气污染物PM_{10}和SO_2对居民健康需求的影响，试图从人力资本的角度揭示环境污染对健康的经济学影响。其研究发现：两种空气污染物对当地居民的健康需求都有显著的不利影响，并且PM_{10}对居民健康需求的不利影响更大，而且这种不利影响只是发生在那些处在社会较低阶层的群体身上；除了空气污染，年龄也是影响处于社会较低阶层居民健康需求的重要因素；采取避免污染行为能显著减少空气污染对健康的不利影响，如果不考虑避免污染行为，空气污染对健康需求的影响就会有偏。陈硕和陈婷（2014）研究了火电厂SO_2排放对公众健康的影响，他们利用中国地级市面板数据和三阶段最小二乘法研究发现，SO_2排放量的增加将显著增加呼吸系统疾病及肺癌的死亡人数，经测算，SO_2气体每年造成全国约18万人死亡，相关治疗费用超过3000亿元。Chen等（2017）对中国272个城市进行了空气微颗粒污染物和每日死亡率的分析。有关空气污染对心理健康和认知功能的损害，吕小康和王丛（2017）对国内外研究学者的大量研究工作进行了非常全面的综述。总的来讲，空气污染会对神经系统、脑功能及认知功能造成损害，且损害多集中于儿童、老年人、慢性病患者等易感人群。空气污染会降低主观幸福感，导致焦虑、抑郁情绪，甚至增加自杀风

① 参见美国环保部官网（www.epa.gov）的介绍。

险。不同的污染源影响认知与心理健康的生理机制是不同的。除了生理机制，空气污染也会通过媒体表征间接地对个体或群体产生心理影响，且影响的严重程度与社会脆弱性和心理韧性有关。在此不一一列举。

从中国知网（CNKI）检索到的改革开放以来我国学者以“污染”与“健康”为篇名和主题的文献数量统计情况见图5－1。由图5－1可以看出，进入21世纪后，该研究领域的文献数量急剧增加，尤其是近几年雾霾天气的频繁出现，进一步引起了学者们的广泛关注。

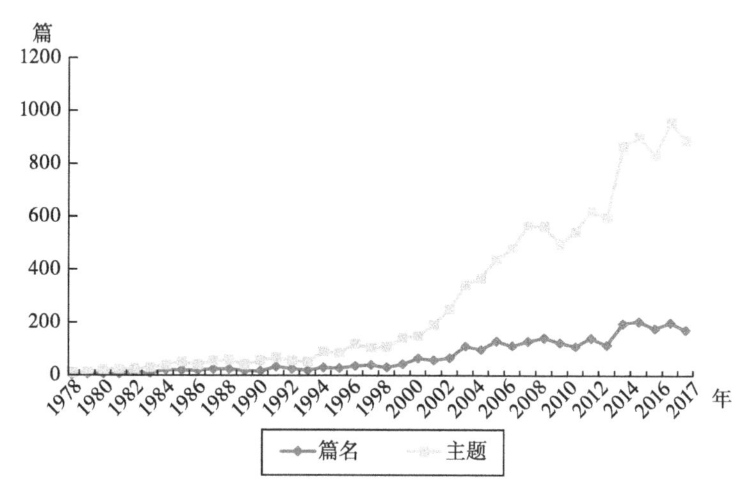

图5－1　1978—2017年我国以“污染”与“健康”为篇名和主题的研究文献数量统计

资料来源：中国知网。

5.1.2　环境污染对劳动生产率的影响

劳动生产率是指劳动者在一定时间内所创造的劳动成果与其劳动消耗的比值。具体而言，如果单位时间内生产的产品和服务数量越多，或者生产单位的产品和服务消耗的时间越短，则说明劳动生产率越高；反之则反是。由于环境污染对居民健康存在着短期影响和长期影响，而健康的身体是人类能够工作而且有效率工作的前提，因此环境污染间接影响了劳动生产率。污染影响劳动生产率的渠道主要有：细颗粒物可以被直接吸入人体，进入血液，对人体危害很大。细颗粒物可以直接渗透进室内（Thatcher & Layton，1995），导致预防空气污染很困难，预防的成本很高，因此，即使长期待在室内的办公人员也会受到细颗粒物的危害，空气污染影响身体健康从而影响体力劳动者的体能；空气污染影响认知能力和情绪，会降低白领职业人群的工作效率（Chang et al.，2019）；就业者家庭中容易受空气污染影响的老幼成员生病的话，就业者就需要缺勤来照顾患者，或者就业者自身生病也会导致请病假，这些会减少就业者的工作时间或者劳动供给（Aragon et al.，2016；Hanna & Oliva，2015）；缺勤的就业者可能会导致工作上的协调出现问题，降低其他就业者的效率。

国外已有大量的实证研究考察了环境污染对劳动生产率的影响。Bruvoll 等（1999）基于挪威经济的动态一般均衡模型，研究认为环境污染通过损害劳动者健康和消耗自然资源来影响劳动生产率，环境质量下降造成的直接福利损失是巨大的。Zivin 和 Neidell（2012）通过合并计件合同下美国加利福尼亚州一农场工人的劳动生产率数据和当地 O_3 浓度数据发现，O_3 水平远低于联邦空气质量标准时对工人生产率有显著而稳健的影响，具体为工人暴露环境中 O_3 浓度每降低 10μg/L，工人生产率就会显著提高 5.5 个百分点。Adhvaryu 等（2014）研究了污染对印度班加罗尔的一家制衣厂工人的影响，$PM_{2.5}$降低了车间工人生产率，具体为污染浓度每增加 10μg/m^3会降低小时工人效率超过 3.0 个百分点，或者污染浓度增加 1 个标准差，导致效率下降 1.4 个百分点。Chang 等（2016）研究室外空气污染对梨包装工厂室内工人生产效率的影响。$PM_{2.5}$是一种容易进入室内的污染物，$PM_{2.5}$浓度的增加会导致生产率显著下降，该影响效应主要出现在低于空气质量标准情况下。相反，不进入室内的污染物 O_3 对生产力几乎没有影响。这种室外污染对室内工人生产力的影响表明一个忽视污染的后果。也有研究发现环境污染影响其他劳动效率，Currie 等（2009）发现空气污染会增加小学生缺课次数。Lavy 和 Roth（2014）研究表明空气污染会影响小学生的认知能力从而影响他们的考试成绩。空气污染也会影响室外运动员的成绩和表现，Lichter 等（2015）研究发现空气污染影响了德国足球运动员在比赛中的表现。

也有学者研究我国环境污染对劳动效率的影响。杨俊和盛鹏飞（2012）将环境作为一种生产要素，认为环境污染对劳动生产率的影响包括对生产的影响和对劳动者劳动支付决策的影响，并利用我国 1991—2010 年省级面板数据研究发现环境污染对中国当期的劳动生产率有明显的正效应，但是对滞后一期的劳动生产率的影响则显著为负，并且随着环境污染规模的扩大，其对劳动生产率的负影响逐渐加重；但没有考虑空气污染也取决于一个省的总产出的“反向因果”关系。盛鹏飞（2014）以内生经济增长理论和环境库兹涅茨假说为基础建立环境污染影响劳动生产率的理论分析模型，并从中国经济和环境发展现状考察了环境污染对劳动生产率的具体影响。研究发现，环境污染对当期劳动生产率有显著稳健的负效应，且短期影响不显著，长期影响显著为负。Fu 和 Guo（2016）研究表明我国城市空气污染会延长马拉松参赛者跑完全程或半程的时间。赵伟（2018）基于省级面板数据发现废气、SO_2、烟粉尘三类空气污染物对本地区劳动生产率均有抑制作用。Fu 等（2018）利用 1998—2007 年历次规模以上工业企业调查（普查）数据和高精度全国范围的地理区域污染数据，估计了我国 $PM_{2.5}$和 SO_2浓度对制造业企业劳动生产率的影响。发现，如果 $PM_{2.5}$浓度减少 1.00%，制造业劳动生产率会提高 0.85 个百分点，弹性为 -0.45。He 等（2019）利用中国江苏与河南两家纺织厂的日度生产率数据和实际观测空气污染与气象数据，从微观层面研究了空气污染对劳动效率的影响。从统计数据上看，即便 $PM_{2.5}$浓度较高，空气污染对劳动生产率也没有即时产生显著影响；空气污染影响存在滞后性，长时间接触 $PM_{2.5}$时，污染对产量有显著的负面影响，但影响并不大；持续超过 25 天每天 $PM_{2.5}$浓度上升 10 $\mu g/m^3$，劳动日产量效率下降 1 个百分点，而且生产力更高的工人对空气污染更加敏感。Chang 等（2019）以我国上海和南通的两个呼叫中心为研究对象，研究了污染对服务业工人生产力的影响。通过将每个工人精确日产量指标与污染和气象日指标连接起来，发现越高的空气污染水平越会降低工人生产率。

以上这些研究均表明，环境污染降低劳动生产率，这也是劳动力尤其是高人力资本劳动力流动的原因之一。

5.1.3 环境污染对住房价格的影响

环境质量作为周边设施（amenity）会被资本化到房价中。环境污染作为负的外部性，会降低住房价值。房地产经济学文献里的环境污染包括空气污染、噪声、垃圾焚烧场、核电站、危险废弃物处理站、燃煤发电站等（Kiel & McClain，1995；Greenstone & Gallagher，2008；Davis，2010；Tanaka & Zabel，2017）。以美国环保部空气质量管制政策在空间上的不同强度作为工具变量，Chay 和 Greenstone（2005）发现悬浮颗粒物每降低 1%，房价会上升 0.2% ~0.35%；Bayer 等（2009）则估计出较大的弹性，为 -0.34 ~0.42。Bento 等（2015）也有类似的发现，低收入家庭从空气质量改善中获得的房价增值更多，原因是低收入家庭通常居住在空气质量较差的社区，这也说明了人们会根据自己的收入、偏好、对环境质量的支付意愿等特征来选择居住区位。国内也有少数研究利用特征价格法（Hedonic Model）检验了空气质量对房价的影响，比如，郑思齐等（2014）发现了较小的房价的空气污染弹性，只有 -0.08。陈永伟和陈立中（2012）发现青岛居民愿意为降低 1 单位空气污染指数多支付商品住房价格 100 元/米^2。由于特征价格法不能解决不同支付意愿的购房者选择到不同空气质量的居住区的空间分选（spatial sorting）问题，估计的结果常常是有偏的。

5.1.4 环境污染对人口流动或劳动力流动的影响

当环境质量持续恶化时，人们可能出于对健康的考虑及良好环境的追求而被迫选择迁移，根据环境进行“用脚投票”，这些人群被称为“环境移民”（environmental migration）。但有关环境移民的研究主要集中在自然灾害和气候变化对移民的影响方面（Unruh et al.，2005；Martin，2013）。关于空气污染对移民的影响：Lin（2017）利用美国 1970—2000 年的人口普查数据发现，如果一个居住区在 20 世纪 70 年代处于工业区的下风向，那么该居住区在 2000 年会有更多的低技能居民、更低的工资水平和更低的房价，表明空气污染对居住区具有长期负面影响，且拥有高技能的人会选择空气质量好的社区。Qin 和 Zhu（2015）发现，当我国城市空气污染严重时，会有更多人百度“移民”一词，该研究仅能表明空气污染和移民倾向的正关系，没有提供实际移民的证据。李晓春（2005）探讨了工业污染和劳动力转移的理论关系。朱志胜（2015）检验了空气污染对流动人口劳动供给的影响，其选取的工具变量为一个地区上年的空气污染平均水平，这仍然存在内生性问题，因为人们的迁移决策很显然会利用过去的信息。楚永生等（2015）力图检验空气污染对高技能和低技能劳动者流动的影响，但他们采用了省级数据，并没有计算流动人口数量，采取的是劳动力人口存量的变化，且没有考虑估计的内生性问题。洪大用等（2016）利用电话调查获得的数据研究了北京居民因为空气污染而迁出北京的意愿。总体来说，国内外学者关注这些问题，基本上都支持了环境污染会影响人口流动、劳动力流动这一研究结论。

5.1.5　环境污染对公众幸福感的影响

以上分析发现，环境污染会对人类生产生活产生多方面影响，那么必然会影响到人类所追求的终极目标——幸福。其中，多数研究集中在空气污染的影响方面，涵盖多个国家和地区，结论基本支持空气污染对幸福有负面影响（Welsch，2002，2006；Di Tella & MacCulloch，2007；Rehdanz & Maddison，2008；Mackerron & Mourato，2009；Luechinger，2009，2010；Ferreira & Moro，2010；Levinson，2012）。也有学者利用气候变化探讨幸福变化（Frijters & Van Praag，1998；Rehdanz & Maddison，2005；Cuñado & Gracia，2012；Ferrer－i－Carbonell & Gowdy，2007；Tiwari，2011），也基本发现气候恶化会使幸福程度降低。Van Praag 和 Baarsma（2005）研究发现机场噪声对阿姆斯特丹机场半径 50 千米内居民的主观幸福感具有负面影响。Brereton 等（2008）的研究发现，交通拥挤程度对爱尔兰居民主观幸福感具有负面影响，但并不显著。Luechinger 和 Raschy（2009）的研究发现，洪灾对居民主观幸福感具有显著且较大的负面影响。Berger（2010）研究了苏联切尔诺贝利核事故对德国（西德）居民的环境意识和主观幸福感的影响。研究表明，该事故没有影响居民的主观幸福感，但提升了居民的环境保护意识。MacKerron 和 Mourato（2012）收集了 2 万多名英国居民的数据发现，平均而言，居住在绿化环境较好或者是自然保护区的居民显著地比那些生活在城市环境中的居民有更高的幸福感。

学者们对我国环境污染和幸福感关系也进行了探索性的研究，基本上都发现环境污染降低了国民的幸福感水平（Smyth et al.，2008；Yuwen & Wenya，2011；Li et al.，2014；曹大宇，2011；黄永明、何凌云，2013；陈永伟、史宇鹏，2013；杨继东、章逸然，2014；李梦洁，2015；郑君君、刘璨、李诚志，2015；武康平、童健、储成君，2015；吕佳莲、杨光爇，2016；陆杰华、孙晓琳，2017；储德银、何鹏飞、梁若冰，2017；许志华等，2018)。

5.2 环境污染的公众行为

5.2.1 公众的环保知识

环境保护是利用环境科学的理论和方法，协调人类与环境的关系，解决各种问题，保护和改善环境的一切人类活动的总称。与此活动相关的所有知识统称为环保知识。

利用中国人民大学中国调查与数据中心开展的中国综合社会调查数据分析我国居民环境保护知识的掌握情况。其中，2010 年问卷 L 部分的第 24 题“我们还想了解一下您对有关环境保护知识的掌握情况。请您仔细听以下每一项说法，并根据您的了解判断它们是否正确”和 2013 年的第 B25 题“最后，我们还想了解一下您对有关环境保护知识的掌握情况。【请您仔细阅读以下每一个说法，并根据您的了解判断它们是否正确，圈选相应的选项】”均涉及表 5－1 所示的 10 个题目。

表 5－1　环境保护知识情况选择结果统计　（%）

环境保护知识	2010 年			2013 年		
	正确	错误	无法选择/不知道	正确	错误	无法选择/不知道
汽车尾气对人体健康不会造成威胁	12.37	81.19	6.44	12.39	76.50	11.11
过量使用化肥农药会导致环境破坏	83.64	9.56	6.80	79.36	8.15	12.48
含磷洗衣粉的使用不会造成水污染	12.90	62.15	24.95	11.41	55.88	32.71
含氟冰箱的氟排放会成为破坏大气臭氧层的因素	51.71	9.71	38.58	43.95	5.82	50.23
酸雨的产生与烧煤没有关系	10.82	44.34	44.84	8.54	39.64	51.82
物种之间相互依存、一个物种的消失会产生连锁反应	52.42	5.83	41.74	46.99	4.74	48.28

续表

环境保护知识	2010 年			2013 年		
	正确	错误	无法选择/不知道	正确	错误	无法选择/不知道
空气质量报告中，三级空气质量意味着比一级空气质量好	10.99	26.27	62.75	8.62	21.46	69.92
单一品种的树林更容易导致病虫害	44.40	9.27	46.33	41.75	7.00	51.24
水污染报告中，V（5）类水质意味着要比 I（1）类水质好	7.91	16.43	75.66	6.32	13.97	79.71
大气中二氧化氮成分的增加会成为气候变暖的因素	53.17	4.94	41.88	49.34	4.35	46.31

资料来源：根据 CGSS2010 和 CGSS2013 整理。

要求受访者从“正确”“错误”“无法选择/不知道”三个选项中选择一个①，10 个题目的答案应为：第一、第三、第五、第七、第九题均应选择“错误”，余下题目均选择“正确”。观察表 5－1 容易得出以下结论：第一，2013 年各题目无法选择或者不知道对错的人占比相比 2010 年都明显增加。第二，2013 年各题目正确选择的占比相比三年前都有所下降。第三，明确错误选择的人群占比相比 2010 年除了第一题略有增加，其余均有所降低。此外，整体而言，人们就这 10 项环境保护知识掌握情况非常不理想，仅前两项人们做出正确选择的比例高于 60%，其余均低于 60%。有些环境保护知识题，人们能够做出正确选择的比例非常低，例如第九题“水污染报告中，V（5）类水质意味着要比I（1）类水质好”，2010 年正确率为 16.43%，2013 年还不到 14%。综上可以发现一个数据事实：整体上环境保护知识掌握程度较差，2010—2013 年我国民众的环境保护知识水平明显下降。

为了便于比较分析和更好地发现有意思的结论，我们对两个调查年度量表信度的克隆巴赫系数（Cronbach’s alpha 统计量）进行了测量，2010 年

① 百分比统计时排除了拒绝回答者，导致各题项的样本量各不相同，但大致是 2010 年 3600 人以上（L 部分问卷只有出生在 2 月、9 月、11 月、12 月者回答，即占总样本的 1/3），2013 年均在 11400 人以上。

为0.8591、2013年为0.8218，表明量表内部信度一致性非常好，可以进行累加以便分析。因此，接下来我们以10个题目的回答正确率来衡量我国民众的环境保护知识水平，正确率越高，表明环境保护知识水平越高，并以此进一步来考察其这四年间的发展变化。

如表5－2所示，2010年平均得分为51.52分，而2013年下降到46.88分，从平均分看，两个年份民众的环境保护知识都没有及格，而且平均分降低4.64分，呈现出下降的趋势，两年得分的均值 t 检验统计量为8.55，p 值小于0.000。从具体得分来看，2013年低分段人群占比均高于2010年，而及格及以上的分数段人群占比均低于2010年；2010年10个题目回答得分及格的人口比例为47.27%，不足五成，而2013年的更低，为40.03%。综合来看，这四年间人们的环境保护知识水平反而有所下降。

表5－2　环境保护知识正确回答情况统计结果

正确率/%	2010年		2013年	
	频数/人	百分比/%	频数/人	百分比/%
0	162	4.50	859	7.54
10	220	6.10	918	8.06
20	394	10.93	1322	11.60
30	339	9.41	1265	11.10
40	392	10.88	1238	10.86
50	393	10.90	1232	10.81
60	421	11.68	1099	9.64
70	408	11.32	1144	10.04
80	435	12.07	1094	9.60
90	251	6.96	648	5.69
100	189	5.24	577	5.06
均值（标准差）		51.52分（27.62）		46.88（28.65）

图5－2描述了10项环境保护知识题正确率的城乡差异。首先，从年份来看，2010年和2013年均有一个明显特征：农村居民在低分段的占比高于城镇居民，而城镇居民在高分段的占比基本都高于农村。2010年，农村平均得分为39.52分，标准差为25.50；城镇平均得分为58.29分，标准

差为 26.46；城乡均值 t 检验统计量为 20.71，p 值小于 0.000。2013 年，农村平均得分为 34.84 分，标准差为 26.21；城镇平均得分为 54.64 分，标准差为 27.45；城乡均值 t 检验统计量为 38.27，p 值小于 0.000，这表明总体上城镇居民的环境保护知识水平高于农村居民。其次，从不同年份城乡对比分析来看，2013 年的得分在 50 分及以下的城镇人口占比高于 2010 年，而得分在 60 分及以上的情况则刚好相反。这与总体情况基本一致，两年份城镇群体得分均值差异检验 t 统计量值为 5.56，p 值小于 0.000。农村也表现出这一特征，但分界点是 35 分及以下，2013 年的得分在 35 分及以下的农村人口占比高于 2010 年，而得分在 40 ~ 80 分的情况则相反。2010 年和 2013 年在最后两个高分段相差不大，但占比都非常低，不足 3%，两年份农村群体得分均值差异检验 t 统计量值为 5.70，p 值小于 0.000，这表明城镇和农村群体内部在这四年间环境保护知识水平都下降了。

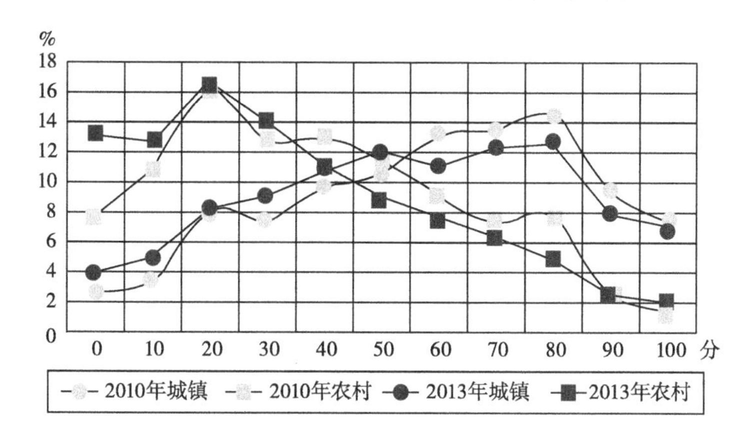

图 5 – 2　10 项环境保护知识题正确率的城乡差异

图 5 – 3 描述了 10 项环境保护知识题正确率的性别差异。从年份来看，2010 年和 2013 年均有一个明显特征：女性在低分段的人口比例高于男性，而在高分段的人口比例低于男性。但不同年份的分界点不同，2010 年是 65 分及以下，而 2013 年则是 45 分及以下。2010 年，女性平均得分为 48.62 分，男性平均得分为 54.75 分，性别均值 t 检验统计量为 6.69，p 值小于 0.000；2013 年，男性平均得分为 50.34 分，女性平均得分为 43.37 分，城乡均值 t 检验统计量为 13.09，p 值小于 0.000，这表明总体上男性的环

境保护知识水平高于女性，而且性别之间环境保护知识水平的差距略有扩大。从不同年份性别对比分析来看，2013 年得分在 50 分及以下的男性人口比例大于 2010 年，而得分在 60 分及以上的情况则相反，两年份男性群体得分均值差异检验 t 统计量值为 5.64（2010 年均值 < 2013 年均值），p 值小于 0.000。女性群体两年份得分均值差异检验 t 统计量值为 7.03，p 值小于 0.000，表明女性群体的环境保护知识水平平均来看下降了。

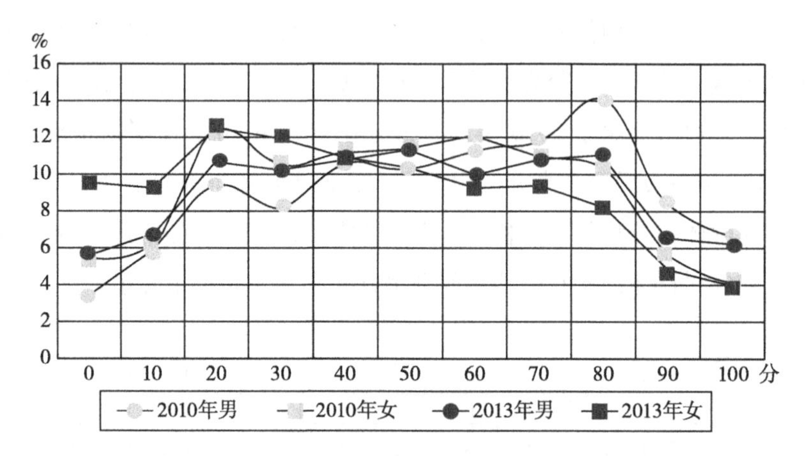

图 5-3　10 项环境保护知识题正确率的性别差异

不同群体间环境保护知识水平对比见表 5-3。从民族属性上看，无论是在 2010 年还是 2013 年，汉族群体平均环境保护知识水平显著高于少数民族群体；而从各民族内部在时间上的变化来看，平均环保知识水显著下降。从政治面貌属性来看，党员的平均环保知识水平在两年间都显著大于非党员，而在时间上，两类群体都显著下降。从健康状况、教育状况和家庭经济情况等属性上看，随着状况变好，平均环保知识水平都增加了，而在时间上，除了家庭经济情况较好的群体差异在统计学上不显著，其余都显著下降。

表 5-3　不同群体间环境保护知识水平对比

群体	2010 年	2013 年	t 统计量	p 值
	均值	均值		
少数民族	46.74	41.27	2.91	0.0037
汉族	51.95	47.41	8.02	0.0000

续表

群体	2010年	2013年	t统计量	p值
	均值	均值		
t统计量	3.08	6.37		
p值	0.0021	0.0000		
党员	64.76	60.36	3.07	0.0021
非党员	49.52	45.42	7.11	0.0000
t统计量	11.38	17.00		
p值	0.0000	0.0000		
健康状况				
差	40.50（27.02）	32.75（26.69）	6.26	0.0000
一般	51.94（27.27）	44.45（28.89）	6.47	0.0000
好	54.61（27.11）	51.20（27.81）	5.01	0.0000
教育状况				
初等教育	42.45（26.07）	37.22（26.13）	8.34	0.0000
中等教育	61.09（24.07）	58.41（24.71）	2.54	0.0111
高等教育	74.06（19.31）	71.70（21.81）	2.37	0.0178
家庭经济情况				
较差	47.09（27.24）	41.02（28.13）	7.13	0.0000
一般	53.87（27.52）	49.05（28.40）	6.46	0.0000
较好	59.02（26.74）	57.15（27.65）	1.00	0.3153

注：括号里的数据为标准差。

从图5-4中可以看出，两个年份均有一个明显特征，即随着年龄的增加，环保知识水平是下降的。2013年的20岁左右群体的环保知识水平高于2010年的同龄群体，其余年龄群体的环保知识水平均低于2010年。

从图5-5中可以看出，两个年份均有一个明显特征，即随着家庭人均年收入的增加，环保知识水平均呈现出抛物线上升态势，且时间上2013年的不同收入下群体的环保知识水平均低于2010年。

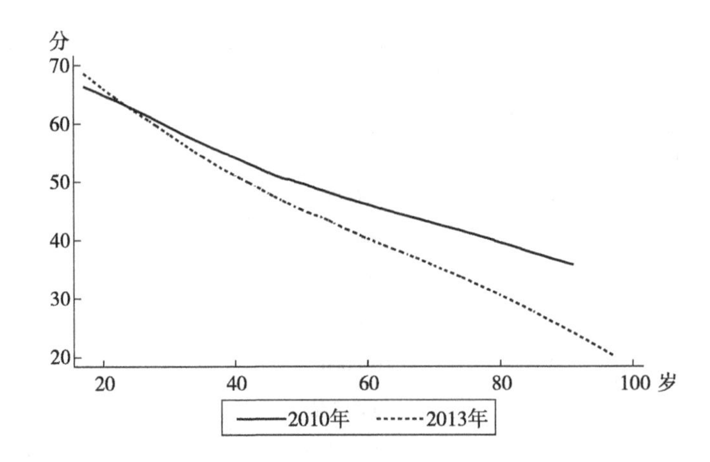

图 5-4　不同年龄下的环境保护知识水平的 Lowess 曲线

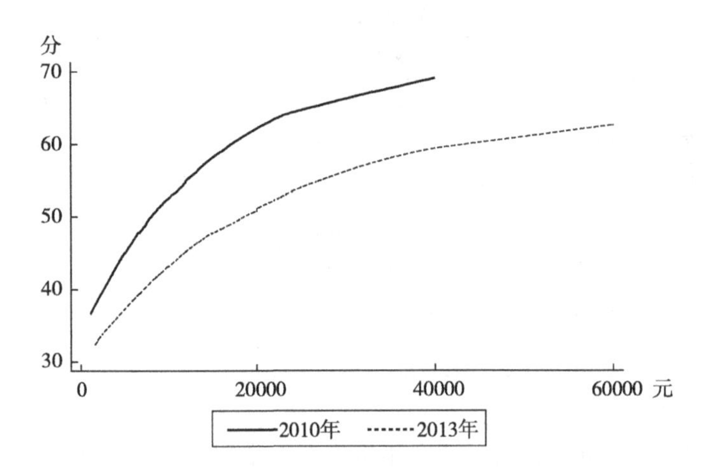

图 5-5　不同收入下的环境保护知识水平的 Lowess 曲线

5.2.2　公众的环保行为

环保意识转化为环保行为的过程是复杂的，但一般来说，环保认知意识是环保行为的基础，环保意识较强的人将具有较多的环保行为；反之，环保认知较弱的人的环保行为较少。此外，环境保护认知对人们评价当前环境污染的现状情况应具有促进作用，而环境污染自我评价也会对自身行为产生影响。

本节利用中国综合社会调查 2010 年和 2013 年的数据以及课题组 2017

年在全国省会城市展开的调查数据对居民环保行为进行简要分析。由于每个调查关于环保行为题目是不一样的，因此无法做到统一分析和完全对比，但不妨碍我们简单了解公众的环保行为。

首先分析 CGSS2010，2010 年调查问卷中涉及居民个体私人领域的环保行为的结果统计见表5－4。从表5－4 中可以看出，所列6 项行为中除了第5 项，其他行为频繁程度选择“总是”和“经常”项的人群的比重和均未超过33%，选择“有时”和“从不”项的人群占比过高，由此说明，总体上我国居民的个体私人领域环保行为的频繁程度还比较低，有待提高。

表5－4　CGSS2010 居民个体私人领域环保行为结果统计　（%）

活动与行为	总是	经常	有时	从不	不适用[①]
1. 您经常会特意将玻璃、铝罐、塑料或报纸等进行分类以方便回收吗	11.97	19.79	23.84	17.41	26.98
2. 您经常会特意购买没有施用过化肥和农药的水果和蔬菜吗	6.75	16.09	28.36	24.05	24.74
3. 您经常会特意为了环境保护而减少开车吗	1.98	3.46	8.99	5.83	79.74
4. 您经常会特意为了保护环境而减少居家的油、气、电灯能源或燃料的消耗量吗	9.98	22.68	40.26	27.09	—
5. 您经常会特意为了环境保护而节约用水或对水进行再利用吗	17.30	31.69	33.99	17.02	—
6. 您经常会特意为了环境保护而不去购买某些产品吗	7.40	16.92	41.62	34.06	—

资料来源：CGSS2010。

为了便于分析，将前三个问题的回答选项“不适用”归为“从不”。处理后，6 项问题构成的个体环保行为量表信度的克隆巴赫系数达到0.7686，表明个体环保行为量表内部信度较好。可将量表各项相加计算出个体环保行为得分，并对其进行指数化处理得到个体私人领域环保行为

① 前三个问题都多了一个回答选项，如“我没有汽车或不能开车”，我们将其归为“从不处理”。

指数。

从表5－5中可以发现，2010年我国城乡居民的私人领域环保行为平均来看具有显著的差异，城镇居民的私人领域环保行为指数均值显著高于农村13.92分；党员群体相比非党员群体也具有更高的私人领域环保行为指数，约高7.77分；而性别和民族等属性并不具有显著的群体差异。而在健康状况、教育状况、社会交往和家庭经济情况等属性方面，单因素方差分析结果均表明这些因素对私人领域环保行为的影响是显著的。

表5－5　CGSS2010个体环保行为指数群体属性差异分析

项目	均值	标准差	差异
个体环保行为指数	31.44	20.72	—
城乡			
农村	22.49	18.02	
城镇	36.41	20.45	−13.91***
性别			
男	31.83	20.87	
女	31.08	20.58	0.76
民族			
少数民族	29.93	20.70	
汉族	31.57	20.72	−1.63
政治面貌			
党员	38.18	21.69	
非党员	30.41	20.38	7.77***
健康状况			
差	25.23	20.12	
一般	33.76	21.38	
好	32.32	20.28	
单因素方差分析 F 统计量	35.02	p 值	0.0000
教育状况			
初等教育	27.11	19.80	
中等教育	36.27	20.42	
高等教育	41.74	19.52	
单因素方差分析 F 统计量	154.35	p 值	0.0000

续表

项目	均值	标准差	差异
社会交往			
从不	26.92	21.05	
很少	28.49	19.56	
有时	33.19	20.36	
经常	35.44	21.49	
总是	40.35	21.74	
单因素方差分析 F 统计量	24.53	p 值	0.0000
家庭经济情况			
远低于平均水平	25.61	20.04	
低于平均水平	30.07	20.73	
平均水平	32.19	20.37	
高于平均水平	37.20	21.37	
远高于平均水平	38.43	27.57	
单因素方差分析 F 统计量	13.10	p 值	0.0000

注：*** 代表 $p<0.01$。

CGSS2010 居民个体公共领域环保活动与行为统计见表 5 - 6。从表 5 - 6 中可以看出，居民发生过四种行为的占比均非常低，除了第三项给环保团体捐钱的比例超过 5%，其余都没有超过 2%。此外，居民个体公共领域环保行为的参与占比虽然很低，但依然表现出城乡差异，四种行为城镇的比例均高于农村。

表 5 - 6 CGSS2010 居民个体公共领域环保活动与行为统计 （%）

活动与行为	合计		农村	城镇
	是	否	是	是
1. 您是否加入任何以保护环境为目的的社团	1.75	98.25	1.14	2.10
2. 您是否就某个环境问题签署过请愿书	1.34	98.66	1.06	1.50
3. 您是否给环保团体捐过钱	5.28	94.72	2.50	6.85
4. 您是否为某个环境问题参加过抗议或示威游行	0.41	99.59	0.38	0.43

CGSS2013 中国民众参与环境保护活动与行为的统计结果见表 5 - 7。由表 5 - 7 可知，居民参与相对简单易行的活动与行为的比例较高，如采购

日常用品时自己带购物篮或购物袋、对塑料包装袋进行重复利用等，而其他行为的频繁程度相对都比较低下。

表5－7　CGSS2013中国民众参与环境保护活动与行为统计　（%）

活动与行为	从不	偶尔	经常
1. 垃圾分类投放	55.23	32.47	12.30
2. 与自己的亲戚朋友讨论环保话题	51.17	41.16	7.68
3. 采购日常用品时自己带购物篮或购物袋	24.23	36.22	39.55
4. 对塑料包装袋进行重复利用	18.77	32.86	49.37
5. 为环境保护捐款	82.32	15.71	1.97
6. 主动关注广播电视与报刊中报道的环境问题和环境信息	50.28	36.93	12.79
7. 积极参加政府和单位组织的环境宣传教育活动	77.20	18.83	3.96
8. 积极参与民间环保团体举办的环保活动	83.21	14.42	2.37
9. 自费养护树林或绿地	84.94	11.25	3.82
10. 积极参与要求解决环境问题的投诉、上诉	90.61	7.86	1.52

资料来源：课题组计算整理。

参考相关文献中常见的做法，将“垃圾分类投放”“与自己的亲戚朋友讨论环保话题”“采购日常用品时自己带购物篮或购物袋”“对塑料包装袋进行重复利用”“主动关注广播电视与报刊中报道的环境问题和环境信息”视为个体私人领域环保行为；将“为环境保护捐款”“积极参加政府和单位组织的环境宣传教育活动”“积极参与民间环保团体举办的环保活动”“自费养护树林或绿地”“积极参与要求解决环境问题的投诉、上诉”归为个体公共领域环保行为。每一类活动的回答选项包括“从不”“偶尔”“经常”，对其分别赋值为1、2、3。拒绝回答和回答“不知道”的样本直接剔除。私人领域环保行为和公共领域环保行为量表的信度的克隆巴赫系数分别为0.6681和0.7597，符合Nunnally（1978）提出的实际应用中，该系数至少大于0.5，最好能大于0.7的标准，可见量表内部信度较好。接下来可以将量表各项相加计算得出环保行为得分，并进行指数化处理。

CGSS2013居民私人领域与公共领域环保行为在不同特征属性上的均值差异情况见表5－8。由表5－8容易看出，城乡居民的环保行为均值具有显著的差异，城镇居民的环保行为指数均显著高于农村，私人领域环保行为指数均值高15.22分，公共领域环保行为指数均值高5.74分；在政治面貌属性上，党员群体相比非党员群体具有更高的环保行为指数，私人领域环保行为指数均值高11.13分，公共领域环保行为指数均值高6.60分；在民族属性上，汉族群体的两类环保行为指数均高于少数民族；而性别属性表现略不相同，女性的私人领域环保行为指数略高于男性，而男性的公共领域环保行为高于女性，差距虽小但平均值差异检验表明都具有显著性。而在健康状况、教育状况、社会交往和家庭经济情况等属性方面，单因素方差分析结果均表明这些因素对私人领域环保行为和公共领域环保行为的影响都是显著的。

表5-8　CGSS2013居民私人领域与公共领域环保行为指数群体属性差异分析

项目	私人领域环保行为			公共领域环保行为		
	均值	标准差	差异	均值	标准差	差异
环保行为指数	42.19	23.56	—	9.51	16.21	—
城乡						
农村	32.93	21.03		6.02	12.70	
城镇	48.15	23.17	-15.22***	11.76	17.76	-5.74***
性别						
男	41.55	23.89		10.52	17.04	
女	42.84	23.20	-1.30***	8.50	15.27	2.02***
民族						
少数民族	39.80	22.16		7.71	13.85	
汉族	42.40	23.66	-2.60***	9.67	16.40	-1.96***
政治面貌						
党员	52.23	23.66		15.47	18.98	
非党员	41.10	23.29	11.12***	8.87	15.76	6.60***
健康状况						
差	33.82	21.97		5.41	12.72	
一般	41.96	23.69		9.52	16.09	
好	44.38	23.43		10.55	16.87	
单因素方差分析*F*统计量	152.69	*p*值	0.0000		75.08	0.0000

续表

项目	私人领域环保行为			公共领域环保行为		
	均值	标准差	差异	均值	标准差	差异
教育状况						
初等教育	36. 34	22. 19		6. 22	13. 18	
中等教育	48. 97	22. 27		13. 14	18. 58	
高等教育	57. 41	21. 24		18. 29	19. 61	
单因素方差分析 F 统计量	802. 33	p 值	0. 0000		521. 18	0. 0000
社会交往						
从不	38. 47	24. 54		6. 92	13. 23	
很少	41. 68	23. 76		8. 40	15. 19	
有时	43. 61	22. 95		11. 02	17. 39	
经常	42. 79	23. 56		10. 10	16. 89	
总是	38. 31	23. 74		7. 31	13. 50	
单因素方差分析 F 统计量	13. 30	p 值	0. 0000		21. 50	0. 0000
家庭经济情况						
远低于平均水平	33. 22	22. 63		6. 76	13. 47	
低于平均水平	39. 37	23. 26		7. 53	14. 80	
平均水平	43. 56	23. 43		10. 22	16. 60	
高于平均水平	48. 66	23. 45		13. 43	18. 51	
远高于平均水平	43. 45	21. 59		19. 31	23. 59	
单因素方差分析 F 统计量	52. 38	p 值	0. 0000		34. 31	0. 0000

注：*** 代表 $p<0.01$。

CGSS2013 年龄与环保行为指数的 Lowess 关系曲线见图 5－6，从图 5－6 中可以看出，无论是私人领域环保行为还是公共领域环保行为，都有一个明显特征，即随着年龄的增加，环保行为指数呈下降趋势，且无论哪个年龄段，公共领域环保行为指数均低于私人领域环保行为。

CGSS2013 家庭人均年收入与环保行为指数的 Lowess 关系曲线见图 5－7，从图 5－7 中容易发现，私人环保行为指数在家庭人均年收入为 40000 元以下时随着收入的增加而增加，但在 40000 元以上后略有下降；

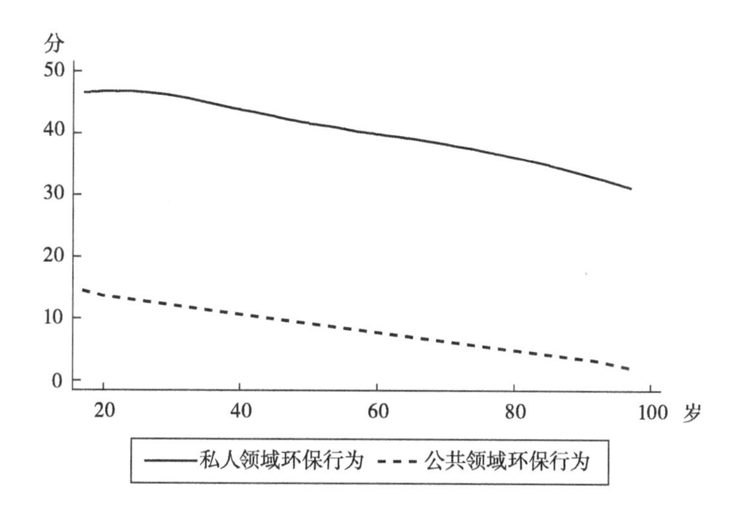

图5-6 CGSS2013 年龄与环保行为指数的 Lowess 关系曲线

而公共领域环保行为指数一直随着收入的增加而增加。无论哪个收入层次，公共领域环保行为指数均低于私人领域环保行为。

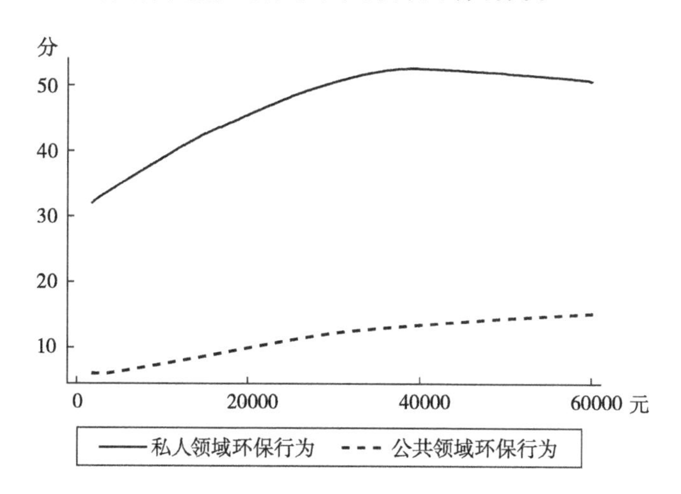

图5-7 CGSS2013 家庭人均年收入与环保行为指数的 Lowess 关系曲线

2017年初，本课题组在23个省会城市组织了课题调查，共收集了1134位受访者的调查数据。问卷中有一道多选题涉及居民环保活动与行为，具体选项内容见表5-9。由表5-9可以看到，第1项和第5项参与占比相对高一点，而这两项算是相对私人领域的环保行为，其余3项算是比较接近公共领域的环保行为，居民中有这些环保行为的比例不足10%。

依然与前面的 CGSS2010、CGSS2013 的结论比较一致，公共领域的环保行为表现依然十分有限。

表 5－9　2017 年课题组调查受访者环保活动与行为情况统计　（%）

活动与行为	有	没有
1. 为保护环境，增加绿色出行	55.08	44.92
2. 为某个环境问题参加过抗议或示威游行	2.56	97.44
3. 给环保组织团体捐款捐物	9.63	90.37
4. 就某些环境问题向政府相关机构投诉或建议	5.56	94.44
5. 通过网络讨论或转发过与环境污染相关的话题	33.36	66.64

资料来源：根据课题组调查资料整理。

课题组进一步统计了每一个受访对象在这五项环保活动与行为中拥有这些行为的情况，见表 5－10。不难发现，拥有一项环保活动与行为的人数最多，占比 46.23%；其次是一项环保活动与行为都没有的，占到 27.92%，拥有三项环保活动与行为及以上的比例不足受访人群的 7%。

表 5－10　2017 年课题组调查中五项环保行为的行为类数情况统计

项数	人数/人	百分比/%	累计百分比/%
0	311	27.92	27.92
1	515	46.23	74.15
2	213	19.12	93.27
3	58	5.21	98.47
4	13	1.17	99.64
5	4	0.36	100.00
合计	1114		100.00

资料来源：根据课题组调查资料整理。

5.2.3　公众的环保诉求

当公众面临环境污染威胁，而自身力量又不足以改变当前的污染时，公众往往会向政府相关部门机构和人员进行投诉以表达自身诉求。接下来我们对全国民众的环境信访情况进行简要分析。

来信总数是指各级环保部门收到的投诉信件数量；来访总数是指各级环保部门接待上访人员数量，包括批次和人次数。由图 5－8 至图 5－10 可以看出，环境信访方面的统计数据显示，我国社会公众是非常关注环境污染的。虽然从 2010 年以后，来信总数、来访批次总数以及来访总人数相比之前年份有所减少，但这并不是由我国的环境污染减少导致的。环境信访数量下降的主要原因是信访手段的科技化，出现了电话信访和网络信访等方式。电话/网络投诉数指开通“12369”环保举报热线电话和网络的地区受理的数量，未开通地区根据当地环保部门的公开举报电话和网络信箱的投诉数量确定数据。由图 5－11 可以发现，电话网络方面的环境信访数量从 2011 年统计开始逐年攀升，而且由于便利性，其比原始信访方式下的数据几乎高了一个数量级。综合来看，我国社会公众对环境相关方面的诉求并没有减少，而且呈加剧的趋势，这不仅反映了环境污染问题的日渐突出，也表明了社会公众的环境保护意识正逐渐增强。

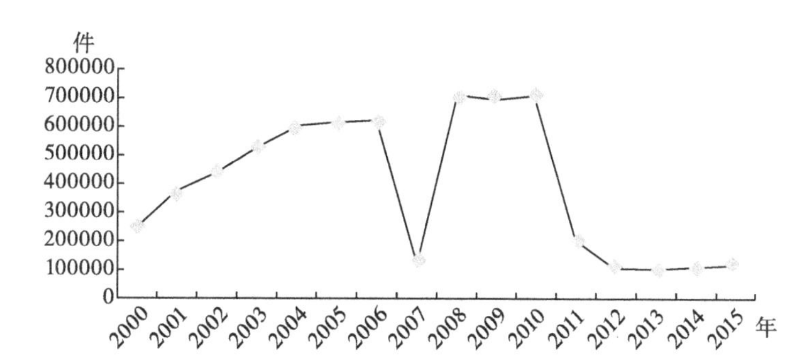

图 5－8　2000—2015 年全国民众环境信访来信总数

资料来源：《中国环境年鉴》。

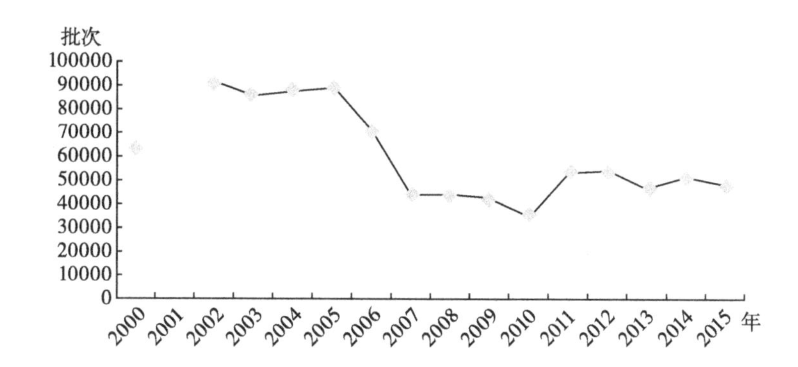

图 5－9　2000—2015 年全国民众环境污染纠纷来访批次总数

资料来源：《中国环境年鉴》。

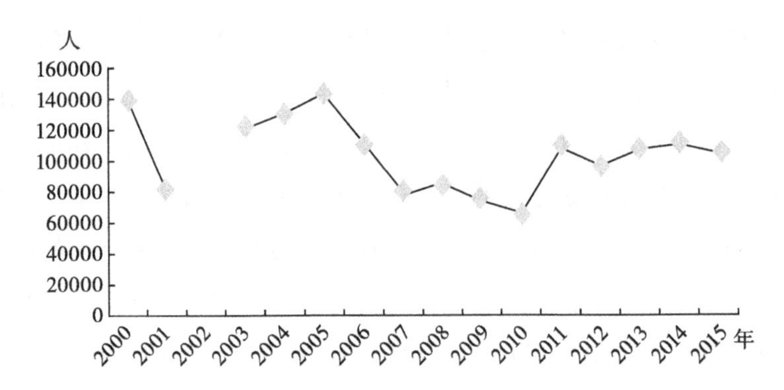

图 5-10　2000—2015 年全国民众环境污染纠纷来访总人数

资料来源:《中国环境年鉴》。

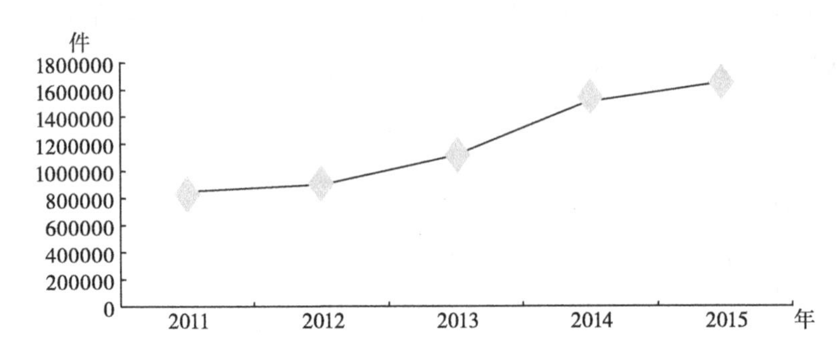

图 5-11　2011—2015 年全国民众环境污染纠纷电话网络投诉总数

资料来源:《中国环境年鉴》。

类似地，我们也选择了《中国环境年鉴》中统计的国家、省、市、县环保部门承办的本年度本级人大代表提出的环境相关建议案件数和本年度本级政协会议环境相关的提案总数进行分析。无论是人大代表还是政协委员，其形成的相关议案、提案均在一定程度上反映了当地民众的公共需求，故能在一定程度上反映社会公众的环保诉求。由图 5-12 和图 5-13 也可以得出与上述较为一致的结论，2010 年以前，各年度的人大议案建议数和政协提案数虽略有波动，但大致稳定；从 2011 年开始，议案、提案数据有大幅上升，表明我国社会公众对环境相关方面的诉求近年来有所增加，从而反映出社会公众的环境保护意识在不断增强。

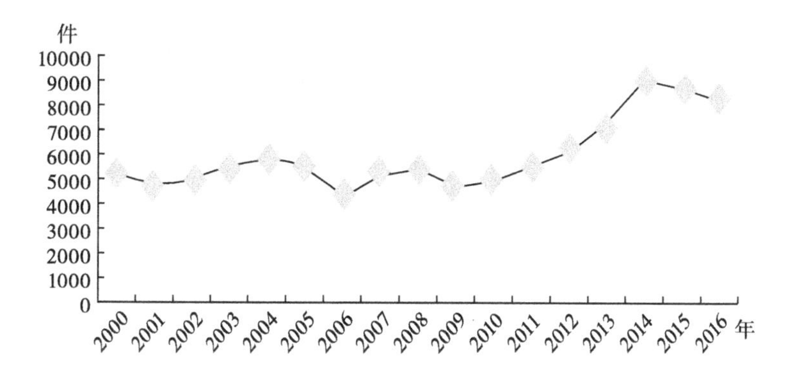

图5-12　2000—2016年人大关于环保的议案建议数

资料来源：《中国环境年鉴》。

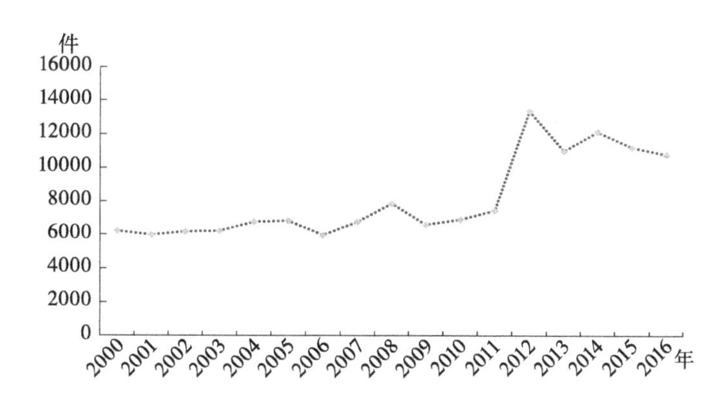

图5-13　2000—2016年政协关于环保的提案数

资料来源：《中国环境年鉴》。

第6章　环保认知、环境污染感知与公众环保行为

6.1　引言

1978年改革开放以来，我国经济快速发展，但与此同时，我国社会也面临着如收入差距加大、环境污染愈加严重等问题。据环球网[①]报道，空气质量监测网站AirVisual的一份最新报告称，2018年全球空气污染最严重的10个城市中，有7个在印度，这与2013年污染最严重城市中7个都在中国相比，说明此前空气污染十分严重的中国则在2018年得到明显改善，这也是中国政府一直在积极地运用财政和行政手段治理大气污染环境问题的结果。可见，环境问题不仅成为制约我国经济发展和社会稳定的重要因素，也成为社会民众普遍关心和讨论的话题，还是促使政府加大环境治理投入的重要催化剂。雾霾天气的频繁出现使人们更加关注环境问题，同时潜意识地会增强自身对环境保护的认知。闫国东等（2010）对比分析1998—2007年我国公众环保意识的变化趋势，发现过去10年我国公众环境意识总体水平呈上升趋势，并预计未来该意识水平将呈现加速上升趋势。

在理论上，环保认知和环境污染感知都将影响公众的环保行为。环保认知和环保意识影响环境污染感知，环境污染感知反过来也会强化环保认知和环保意识，因此，环保认知和环境污染感知对公众的环保行为都会产

---

① 资料来源：美媒：全球空气污染最严重10个城市7个在印度，中国明显改善[EB/OL].(2019-03-05)[2021-04-09]. https://baijiahao.baidu.com/s?id=1627149245389451110.

生促进作用。为此，本章拟借助大型调查数据，对社会民众的环保认知、环境污染感知和其环保行为的关系展开实证研究，以期检验理论逻辑的可靠性。

6.2　文献综述

随着环境问题的不断出现，环境保护日益受到政府和研究者的重视。19 世纪 70 年代以来，国外公众环保行为的研究取得了巨大的进展。常跟应（2009）较为全面地综述了国外特别是西方发达国家公众环保行为研究的现状和成果。论及环保行为的分类、影响因素、主要研究方法、环保行为研究中常用的两种价值观体系、新环境范式，社会人口变量如性别、年龄、社会地位、居住地等对环保行为的影响，环保行为的 ABC 理论、计划行为理论和“价值—规范—信念”理论，以及通过干涉改变公众环境行为的原则、步骤等。

国内学者就环保行为也展开了较为丰富的实证研究。李宁宁（2001）从理论上探讨了环保意识的形成过程以及环保意识向环保行为的转化，并结合现有研究，对我国公众的环保意识与环保行为的现状加以分析评价，对环保意识形成的影响因素加以剖析。王凤（2008）利用陕西省 2006 年数据分析了公众环保行为的现状和影响因素，发现公众环保行为整体得分尚不及格，但较 1998 年的全国平均得分有大幅提高；个人环保习惯和公共环保行为的影响因素主要有环保重要性、环保知识和受教育程度；从个人环保习惯路径分析模型发现环保重要性是最显著的中介变量。劳可夫和王露露（2015）探索了中国传统的文化价值观对消费者环保行为的影响，结果表明消费者的依存型自我建构[①]对其绿色购买行为具有显著的影响，说明中国传统文化价值对消费者的环保行为具有一定的影响。赵群、曹丽丽、严强（2015）利用问卷调查法分析发现环境认知、环保责任和环保意愿都是个人环保行为的显著性影响因素。何兴邦（2016）研究发现，社会

① 依存型自我建构是一种将自己的态度和行动建立在其他关系人的思想、情感和行动基础之上的自我。

互动显著影响了公众环保行为，并改善着居民环保行为。但社会互动的影响存在异质性。社会互动对垃圾分类、自备购物袋等日常性环保行为具有较大影响，而对一些非日常性环保行为如参与民间团体组织环保活动等影响相对较小。王玉君和韩东临（2016）研究发现，个人收入、受教育程度、环保知识、污染感知均显著正向影响个人环保行为，地区经济发展也对个人环保行为产生着影响。施生旭和甘彩云（2017）利用 CGSS2013 数据也考察了政府环保工作满意度、环境知识与环保行为之间的关系。段文杰等（2017）探讨了环境知识分类（日常环境知识和专业环境知识）与环境污染状况（生活环境污染状况和生态环境污染状况）影响环保行为（私人环保行为和公共环保行为）的路径和机制，发现：日常环境知识相对于专业环境知识而言更有利于激发人们的私人环保行为，而公共环保行为仅受到专业环境知识的驱动；生活环境污染状况仅对私人环保行为有影响，而公共环保行为同时受到生活环境和生态环境污染状况的显著影响；生活环境污染状况在日常环境知识和私人环保行为的关系中起部分中介作用，而其在日常环境知识和公共环保行为的关系中起完全中介作用。此外，专业环境知识直接影响公共环保行为。

综上所述，不难发现，国内研究者对我国公众环保行为的研究还是取得了较为丰硕的成果，但已有研究较少涉及公众环保认知，以及环保认知作用于公众的环境污染感知，进而影响公众的环保行为的机制。缺乏对这一路径机制的实证检验，因此，本章对此议题借助于大型微观调查数据展开分析。

6.3 研究设计

6.3.1 数据来源

本章研究数据采用了中国人民大学中国调查与数据中心在中国大陆组织的中国综合社会调查（CGSS）2013 年的数据。该 CGSS 调查始于 2003 年，以 1% 人口抽样调查数据为抽样框，采取分层的四阶段 PPS 不等概率系统抽样方法。本章选用 2013 年数据是由于该调查询问了研究所需的相关环境问题，调查详细考察了被访者个人、家庭等多方面的信息，调查涵盖28个省份（不包括海南、西藏、新疆、香港、澳门、台湾）。计量模型中因所用变量差异及变量缺失样本不同，不同模型的有效样本数会略有差异。

6.3.2 变量定义

6.3.2.1 被解释变量：环保行为

CGSS2013中有一道题目“我们想了解一下，最近的一年里，您是否从事过下列活动或行为”，共包括10种活动或行为，具体内容见本书第5.2.2节，由此构成受访对象的总体环保行为。此外，参考Hunter等（2004）、彭远春等（2013）的分类方法，本章将环保行为划分为个体环保行为和公共环保行为。然后再借鉴王玉君和韩东临（2016）的做法，对变量量表进行指数化处理，以环保行为总体指数为例，将10种活动回答选项1、2、3进行累加，再除以10得到平均分，然后进行百分化处理，环保行为指数=（平均分-1）×100/2，对个体环保行为和公共环保行为也进行了类似处理。

6.3.2.2 核心解释变量：环保认知与环境污染感知

（1）环保认知。CGSS2013中有10道环境保护知识题目，询问受访者的掌握情况。具体为：①汽车尾气对人体健康不会造成威胁；②过量使用化肥农药会导致环境破坏；③含磷洗衣粉的使用不会造成水污染；④含氟冰箱的氟排放会成为破坏大气臭氧层的因素；⑤酸雨的产生与烧煤没有关系；⑥物种之间相互依存、一个物种的消失会产生连锁反应；⑦空气质量报告中，三级空气质量意味着比一级空气质量好；⑧单一品种的树林更容易导致病虫害；⑨水污染报告中，Ⅴ（5）类水质意味着要比Ⅰ（1）类水质好；⑩大气中二氧化氮成分的增加会成为气候变暖的因素。要求受访者从“正确”“错误”“不知道”三个选项中选择一个。量表信度的克隆巴赫系数为0.826，表明量表内部信度一致性较好，可以进行累加。为此本章通过10个题目的回答正确率[①]来衡量受访者的环境保护认知水平，正确率越高，表明环保认知水平越高。

（2）环境污染感知。CGSS2013中有相关题目询问受访者对所在地区的空气污染、水污染、噪声污染、工业污染和生活垃圾污染等环境问题[②]的感知严重程度，选项包括“很严重”“比较严重”“一般”“不太严重”“不严重”“没关心/说不清”“没有该问题”。由于“没关心/说不清”回答指向不明确，分析时直接将其剔除，对其余选项分别赋值为6、5、4、3、2、1[③]，数字越大表明环境污染问题越严重。量表信度的克隆巴赫系数为0.852，表明量表内部信度一致性非常好，可以进行累加，为便于分析同样进行指数化处理。

（3）控制变量。为尽量消除变量遗漏引起的估计偏差，对包括受访者个人特征、家庭经济特征等在内的变量也进行了控制。其中，个人特征主要有居住地、性别、民族、年龄、政治面貌、婚姻状况、健康状况、教育程度、社会交往等；家庭经济特征考虑家庭人均收入、家庭经济情况。同时也控制了代表文化底蕴、地理环境等相对不变且难以观测的省份虚拟变量。变量的具体定义与统计描述见表6-1。

表6-1　变量定义与统计描述

变量	变量定义	均值	标准差	最小值	最大值
被解释变量					
Env_ pro_ pri_ beh	个体环境保护行为指数	42.193	23.557	0	100
Env_ pro_ pub_ beh	公共环境保护行为指数	9.513	16.213	0	100
Env_ pro_ beh	环保行为指数	25.831	16.752	0	100
核心解释变量					
cognition	环境保护知识的答题正确率	46.880	28.655	0	100

① 题目原始顺序号，奇数号题目的正确答案均为“错误”，偶数号题目的正确答案均为“正确”。

② 问卷共询问了12项环境问题，还包括绿地不足、森林植被破坏、耕地质量退化、淡水资源短缺、食品污染、荒漠化和野生动植物减少等7项，考虑到余下7项不常见，回答样本大量减少，故未纳入指数计算，实际上我们也考虑12项的结果但并不改变结论，见稳健性检验。

③ 事实上，按照原始顺序分别赋值7、6、5、4、3、2、1所获取的指标进行分析所得结果并不影响结论。

续表

变量	变量定义	均值	标准差	最小值	最大值
Env_ pol_ per	空气污染、水污染、噪声污染、工业垃圾污染和生活垃圾污染等5类环境污染感知严重程度	49.099	26.493	0	100
个人特征					
urban	城镇 =1，农村 =0	0.608	0.488	0	1
female	女性 =1，男性 =0	0.497	0.500	0	1
minority	少数民族 =1，汉族 =0	0.085	0.278	0	1
age	出生距离调查年的年数	48.597	16.388	17	97
party	中共党员 =1，非中共党员 =0	0.102	0.303	0	1
unmarried	单身 =1，其他 =0	0.102	0.303	0	1
married	已婚 =1，其他 =0	0.791	0.407	0	1
other	离婚或丧偶 =1，其他 =0	0.107	0.309	0	1
health	很不健康、比较不健康、一般、比较健康、很健康分别赋值1、2、3、4、5	3.711	1.083	1	5
educ	接受学校教育的层次	3.101	1.421	1	6
s_ net	社会交往的频繁程度，从不、很少、有时、经常、非常频繁分别赋值1、2、3、4、5	2.854	1.004	1	5
家庭经济特征					
phhinc	家庭人均年收入	22398	67492	0.143	4999998
comp_ h_ h	家庭经济情况远低于平均水平、低于平均水平、平均水平、高于平均水平、远高于平均水平分别赋值1、2、3、4、5	2.684	0.681	1	5

6.3.3　分析框架与策略

根据文献综述与理论回顾，环境保护认知、环境污染感知与环保行为之间存在着紧密而简单的逻辑关系。首先，个体只有通过自身学习系统的努力，获取了环境保护知识和信息，才极有可能参与到各种特别是与环境保护相关的活动中去；其次，具有相应信息和知识有助于个体对当下环境污染程度进行准确评判，进而形成自身的污染感知；最后，当环境污染严重，居民获得感知时，可能促使和激发其产生保护环境的行为。因此，本节的分析思路为研究民众环保认知、环境污染感知和环保行为之间的关系（见图6－1）。对环境保护的认知和居民自身污染感知直接作用于公众环保行为的机制，可运用相关计量回归模型予以检验；环保认知也会影响环境污染感知程度，再通过污染感知的传导影响环保行为，对于间接路径，使用中介效应予以检验，以厘清三者间的关系和作用机制。

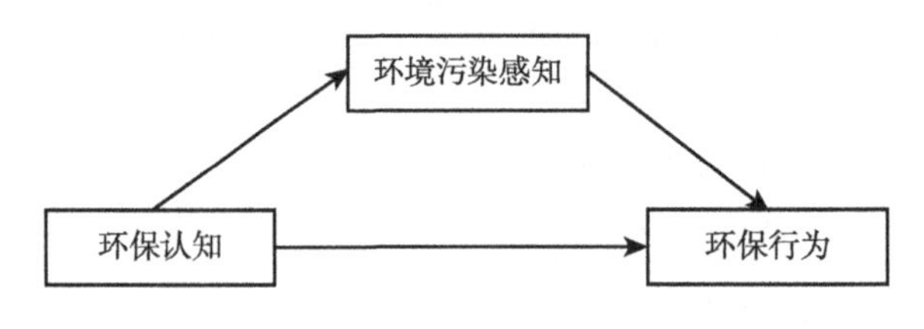

图6－1　实证分析框架模型

参照温忠麟等（2004）提出的检验程序[①]来进行环保认知影响环保行为的中介效应检验。本研究分别建立如下三个计量模型，运用计量统计软件 Stata 进行分析，利用普通最小二乘法进行回归，并使用了稳健性标准误排除潜在异方差存在的可能影响。

$$Env\_pro\_beh = \alpha_0 + \beta_1 \cdot cognition + \Pi X + \varepsilon_0 \quad (6-1)$$

$$Env\_pol\_per = \alpha_1 + \beta_2 \cdot cognition + \Pi X + \varepsilon_1 \quad (6-2)$$

$$Env\_pro\_beh = \alpha_2 + \beta_3 \cdot cognition + \beta_4 \cdot Env\_pol\_per + \Pi X + \varepsilon_2 \quad (6-3)$$

其中，Env_pro_beh 为研究对象的环保行为指数，$cognition$ 为环保认

① 该方法早期多运用于心理学研究，现在大量被运用到经济学研究中，如陈东和刘金东（2013）研究农村信贷对农村居民消费影响时探讨农民纯收入的中介效应；周金燕（2015）分析代际流动中父母的四种资源通过教育的中介效应影响子女的经济收入；冯建峰和陈卫民（2017）研究我国人口老龄化影响经济增长的中介效应；王鹏和梁城城（2018）研究农户健康通过收入的中介效应影响幸福福利；等等。该方法主要适用于线性中介效应，Hayes 和 Preacher（2010）进一步提出非线性中介效应的检验方法。

知，X 为控制变量，Env_pol_per 为中介变量环境污染感知。β_1 、β_2 、β_3 和 β_4 是我们重点关注相应变量的估计系数，并根据这四个系数来判别收入变量是否发挥中介作用，具体检验程序规则如图6－2所示。实证解释与阐述基于模型（6－3）的结果进行变量分析。

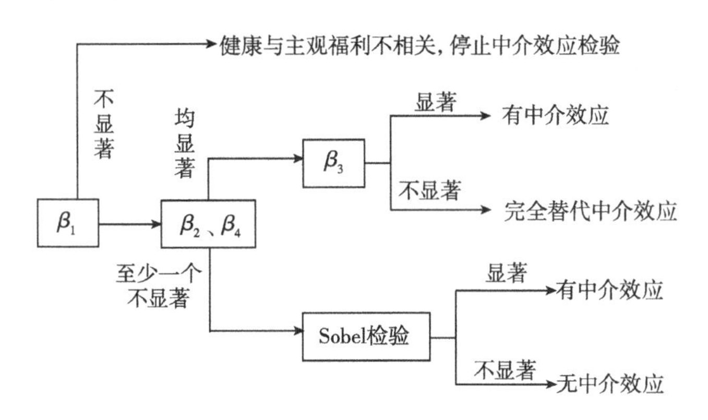

图6－2 中介效应检验规则

6.4 实证分析

6.4.1 图形分析

我国民众环保认知与环保行为的Lowess曲线和线性拟合见图6－3。无论是局部加权回归散点平滑法构建的Lowess曲线还是线性拟合，都显示出，居民的环保认知同其环保行为（总体环保行为、个体环保行为和公共环保行为）之间具有较明显的正相关关系，亦即居民环保认知水平越高，其做出环保行为的可能性越大。

我国民众环境污染严重的感知程度与环保行为的Lowess曲线和线性拟合见图6－4。同样发现，无论是局部加权回归散点平滑法构建的Lowess曲线还是线性拟合，都表明居民感知环境污染严重程度同其环保行为之间呈现正相关关系，即当居民个体感知到的环境污染程度越高，其做出环保行为的可能性越大。

环保行为、环保认知与环境污染感知等核心变量之间的相关系数矩阵见表6－2，结果表明这些变量之间也都具有正相关关系。

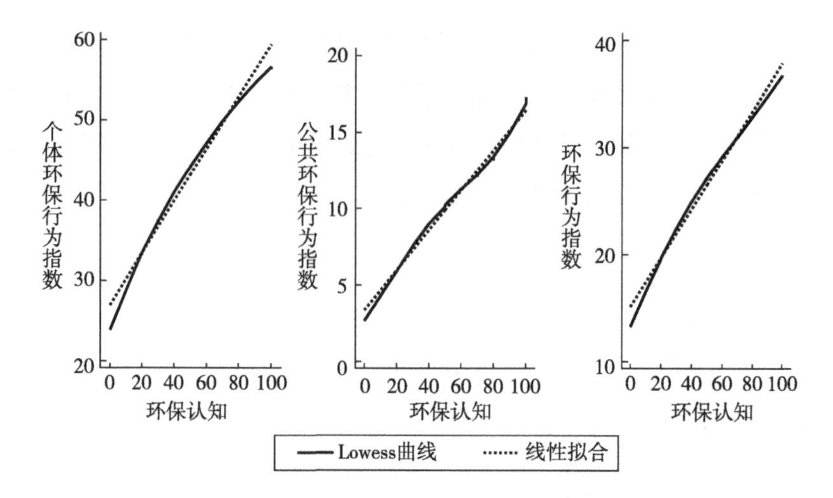

图6-3 我国民众环保认知与环保行为的 Lowess 曲线和线性拟合

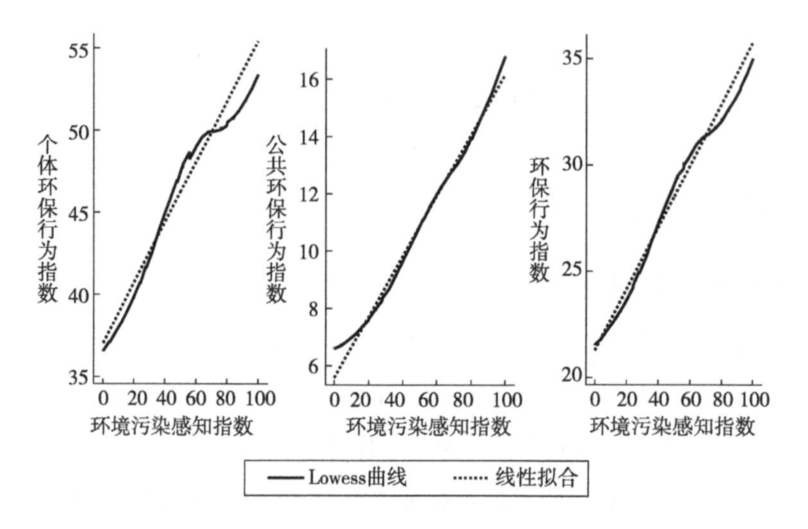

图6-4 我国民众环境污染严重的感知程度与环保行为的 Lowess 曲线和线性拟合

表6-2 环保行为、环保认知与环境污染感知等核心变量之间的相关系数矩阵

变量	*Env_ pro_ beh*	*Env_ pro_ pri_ beh*	*Env_ pro_ pub_ beh*	*cognition*	*Env_ pol_ per*
Env_ pro_ beh	1.0000				
Env_ pro_ pri_ beh	0.8889	1.0000			
Env_ pro_ pub_ beh	0.7706	0.3930	1.0000		
cognition	0.3255	0.3339	0.1889	1.0000	

续表

变量	*Env_ pro_ beh*	*Env_ pro_ pri_ beh*	*Env_ pro_ pub_ beh*	*cognition*	*Env_ pol_ per*
Env_ pol_ per	0.2288	0.2100	0.1672	0.2247	1.0000

6.4.2　回归分析

6.4.2.1　总体分析

我国社会民众的总体环保行为影响因素模型估计结果见表 6－3。第 1 列模型未控制环境污染感知变量，第 2 列模型未控制环保认知变量，第 3 列模型是两个核心变量均被控制的结果。模型（1）表明，在未控制环境污染感知变量和控制其他变量的条件下，居民的环保认知水平系数在 1% 的水平下统计显著为正，即环保认知水平每提高 1 分，其总体环保行为指数平均将提高 0.131 分。模型（2）表明，环境污染感知水平变量也会对居民的环保行为产生影响，在未控制环保认知变量的条件下，其系数在 1% 的水平下显著为正，达到 0.046，亦即居民感知到环境污染严重指数每提高 1 分，其环保行为指数将增加 0.046 分。模型（3）表明，当进一步将两个核心解释变量均加以控制后，我们发现，无论是环保认知变量还是环境污染感知变量，两者均在 1% 水平下统计显著，而且系数方向符合预期，都为正数。这表明即使在控制了环境污染感知的条件下，环保认知依然显著影响着人们的环保行为。单纯从系数的大小上看，模型（3）中的环保认知变量系数和环境污染感知变量系数相比于模型（1）和模型（2）都有不同程度的下降，这也正说明环保认知水平可能会改变人们对环境污染严重程度的感知水平进而影响民众的环保行为。控制变量中，总体来看，城镇居民相比农村居民做出环保行为的可能性更高。这一点也符合现实和预期，城镇具有更好的信息传递渠道和更高的道德标准，如城镇地区各种类型的环境保护标语和报道潜意识地对居民行为产生了影响。事实上，我们对环保行为变量进行了城镇和农村均值检验，检验结果为农村平均值为 19.45，城镇平均值为 29.93，相差 10.48，而且该差异在 1% 的水平下统计显著。在其他条件相同的情况下，女性居民相比男性具有更高的环保行为指数，平均高出约3个百分点。环保行为基本上与年龄呈正相关关系。党员的环保行为指数也显著高于非党员，表明党员在各方面都起到了模范带头和引领作用。居民受教育程度越高，环保行为指数也越高，这一点符合常识，受教育程度越高的居民，环保意识越高，环保参与度越高，做出环保行为的可能性越高。健康状况越好的人群往往更加关注与健康相关的行为，环境恶化可能对健康造成危害，对于环境恶化后果的担忧会促使其规范自身行为，所以其做出环保行为的可能性更高。社会交往程度越频繁意味着社会关系越宽广，也意味着获取信息途径越宽广。在社会交往过程中，相互探讨环境保护的相关信息，促使了人们规范行为。此外，家庭经济水平的高低也会对其环保行为产生影响，可能的原因在于经济水平越高的家庭往往越容易被其他家庭所关注，被视为模仿的对象，因此，他们会相对约束自己的行为以更加符合社会规范。

表6-3　我国社会民众的总体环保行为影响因素模型估计结果

项目	(1)	(2)	(3)
	Env_ pro_ beh	*Env_ pro_ beh*	*Env_ pro_ beh*
cognition	0.131***		0.121***
	(0.006)		(0.008)
Env_ pol_ per		0.046***	0.037***
		(0.008)	(0.008)
urban	2.444***	2.791***	1.913***
	(0.354)	(0.483)	(0.474)
female	2.466***	2.351***	2.814***
	(0.295)	(0.370)	(0.366)
minority	-0.305	0.094	0.370
	(0.615)	(0.793)	(0.784)
age	0.114**	0.113#	0.162**
	(0.058)	(0.078)	(0.076)
agesq	-0.001	-0.001	-0.001
	(0.001)	(0.001)	(0.001)
party	3.837***	4.001***	3.713***
	(0.561)	(0.670)	(0.657)

续表

项目	(1)	(2)	(3)
	Env_ pro_ beh	*Env_ pro_ beh*	*Env_ pro_ beh*
married	0.003 (0.664)	-0.643 (0.810)	-0.412 (0.801)
other	-0.874 (0.819)	-2.375** (1.045)	-2.071** (1.034)
educ	2.227*** (0.156)	2.863*** (0.185)	2.093*** (0.191)
health	0.404*** (0.149)	0.445** (0.197)	0.405** (0.194)
s_ net	0.957*** (0.144)	0.952*** (0.188)	0.934*** (0.184)
ln*phhinc*	0.178 (0.140)	0.367** (0.186)	0.221 (0.186)
comp_ h_ h	0.524** (0.228)	0.705** (0.295)	0.567* (0.291)
Constant	2.904 (2.117)	4.055# (2.744)	0.924 (2.723)
省哑变量	Yes	Yes	Yes
Observations	9684	6584	6560
R^2	0.304	0.238	0.263

注：括号中数据为稳健性标准误；*** 代表 $p<0.01$，** 代表 $p<0.05$，* 代表 $p<0.1$，#代表 $p<0.15$；以下相同。

个体与公共环保行为模型估计结果见表 6-4。

表 6-4 个体与公共环保行为模型估计结果

项目	个体环保行为指数			公共环保行为指数		
cognition	0.202*** (0.009)		0.186*** (0.011)	0.061*** (0.007)		0.057*** (0.009)
Env_ pol_ per		0.060*** (0.012)	0.046*** (0.012)		0.032*** (0.008)	0.028*** (0.008)
urban	4.837*** (0.532)	5.634*** (0.698)	4.217*** (0.688)	0.041 (0.332)	-0.035 (0.465)	-0.394 (0.464)

续表

项目	个体环保行为指数			公共环保行为指数		
female	4.748***	4.598***	5.308***	0.119	0.052	0.259
	(0.425)	(0.530)	(0.521)	(0.305)	(0.380)	(0.382)
minority	0.041	0.067	0.493	-0.548	0.133	0.271
	(0.911)	(1.147)	(1.134)	(0.562)	(0.750)	(0.749)
age	0.120	0.015	0.088	0.113*	0.212***	0.239***
	(0.084)	(0.112)	(0.110)	(0.059)	(0.079)	(0.079)
agesq	-0.000	0.001	0.000	-0.001*	-0.002***	-0.002***
	(0.001)	(0.001)	(0.001)	(0.001)	(0.001)	(0.001)
party	3.626***	4.041***	3.599***	3.888***	3.763***	3.634***
	(0.742)	(0.887)	(0.867)	(0.615)	(0.715)	(0.713)
married	1.164	0.114	0.489	-1.096#	-1.291#	-1.227
	(0.906)	(1.099)	(1.081)	(0.731)	(0.882)	(0.883)
other	-0.818	-3.179**	-2.655*	-0.887	-1.579#	-1.505
	(1.154)	(1.478)	(1.450)	(0.857)	(1.069)	(1.072)
educ	2.724***	3.527***	2.358***	1.740***	2.232***	1.846***
	(0.219)	(0.259)	(0.266)	(0.170)	(0.197)	(0.208)
health	0.365*	0.279	0.219	0.375**	0.536***	0.515***
	(0.221)	(0.288)	(0.283)	(0.146)	(0.194)	(0.194)
s_ net	1.105***	0.970***	0.941***	0.847***	0.965***	0.957***
	(0.213)	(0.272)	(0.268)	(0.143)	(0.186)	(0.185)
ln*phhinc*	0.333#	0.612**	0.389	0.004	0.113	0.036
	(0.206)	(0.283)	(0.282)	(0.130)	(0.164)	(0.170)
comp_ h_ h	0.519#	0.637#	0.437	0.530**	0.738**	0.672**
	(0.330)	(0.421)	(0.414)	(0.235)	(0.303)	(0.304)
Constant	12.297***	19.274***	14.314***	-6.287***	-10.862***	-12.171***
	(3.046)	(4.015)	(3.978)	(2.172)	(2.715)	(2.739)
省哑变量	Yes	Yes	Yes	Yes	Yes	Yes
Observations	9708	6600	6576	9721	6615	6590
R^2	0.282	0.219	0.250	0.194	0.160	0.164

为了检验前面提出的理论路径——环保认知通过中介变量环境污染感知作用于居民的环保行为，总体环保行为指数、个体环保行为指数和公共

环保行为指数的模型（1）、模型（2）、模型（3）的估计结果见表6-5至表6-7。

表6-5　总体环保行为指数模型（1）、模型（2）、模型（3）估计结果

项目	(1)	(2)	(3)
	Env_pro_beh	*Env_pol_per*	*Env_pro_beh*
cognition	0.131*** (0.006)	0.076*** (0.013)	0.121*** (0.008)
Env_pol_per			0.037*** (0.008)
其他变量	Yes	Yes	Yes
Observations	9684	6609	6560
R^2	0.304	0.286	0.263

表6-6　个体环保行为指数模型（1）、模型（2）、模型（3）估计结果

项目	(1)	(2)	(3)
	Env_pro_pri_beh	*Env_pol_per*	*Env_pro_pri_beh*
cognition	0.202*** (0.009)	0.076*** (0.013)	0.186*** (0.011)
Env_pol_per			0.046*** (0.012)
其他变量	Yes	Yes	Yes
Observations	9708	6609	6576
R^2	0.282	0.286	0.250

表6-7　公共环保行为指数模型（1）、模型（2）、模型（3）估计结果

项目	(1)	(2)	(3)
	Env_pro_pub_beh	*Env_pol_per*	*Env_pro_pub_beh*
cognition	0.061*** (0.007)	0.076*** (0.013)	0.057*** (0.009)
Env_pol_per			0.028*** (0.008)
其他变量	Yes	Yes	Yes
Observations	9721	6609	6590
R^2	0.194	0.286	0.164

根据图 6－2 的检验规则，从表 6－5、表 6－6、表 6－7 中可以看出，总体环保行为指数模型、个体环保行为指数模型和公共环保行为指数模型等对应的回归系数 β_1 、β_2 、β_3 和 β_4 均在 1% 的水平下统计显著，这表明环境污染严重感知程度变量在环保认知与环保行为之间发挥了中介作用，即在环保认知影响环保行为的机制中，居民对环境污染严重程度的感知具有极为重要的中介作用。

6.4.2.2 城乡差异分析

分城乡群体样本进行估计，以检测城镇群体内部和农村群体内部的环保行为的影响因素，结果见表 6－8。核心解释变量对城乡群体的影响并未因为群体的划分而有所改变，也就是说，在控制其他变量的条件下，环保认知和环境污染感知对城镇居民的总体环保行为指数、个体环保行为指数以及公共环保行为指数均显著正相关；对农村居民也具有同样的结果。从表 6－8 中我们也能发现一些不同的地方，如民族变量，在城镇群体中的少数民族的环保行为指数比汉族群体的低，而农村群体中的少数民族的环保行为指数反而高于汉族群体。

表 6－8 环保行为影响因素的城乡分样本估计结果

项目	总体环保行为指数		个体环保行为指数		公共环保行为指数	
	城镇	农村	城镇	农村	城镇	农村
cognition	0.105 ***	0.136 ***	0.173 ***	0.191 ***	0.038 ***	0.082 ***
	(0.010)	(0.013)	(0.014)	(0.019)	(0.011)	(0.013)
Env_ pol_ per	0.045 ***	0.039 ***	0.062 ***	0.040 **	0.028 **	0.036 ***
	(0.010)	(0.013)	(0.015)	(0.020)	(0.012)	(0.013)
female	3.323 ***	1.695 ***	6.026 ***	3.599 ***	0.565	-0.275
	(0.460)	(0.592)	(0.639)	(0.891)	(0.506)	(0.545)
minority	-1.800 *	3.615 ***	-2.551 *	5.123 ***	-0.870	1.862 *
	(1.056)	(1.189)	(1.493)	(1.760)	(1.024)	(1.115)
age	0.347 ***	-0.087	0.395 ***	-0.297 #	0.301 ***	0.118
	(0.097)	(0.125)	(0.137)	(0.186)	(0.105)	(0.119)
agesq	-0.003 ***	0.001	-0.002 *	0.003 *	-0.003 ***	-0.001
	(0.001)	(0.001)	(0.001)	(0.002)	(0.001)	(0.001)

续表

项目	总体环保行为指数		个体环保行为指数		公共环保行为指数	
	城镇	农村	城镇	农村	城镇	农村
party	3.599***	3.762***	3.996***	1.742	3.023***	5.649***
	(0.742)	(1.442)	(0.978)	(1.868)	(0.798)	(1.618)
married	-0.750	-0.641	-0.619	1.175	-0.787	-2.384#
	(0.978)	(1.485)	(1.311)	(2.023)	(1.100)	(1.570)
other	-2.682**	-1.431	-4.207**	-0.540	-1.167	-2.402
	(1.263)	(1.872)	(1.766)	(2.636)	(1.346)	(1.859)
educ	2.298***	1.553***	2.432***	2.099***	2.181***	1.028***
	(0.227)	(0.367)	(0.312)	(0.527)	(0.253)	(0.363)
health	0.630**	0.015	0.681*	-0.544	0.433#	0.588**
	(0.259)	(0.286)	(0.368)	(0.434)	(0.275)	(0.255)
s_ net	1.114***	0.633**	1.000***	0.882**	1.249***	0.435#
	(0.236)	(0.297)	(0.334)	(0.449)	(0.246)	(0.277)
ln*phhinc*	-0.029	0.363#	0.109	0.491	-0.224	0.271
	(0.273)	(0.242)	(0.412)	(0.378)	(0.267)	(0.202)
comp_ h_ h	0.881**	0.335	0.487	0.858	1.284***	-0.246
	(0.376)	(0.462)	(0.527)	(0.670)	(0.409)	(0.455)
Constant	-1.601	1.933	11.784**	6.171	-14.024***	-10.668***
	(3.707)	(4.067)	(5.363)	(7.067)	(3.906)	(3.778)
省哑变量	Yes	Yes	Yes	Yes	Yes	Yes
Observations	4241	2319	4252	2324	4261	2329
R^2	0.241	0.157	0.222	0.128	0.166	0.131

6.4.3　稳健性检验分析

为了验证前面分析结果的稳健性，本小节选择了以下稳健性检验方法。一方面，结合调查问卷数据，我们改变环境污染感知变量的测度方式，第一种按照调查问卷原始回答选项进行赋值，即对“很严重”“比较严重”“不太严重”“不严重”“一般”“没关心/说不清”“没有该问题”依次赋值为7、6、5、4、3、2、1；第二种是利用问卷询问的12项环境问题，构造环境污染感知变量。所得估计结果见表6-9。另一方面，由于前文分析回归模型中的样本量极为不一致，即不同模型对应的分析人群是不相同的，为了验证这一因素的影响结果，我们选择对分析中所有变量均无缺失的样本统一进行考察，所得结果见表6－10。从这些结果中可以看出，我们的结论是非常稳健的。

表6－9　修改变量测量方式后的估计结果

项目	(1)	(2)	(3)	(4)	(5)	(6)
	总体	个体	公共	总体	个体	公共
cognition	0.119***	0.185***	0.055***	0.127***	0.182***	0.072***
	(0.008)	(0.011)	(0.008)	(0.013)	(0.018)	(0.013)
pollution_ index5	0.035***	0.051***	0.018**			
	(0.008)	(0.011)	(0.008)			
pollution_ index12				0.086***	0.100***	0.071***
				(0.015)	(0.020)	(0.016)
Constant	0.712	13.237***	－11.544***	－7.391#	6.688	－21.377***
	(2.609)	(3.817)	(2.639)	(4.530)	(6.262)	(4.597)
其他变量	Yes	Yes	Yes	Yes	Yes	Yes
Observations	7008	7024	7039	2961	2971	2972
R^2	0.268	0.255	0.165	0.276	0.273	0.192

表6－10　统一样本后的估计结果

项目	总体环保行为指数		个体环保行为指数		公共环保行为指数	
	(1)	(2)	(3)	(4)	(5)	(6)
cognition	0.124***	0.121***	0.190***	0.186***	0.058***	0.055***
	(0.008)	(0.008)	(0.011)	(0.011)	(0.009)	(0.009)
Env_ pol_ per		0.037***		0.047***		0.028***
		(0.008)		(0.012)		(0.008)
Constant	2.63	0.92	16.48***	14.35***	－11.23***	－12.50***
	(2.705)	(2.723)	(3.946)	(3.983)	(2.719)	(2.740)
其他变量	Yes	Yes	Yes	Yes	Yes	Yes
Observations	6560	6560	6560	6560	6560	6560
R^2	0.261	0.263	0.248	0.250	0.164	0.165

6.5　本章小结

本章利用中国综合社会调查2013年数据考察了我国社会民众环保认知与环保行为的关系，也考察了居民的环境污染感知这一中介变量的作用。研究发现：居民的环保认知和环境污染感知对环保行为都具有显著的正向影响。相同条件下，居民环保认知指数对公共环保行为指数的影响仅为个体环保行为指数的1/3，而环境污染感知指数对个体环保行为指数的影响也一样高于对公共环保行为指数的影响。这表明，环境污染感知严重程度变量在环保认知与环保行为之间发挥了中介作用，即在环保认知影响环保行为的机制中，居民对环境污染严重程度的感知具有极为重要的中介作用。稳健性检验结果表明上述结论具有一定的可靠性。

根据本章的研究结论，政府可通过加强环境保护知识宣传和大众化教育来倡导环保行为，提高社会民众的环保参与度，例如，汇编形成环境保护的科普读物，下放到社区或者村的阅览室供居民免费阅读；在适当的地方贴出环保标语告示；集中开展环保知识讲座；等等。

第7章　环境污染对我国公众迁移意愿影响的实证研究

7.1　环境质量对居民迁移意愿的影响

近年来“雾霾”天气的频繁出现，引起了人民的关注，也引起了国家的高度重视。对污染的治理一直在路上，从未停歇，但治理效果不甚理想。《2017 中国生态环境状况公报》显示，338 个地级及以上城市平均优良天数相比 2016 年下降 0.8 个百分点，其中仅 99 个城市环境空气质量达标，依然有 239 个城市空气质量超标，占比 70.7%，而且城市之间空气质量差异较大。2018 年，全球 180 个国家（地区）空气质量排行榜中，中国处于第 177 位，只超过了印度、孟加拉国、尼泊尔等 3 个国家①。事实上，对政府质量研究所②对外发布的数据进行分析也发现：2005 年，无论是在空气质量排行榜还是在 $PM_{2.5}$ 排行榜中，中国均为 177 个国家（地区）的最后一名；2010 年，中国居 179 个国家（地区）的空气质量排行榜的第 177 位，居 $PM_{2.5}$ 排行榜的第 179 位；2015 年在两项排行榜的排位较 2010 年无变化。来自国别的比较结果表明，我国空气质量非常不理想。空气污染会降低人们的幸福感（Welsch，2006；Levinson，2012），也会影响健康，如短期可导致心肺功能降低、引发呼吸道疾病等，长期可导致哮喘、抑郁（Pun，Manjourides，and Suh，2017）、肺癌（Neidell，2004），甚至

---

① 数据来源于 http://www.sohu.com/a/227154228_487635。

② 政府质量研究所于 2004 年由 Bo Rothstein 和 Sören Holmberg 教授创建，是瑞典哥德堡大学政治系的一个独立研究机构（http://www.qog.pol.gu.se）。

提前死亡，尤其是老幼人群（Chay & Greenstone，2003；Deryugina et al.，2018）。那么，社会公众面对空气污染及其造成的不利影响会有何反应呢？Evan 和 Jacobs（1981）较早地探讨了空气质量与人类行为的关系，指出人类行为是导致空气污染的重要原因，但空气质量反过来影响人类的健康、人际行为、情绪、态度、工作表现、户外活动以及可能的居住选择。洪大用、范叶超和李佩繁（2016）电话访问调查的北京受访者中有35.5%打算迁出北京，远离空气污染，选择到良好环境地区居住和工作。Qin 和 Zhu（2018）通过研究“移民”百度搜索指数发现，空气污染与中国居民移民倾向正相关。虽然中国是亲缘和地缘社会，迁移成本非常高，当下发生事实迁移行为的人数可能并不多，但这不妨碍我们探讨人们的迁移意愿。现有研究较多地考察了空气污染（多基于空气质量指数）对迁移意愿的影响，而忽略了空气污染先通过影响人们的认知和感知进而对其行为产生影响的机制，也忽略了人们对政府治理当地空气污染的信心，亦即对空气质量的未来预期对其行为的影响。因此，本章基于全面认识空气质量与迁移意愿的关系这一出发点探析空气质量对公众迁移意愿的影响，有利于社会决策者更加全面地制定经济发展和空气污染治理的相应政策。

7.2 文献综述

恶劣的空气环境对人的健康和幸福具有严重的不利影响，已有研究较多地分析了人们应对空气污染的防护行为，如 Bresnahan、Dickie 和 Gerking（1997）探究了 O_3 浓度对人们行为的影响，发现当 O_3 浓度超过国家标准时，烟雾病患者将减少在户外活动时间。Neidell（2010）研究了与地面臭氧有关的空气质量警告对南加州户外活动的影响发现，烟雾警报发出后户外活动出席人数大幅减少，且那些易感人群和当地居民人群的反应更大，并指出空气质量预警是应对空气污染保障公众健康的重要政策工具。Liu、He 和 Lau（2018）研究中国民众对空气污染信息的行为反应发现，空气污染水平与 $PM_{2.5}$ 口罩和空气过滤器的在线搜索量呈正相关关系，而且经济条件较好的居民、重污染城市的居民更倾向于搜索 $PM_{2.5}$ 口罩和空气过滤器。除此之外，远离空气污染、到空气环境良好地区居住和工作也是更好的个人防护行为，即迁移行为。人口迁移是人口在任意两个地区之间的空间移动，这种移动通常是长期性的或者永久性的。人类经济、文化和社会等一切的发展，都与人口迁移有密切的关系。常见的人口迁移理论有推拉理论、“用脚投票”理论、发展经济学人口迁移理论等，彭郁（2017）对上述理论进行了较为详尽的介绍。迁移行为是最终的结果，人们在做迁移决策时首先会受到其迁移意愿的影响，尽管我们时常会看见没有迁移意愿的人最终发生了迁移行为，而有迁移意愿的人最终未发生迁移行为，亦即表明迁移意愿和迁移行为并不是绝对一致的。总的来说，迁移意愿越强的人，最终发生迁移行为的可能性越大。影响人们迁移的因素有很多，接下来主要从空气污染或空气质量这一因素对已有文献进行综述。

Hunter（1998）考察县级环境特征与移民和外迁之间的关系，发现有空气污染、水污染、有害垃圾等环境危害的县域不会比无此类危险地区更容易失去居民，但是有这种风险地区能得到的新居民人数相对较少。Hunter（2005）指出，移民是人们应对自然风险如地震和技术如化学物质泄漏风险损失的一种回应，研究发现环境因素在移民决策中扮演着重要角色，同时也表明风险感知在移民决策中充当着中介因素。Van der Geest、Vrieling 和 Dietz（2010）对加纳的研究发现，迁移与植被覆盖及其趋势之间存在显著但微弱的相关性，移民赤字即迁出多于迁入发生的地区往往是植被稀疏的地区。Gray 和 Bilsborrow（2013）基于地理、气候数据和对厄瓜多尔农村调查数据考察了可选择的迁移形式（本地迁移、内部迁移和国际迁移）的多元事件历史模型，发现不利环境条件并不总是增加农村居民外移，有些情况下还会减少迁移。Lin（2017）利用美国 1970—2000 年的人口普查数据发现，如果一个居住区在 20 世纪 70 年代处于工业区的下风向，那么该居住区在 2000 年会有更多的低技能居民、更低的工资水平和更低的房价，表明空气污染对居住区具有长期负面影响，且高技能的人会选择空气质量好的社区。Mcleman、Moniruzzaman 和 Akter（2018）对 44 名新近从孟加拉国达卡移民加拿大多伦多的技术工人的调查数据进行了分析，其中 70% 的新移民认为空气污染和水污染问题、卫生问题、缺乏绿地以及食品掺假问题是决定移民的相关考虑因素。大约有 16% 的人表示，他们离开的主要动机是污染，因为他们的家庭成员患有可追溯原因至空气污染或卫生条件差的疾病。另有54%的人表示，达卡的环境问题对他们的决定有一定影响。研究结果表明，目前向加拿大进行的移民与孟加拉国境内发生的环境移民无关，但城市环境问题与其他社会、经济和政治因素相结合，推动了移民。

近年来，环境移民或环境迁移也越来越引起国内学者重视。洪大用、范叶超和李佩繁（2016）对研究环境因素对于迁移决策的影响的文献进行了非常详细的回顾和述评；此外，环境迁移意向还会受到个体经济情况、个人行为适应能力、对政府环保工作的信心或预期以及个体特征属性等因素的影响。冯雪红和聂君（2013）在研究宁夏回族生态移民迁移意愿时发现，水资源的充足性会削弱迁移意愿，而生态环境越差，迁移意愿越强。刘呈庆、魏玮和李萱（2015）在研究生态高危区预防性移民迁移意愿时发现，环境风险认知因素对移民意愿存在显著的正向影响，即对周围灾害认知越全面，搬迁的意愿越强烈。席鹏辉和梁若冰（2015）采用2005—2012年我国地级市样本数据和2004—2011年重点城市的空气污染指数API数据，通过模糊断点回归发现，具有环保模范称号的城市显著增加了住宅销售面积，间接发现了环境改善增加外来移民的证据，这表明中国地区间已经存在环境移民现象。楚永生、刘杨和刘梦（2015）利用省级面板数据研究发现，空气污染会阻碍高技能劳动者空间聚集，在环境质量较好的情况下，高异质性劳动力呈现出空间区域聚集趋势，而当区域环境污染程度上升到一定值时，污染会导致专业化人才流失。洪大用、范叶超和李佩繁（2016）分析了通过北京市的电话调查获取的308位受访对象数据发现，环境污染是导致移民的因素之一，雾霾的加剧导致部分居民萌生迁出意愿，但是这种意愿受到行为模式以及对政府治理雾霾信心的影响。李明和张亦然（2018）将来华留学生对国内高校—城市的选择视为空间迁移，研究发现当城市年均空气污染指数上升或年均污染天数增加时，辖区内高校在校留学生数减少，且自费来华留学生对空气污染敏感性高于政府奖学金学生。该研究在理论上为检验蒂伯特模型提供了中国证据，人们会通过“用脚投票”的方式流向社会治理更好的地方。Qin和Zhu（2018）以城市为单位，利用网络搜索移民指数作为移民意愿代表，发现空气质量指数AQI每增加100分，第二天搜索移民指数将增加2.3%~4.8%，尤其是在AQI指数达到重度污染和严重污染时，该效应更加显著。这表明空气污染程度加重期间，中国城镇居民搜索移民的频次显著增加，显示出更高的国际移民倾向。

综上不难发现，现有研究对空气质量或污染基本上都是只考虑客观存在的环境指标，较少考虑到社会民众对空气污染的风险感知。空气污染作用于社会民众需要有一个转化过程，那就是民众自身的环境认知及其对空气污染的感知，最终起作用的往往是民众的污染感知（Ferrer - I - Carbonell & Gowdy，2007；Hunter，2005）。虽然有少量研究分析个体基于环境风险感知所做出的系列决策，包括迁移意愿等，但研究在具体量化方面并不完善。如程德年等（2016）在研究城市外来人口的社会融入问题时，从个体的主体性出发，发现负能量的风险感知（环境污染严重）对城市外来人口的社会融入具有负向影响，也就是差的环境影响了人们的迁移意愿。同时，他们还发现旅游同样受到游客对旅游地环境风险感知的影响，如北京雾霾导致游客的减少等。此外，现有研究还缺乏关于民众对政府治理空气污染信心的探讨，亦即缺乏探讨对空气质量未来的预期对迁移意愿的影响，而不同的预期会对人的行为产生巨大差异。这些问题的存在，凸显了开展本研究的必要性和重要性。本节探析空气质量或污染对公众迁移活动的影响，为社会决策者制定空气污染治理和经济发展政策提供参考与借鉴。

7.3 研究设计

7.3.1 数据来源

本研究数据来源于西南民族大学经济学院课题组在2017年12月至2018年2月所展开的环境污染认知与改善意愿调查。设计调查问卷历时近3个月，课题组成员就问卷整体架构、板块构成、问题设计、回答选项一一展开讨论。初稿设计完成之后，课题组成员进行了预调查，并针对预调查中发现的问题对问卷进行修订。本次调查基于调查的可行性和经费限制考虑，以21个省会城市和经济特区为总体样本框[①]，调查的具体方式是在各城市主要标志性建筑地标段进行街头随机拦截并面对面访问，最终调查了1134份有效问卷。为了确保调查质量，我们对调查的每一个环节实行了严格的质量控制。质量控制包括调查员的质量控制、调查实施过程中的质量控制和资料整理阶段的质量控制。参与本次入户调查的调查员主要是西南民族大学经济学院的本科生和部分研究生。调查准备阶段，课题组对调查员进行了严格培训，主要包括问卷内容与访问现场技巧两个方面。问卷内容培训主要是通过培训让调查员熟悉问卷内容，让调查员对问卷有一个精准的把控。访问现场技巧培训包括如何与访问对象进行有效沟通并取得对方信任，以简便快捷地获取有效信息。在调查实施过程中，课题组为每支调查队伍配备一名领队，领队担任现场技术指导，指导调查员进行调查问卷的现场相互审核、完成调查问卷的初审，问卷再由领队进行二次审核。如对调查问卷有疑问，需当面核实，以保证调查质量。调查结束后，经过两次审核的问卷交回西南民族大学经济学院计算机实验室，由问卷录入员统一录入。为了保证录入的准确性，数据采取双人分别录入模式，即对同一份问卷分别让两个录入员各自录入一次，并对比两次录入的数据以确保录入数据与原始问卷的数据一致。录入完成后，由课题组对数据进行清理工作，对出现逻辑错误的地方通过与原始问卷核对或电话回访的方式进行修改。因此，本次调查的数据具有较高的可靠性。

7.3.2　变量测量

迁移意愿：由于实际迁移的客观数据往往难以获取，因此本研究主要考察迁移意愿。具体来讲，本节主要研究的是因污染空气质量差是否会导致居民选择空气质量好的城市居住或者在空气质量好的城市寻找工作，即由所在地空气环境状况因素诱导的居民居住迁移意愿或工作迁移意愿。问

---

① 东北地区包括哈尔滨市、沈阳市和长春市；华北地区包括北京市、济南市、南京市和石家庄市；华中地区包括武汉市和长沙市；华东地区包括上海市、合肥市和福州市；华南地区包括广州市、南宁市和深圳市；西南地区包括成都市、贵阳市、昆明市和重庆市；西北地区包括乌鲁木齐市和西宁市。

卷中询问了如下问题："您是否会因为空气质量差而换到其他空气质量好的城市居住或在空气质量好的城市寻找工作?"答案设置了"是"和"否"，回答为"是"的我们可以认为具有环境迁移意愿，定义为1，而回答为"否"的定义为0。我国城镇居民环境迁移意愿的具体分布情况见图7-1。总体上来看，有32.71%的受访者表示会由于空气质量的因素考虑迁移，迁移意愿比较高。

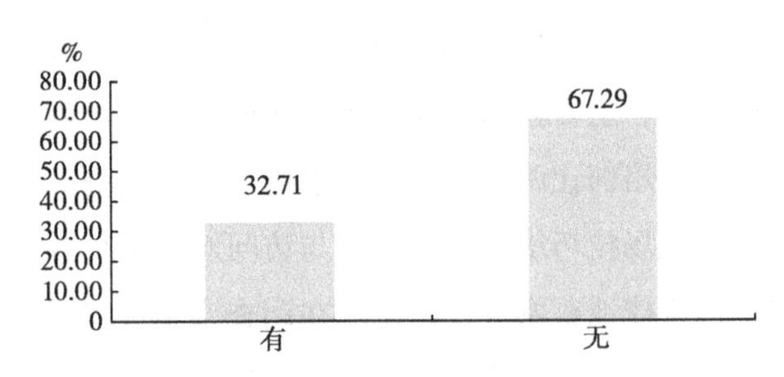

图7-1 我国城镇居民环境迁移意愿分布情况

我们将从以下三个方面描述环境变量：第一，受访者对居住地空气质量的自我总体评价。基于调查问题"您对居住地空气质量的总体评价?"，回答选项包括"非常差""比较差""一般""较好""非常好"，将问题对应的变量定义为空气质量感知，分别赋值为5、4、3、2、1。第二，受访者对本地未来空气质量的预期，也在一定程度上反映了对政府空气质量治理的信心。基于调查问题"您预期本地未来空气质量会如何变化?"，回答选项包括"会越来越差""与近期差不多（不太会显著改善或恶化）""会逐渐变好""很难说"，将问题对应的变量定义为空气质量预期，按照4个回答选项设置了4个虚拟变量，将"与近期差不多"作为参照组，其余3个虚拟变量进入模型。第三，居住地空气质量的客观数据情况，要求调查员记录调查当天调查地最近监测站的污染指标浓度，以AQI指标代表调查当天实际空气质量指标。

为尽量消除变量遗漏带来的估计偏差，本节也尽可能地控制了其他变量，包括受访者人口学、社会经济特征，具体有性别、宗教信仰、年龄、健康状况、教育状况、主观幸福感、家庭收入情况等，当然也控制了代表诸如文化底蕴、地理环境等相对不变且难以观测的区位变量。研究变量的具体定义与描述统计见表7－1。

表7－1 研究变量的具体定义与描述统计

变量	变量说明	样本量	均值	标准差	最小值	最大值
被解释变量						
迁移意愿	您会因空气质量变差而换到其他空气质量好的城市居住或在空气质量好的城市寻找工作定义为1，否则定义为0	914	0.3271	0.4694	0	1
核心解释变量						
空气质量感知	您对居住地空气质量的总体评价，1～5分别代表非常好、较好、一般、比较差、非常差	1134	3.0582	0.9480	1	5
空气质量预期	预期本地未来空气质量					
变差	会越来越差＝1，其他＝0	1133	0.3380	0.4733	0	1
不变	与近期差不多＝1，其他＝0	1133	0.2877	0.4529	0	1
变好	会逐渐变好＝1，其他＝0	1133	0.2198	0.4143	0	1
很难说	很难说＝1，其他＝0	1133	0.1545	0.3615	0	1
调查当天实际空气质量	距离调查地点最近监测站AQI指数	1134	96.4312	65.3821	12	408
控制变量						
性别	女性＝1，男性＝0	1130	0.4761	0.4996	0	1
宗教信仰	有宗教信仰＝1，无＝0	1131	0.1760	0.3809	0	1
年龄	您的年龄	1102	33.6470	13.6474	12	83
健康状况	与同龄人相比，您觉得自己的健康状况怎么样，1、2、3分别表示非常好、一般、差	1118	1.7424	0.5892	1	3
教育状况	1～7分别表示文盲、小学、初中、高中或中专、大学专科、大学本科、硕士及以上	1134	4.6305	1.3725	1	7
主观幸福感	1～5分别表示非常不快乐、比较不快乐、一般、比较快乐、非常快乐	1132	3.5062	0.8715	1	5

续表

变量	变量说明	样本量	均值	标准差	最小值	最大值
家庭收入情况	1~5分别表示家庭年收入2万元以下、2万~5万元、5万~10万元、10万~50万元、50万元以上	1126	3.0231	1.0230	1	5
东部	样本属于东部省份=1，其他=0	1134	0.3386	0.4735	0	1
中部	样本属于中部省份=1，其他=0	1134	0.1543	0.3614	0	1
西部	样本属于西部省份=1，其他=0	1134	0.3748	0.4843	0	1
东北部	样本属于东北部省份=1，其他=0	1134	0.1323	0.3389	0	1

7.3.3 实证模型设计

基于本节的研究目的，设计实证模型为：

$$Migration\_\ intention_i = \alpha_0 + \delta E_i + \beta X_i + \mu_i \qquad (7-1)$$

其中，$Migration\_\ intention_i$ 表示第 i 个受访者的迁移意愿，E_i 为第 i 个受访者所面临的环境因素向量，本节中其包括空气质量感知、本地空气质量未来预期、客观空气质量等三类，X 为其他控制变量。

鉴于模型中的被解释变量取值为0、1离散数字，本节选用了目前探讨这类变量的常用的计量模型——线性概率模型（Linear Prability Model）、逻辑斯蒂模型（Logit Model）和概率单位模型（Probit Model），通过对比分析以考察研究结果的可靠性。

7.4 结果分析

我们先进行了单因素方差分析，以比较拥有不同特质如性别、宗教信仰、年龄、教育状况、健康状况等居民的迁移意愿差异情况，具体结果见表7-2。

表7-2 不同特征属性的迁移意愿

项目		样本数	均值	标准差	F 值/p 值
性别	男	482	0.3237	0.4684	0.01/0.9118
	女	428	0.3271	0.4697	
宗教信仰	无	744	0.3145	0.4646	2.75/0.0975 *
	有	168	0.3810	0.4871	
年龄	20岁及以下	126	0.3333	0.4733	1.54/0.1877
	21~30岁	291	0.3505	0.4780	
	31~40岁	219	0.3516	0.4786	
	41~50岁	148	0.3311	0.4722	
	51岁及以上	106	0.2264	0.4205	
健康状况	差	72	0.4681	0.5033	4.37/0.0129 **
	一般	536	0.3134	0.4643	
	非常好	295	0.3220	0.4680	
教育状况	初等教育	223	0.2780	0.4490	2.25/0.1058#
	中等教育	223	0.3139	0.4651	
	高等教育	468	0.3568	0.4796	
家庭经济情况	2万元以下	75	0.4533	0.5012	1.89/0.1109#
	2万~5万元	204	0.3088	0.4631	
	5万~10万元	276	0.2935	0.4562	
	10万~50万元	323	0.3251	0.4691	
	50万元以上	29	0.3793	0.4938	
主观幸福感	非常不快乐	24	0.6250	0.4945	2.96/0.0190 **
	比较不快乐	64	0.3906	0.4917	
	一般	314	0.3217	0.4679	
	比较快乐	431	0.3086	0.4624	
	非常快乐	79	0.3038	0.4628	
区域	东部	303	0.2871	0.4532	8.44/0.0000 ***
	中部	139	0.1871	0.3914	
	西部	336	0.3839	0.4871	
	东北部	136	0.4181	0.4952	

续表

项目		样本数	均值	标准差	F 值/p 值
空气质量感知	非常差	72	0.5417	0.5018	5.18/0.0004***
	比较差	204	0.3529	0.4791	
	一般	375	0.2773	0.4483	
	较好	240	0.3250	0.4694	
	非常好	23	0.2609	0.4490	
空气质量预期	变差	322	0.3696	0.4834	1.83/0.1400
	不变	255	0.2784	0.4491	
	变好	215	0.3302	0.4714	
	很难说	121	0.3140	0.4661	
AQI 等级	优	172	0.3081	0.4631	1.68/0.1518
	良	394	0.3020	0.4597	
	轻度污染	247	0.3725	0.4844	
	中度污染	37	0.2432	0.4350	
	重度污染及以上	64	0.4063	0.4950	

注：*** 代表 $p<0.01$，** 代表 $p<0.05$，* 代表 $p<0.1$，#代表 $p<0.15$。

由表 7-2 的显著性结果可以得知，不同性别、不同年龄段、拥有不同的空气质量预期类型和面对不同的 AQI 等级的居民在迁移意愿方面并不存在显著差异。尤其是后两个因素令人感到意外，虽然预期空气质量“变差”的居民的迁移意愿最高，为 36.96%，但预期“变好”的居民的迁移意愿也达到了 33.02%，而且在统计上不显著，也就意味着对当地空气质量未来的预期没能成为迁移意愿的影响因素。而拥有不同特质如宗教信仰、健康状况、教育状况、家庭经济情况、主观幸福感、区域、空气质量感知等方面的居民的迁移意愿具有显著差异，至少在 15% 的水平下统计显著。感知到空气质量“非常差”和“比较差”的居民，其平均迁移意愿分别达到了 54.17% 和 35.29%，而感知“非常好”的居民的平均迁移意愿仅为 26.09%。健康状况的结果与预期较为一致，在自我健康评价为“差”的 72 人中，有 46.81% 表示有迁移意愿，健康评价为“一般”和“非常好”的人群的迁移意愿分别为 31.34% 和 32.20%。总之，基于表 7-2 我们可以看到环境污染因素确实会影响迁移意愿，同时也有很多其他因素会导致迁移意愿差异的产生，然而单因素方差分析只是就两个变量的关系进行单独分析，没能很好地控制其他因素之间的差异带来的影响，因此，接下来我们建立多元回归模型以进一步探讨它们之间的关系。

我国城镇居民迁移意愿影响因素估计结果见表7-3，第1列为普通最小二乘法估计的线性概率模型系数，第2列和第3列分别是逻辑斯蒂模型估计系数和均值处的边际效应，第4列和第5列则是概率单位模型的估计系数和均值处边际效应。三种模型估计结果总体上非常一致，无论是影响方向、系数大小还是统计显著性，差异几乎都可以忽略不计。首先分析我们重点关注的环境质量因素，在控制了其他因素后，居民自身对当地空气质量的总体感知变量OLS估计系数为0.0380，而且在5%的水平下统计显著。这表明感知空气质量对居民迁移意愿具有显著影响，具体为感知到的空气质量越差，有迁移意愿的概率越高；平均来看，感知空气质量等级每向差的方向提升1单位，迁移意愿的概率将增加3.8个百分点。其他两类模型的平均概率分别为3.78%和3.83%，所得结果几无差异。在其他条件相同的情况下，对当地空气质量的预期也对居民迁移意愿产生了影响，以预期当地空气质量与现在相比无明显变化为对照组，预期本地空气质量“变差”的居民平均来看相比本地空气质量预期“不变”的居民，有迁移意愿的概率要高7.8个百分点，在10%的水平下统计显著，而逻辑斯蒂模型和概率单位模型的平均边际影响分别为8.09%和8.05%，而且显著性达到了5%；其余预期情况相比预期本地空气质量“不变”均不具有统计显著性，由此表明预期本地空气质量“变差”的影响非常突出。此外，实际空气质量AQI值也对迁移意愿产生了显著影响，OLS估计结果表明，其他情况相同的条件下，AQI指数每增加10单位，有迁移意愿的概率将提升0.5个百分点，其余两个模型的结果表明概率将提升0.4个百分点，均在10%的水平下统计显著。

表7-3　我国城镇居民迁移意愿影响因素估计结果

项目	(1)	(2)		(3)	
	OLS	Logit	margins	Probit	margins
空气质量感知	0.0380**	0.1833**	0.0378**	0.1126**	0.0383**
	(0.0178)	(0.0845)	(0.0172)	(0.0510)	(0.0172)

续表

项目	(1)	(2)		(3)	
	OLS	Logit	margins	Probit	margins
本地空气质量预期“变差”	0.0780 *	0.3927 **	0.0809 **	0.2364 **	0.0805 **
	(0.0401)	(0.1948)	(0.0398)	(0.1171)	(0.0396)
本地空气质量预期“变好”	0.0654	0.3274	0.0674	0.1981	0.0675
	(0.0448)	(0.2189)	(0.0449)	(0.1318)	(0.0447)
本地空气质量预期“很难说”	0.0558	0.2954	0.0609	0.1699	0.0578
	(0.0542)	(0.2651)	(0.0545)	(0.1601)	(0.0544)
当天离调查地最近监测站 AQI	0.0005 *	0.0020 *	0.0004 *	0.0013 *	0.0004 *
	(0.0003)	(0.0012)	(0.0002)	(0.0007)	(0.0003)
性别	0.0083	0.0438	0.0090	0.0305	0.0104
	(0.0321)	(0.1542)	(0.0318)	(0.0932)	(0.0317)
宗教信仰	0.0586	0.2650	0.0546	0.1579	0.0538
	(0.0416)	(0.1973)	(0.0405)	(0.1204)	(0.0409)
年龄	-0.0027 **	-0.0138 **	-0.0028 **	-0.0085 **	-0.0029 **
	(0.0013)	(0.0064)	(0.0013)	(0.0038)	(0.0013)
健康状况	0.0289	0.1462	0.0301	0.0885	0.0301
	(0.0275)	(0.1315)	(0.0270)	(0.0795)	(0.0270)
教育状况	0.0349 ***	0.1731 ***	0.0357 ***	0.1040 ***	0.0354 ***
	(0.0131)	(0.0637)	(0.0129)	(0.0382)	(0.0129)
主观幸福感	-0.0339 *	-0.1561 *	-0.0322 *	-0.0914 *	-0.0311 *
	(0.0191)	(0.0914)	(0.0187)	(0.0552)	(0.0187)
家庭收入情况	-0.0022	-0.0151	-0.0031	-0.0099	-0.0034
	(0.0166)	(0.0794)	(0.0164)	(0.0479)	(0.0163)
中部地区	-0.1573 ***	-0.8728 ***	-0.1798 ***	-0.5224 ***	-0.1779 ***
	(0.0491)	(0.2691)	(0.0544)	(0.1556)	(0.0521)
西部地区	0.0462	0.2146	0.0442	0.1320	0.0449
	(0.0394)	(0.1865)	(0.0383)	(0.1132)	(0.0384)
东北部地区	0.0592	0.2488	0.0512	0.1573	0.0535
	(0.0507)	(0.2337)	(0.0480)	(0.1428)	(0.0485)
常数项	0.1126	-1.7998 ***		-1.1055 ***	
	(0.1350)	(0.6549)		(0.3922)	
Observations	869	869		869	
R^2	0.0691	0.0571		0.0574	

注：括号中数据为标准误；*** 代表 $p<0.01$，** 代表 $p<0.05$，* 代表 $p<0.1$。

其他控制变量方面，在其他情况相同下，尽管性别和宗教信仰的回归系数都为正，但却不具有统计显著性。而年龄变量的影响在 5% 的水平下显著，为 -0.0027，亦即表示年龄越大的居民有迁移意愿的可能性越低，具体来讲，年龄每增加 1 岁，迁移意愿概率将平均下降 0.27 个百分点。这一点比较符合我国实际情况，老年人讲究故土思念、落叶归根，乡愁情结浓厚，对新环境接受和适应较慢，而年轻人相对易于接受新环境、适应能力强，因此具有更高的迁移意愿。同等条件下，受教育程度越高的居民具有越高的迁移意愿，平均来看，教育每提高一个层次，迁移意愿的概率将提高约 3.5 个百分点。受教育程度越高，意味着能力越强，对生活的追求也更高，对当下居住环境可能存在更多不满，导致具有更高的迁移意愿。此外，在当地居住具有较高的幸福感也会降低居民的迁移意愿概率，居住在中部地区的居民平均来看相比于东北部迁移意愿要低约 16 个百分点，而其他区域与东部地区没有显著差异。

7.5　结论与展望

本章利用课题组一手调查数据，考察了空气质量因素对我国城镇居民迁移意愿的影响。通过方差分析和回归分析，得出如下结论：

第一，总体而言，城镇居民具有迁移意愿的比例较高，接近 1/3。

第二，居民自我空气质量感知，即对当地空气质量的自我评价对其环境迁移意愿具有显著的影响，当感知到的空气质量越差时，有迁移意愿的概率越高。对当地空气质量未来预期变差会提高其迁移的概率。实际空气质量 AQI 指数也成为影响其迁移意愿的重要因素之一。

第三，年龄、教育状况、主观幸福感和居住区域等属性特征的差异也会对城镇居民的环境迁移意愿产生显著影响。

近年来，环境问题尤其是空气污染越来越严重，改善空气质量刻不容缓。本章探讨空气质量与居民迁移意愿之间的关系可以在一定程度上进一步帮助社会决策者正确处理经济发展和环境资源的关系。我国是地缘、亲缘社会，人们的故土情结较为浓厚，导致迁移的社会成本高昂，并且迁移后人们往往因思念故土和思念亲人而产生巨大的心理成本。如何有效解决当前空气污染严重而导致的社会民众迁移现象，缓解社会迁移带来的后遗症就摆在了社会决策者面前。

基于本章研究结论提出以下相关政策建议：①树立民众对政府有效治理空气污染的信心。治理空气污染是政府的工作和职责，是造福公众且需要公众配合的公益事业，政府应加强与公众之间的沟通交流，增强双方共同治理空气污染的信心。因此，政府应制订空气污染治理工作计划并公之于众，设立监察部门对空气污染治理工程的完成情况和效果进行实时监测，将治理进程与结果随时向社会民众公布，让社会民众能够随时看见政府的作为，相信政府的治理决心，从而增强民众对政府治理空气污染的信心。②增加政府空气污染治理投资额和提高财政资金使用效率。政府应加大空气污染治理的财政资金投入力度，加强空气污染治理方面的人才培养和引进、相关工作人员专业培训与管理，以提高资金使用效率，使有限的资源在环境污染治理中发挥最大的作用。加大对环境污染的治理力度，改善人们的居住环境，进一步增强我国居民的幸福感。③建立污染预警机制、信息公开发布机制，接受群众监督。利用相关政府服务中心、互联网、通信等信息平台公布与空气污染有关的信息，供群众知晓，并接受公众反馈和建议，利用信息平台与民众进行沟通。例如，将污染治理工作内容与进度公开，使之透明化，让民众看到政府的实质性工作，多接受公众建议，改善工作计划，提高效率；政府应及时发布空气污染实时数据，尤其是在遇到空气污染异常严重的情况时，应当利用电视、广播、网络、通信等平台发布空气污染预警信息，让民众根据空气污染状况采取应对措施。④引导社会民众客观公正评价空气质量和看待其影响。政府应加强普及空气污染知识以及有效防护行为的宣传教育，让社会民众对不同空气污染程度所能造成的社会危害有所了解，使社会民众有较为客观准确的判断能力，并据此做好防护，尽可能降低空气污染带来的伤害。

下篇

政府、企业、公众共治环境污染相互作用的局部均衡与一般均衡分析

第8章 政府与企业共治环境污染相互作用的局部均衡分析

8.1 政府环境污染治理投资

根据国家统计局给出的定义，环境污染治理投资是指“在污染源治理和城市环境基础设施建设的资金投入中，用于形成固定资产的资金”。[①] 根据《中国环境统计年鉴》，环境污染治理投资包括三部分：城市环境基础设施建设投资、工业污染源污染治理投资和建设项目“三同时”环保投资。具体地，城市环境基础设施建设投资包括燃气、集中供热、排水、园林绿化、市容环境卫生。工业污染源治理投资主要是指排放污染物的老企业结合技术改造和清洁生产用于污染防治发生的投资，包括治理废水、废气、固体废物、噪声及其他的投资。建设项目“三同时”环保投资主要是指产生污染物的新建项目、建设与主体生产设施排放污染物的老企业结合技术改造和清洁生产发生的同时设计、同时施工、同时投产的防治污染设施发生的投资。

《中国城市统计年鉴》每年公布地级及以上城市的城市环境基础设施建设投资相关数据。环境统计年报在2008年前公布地级市及以上城市的（环境）污染治理本年投资总额，2008年后公布的环境污染治理投资额中仅有“三废”综合利用产品产值，同时年报公布省级层面的环境污染治理投资、工业污染治理完成投资。环境统计年报也公布建设项目“三同时”

① 资料来源于国家统计局官网，http://data.stats.gov.cn/easyquery.htm? cn=C01。

环保投资数据（逯元堂等，2010）。

虽然中央和部分地方政府陆续设立了大气污染防治专项资金，但治理空气污染涉及能源结构调整、工业转型、天然气管道铺设等各个方面，这些项目都未以大气防治的名义单列在统计年报和预算报告中。中国环境规划院研究员逯元堂在接受记者访问时表示："从财政统计的科目看，看不出钱是投到大气的还是水的，不好算。"记者也没有在任何公开官方数据中查询到资金具体分配到了哪些项目。[①] 因此，城市环境基础设施建设中关于城市排水、集中供热、燃气等方面的投资在一定程度上包含了大气污染的治理。又由于 2008 年后《中国环境统计年鉴》不再细分地公布地级市及以上城市的（环境）污染治理本年投资总额，因此为了能够从更加细分的城市层面来分析课题，我们使用城市环境基础设施建设投资来衡量政府环境污染治理力度或环境规制水平。该方法与郑思齐等（2013）相同。同时，《中国环境年鉴》及《中国统计年鉴》均使用加总燃气、集中供热、排水、园林绿化、市容环境卫生等方面投资的方法来衡量城市环境基础设施建设投资。

与城市环境基础设施建设投资相关的一个概念是"城市维护建设资金支出"。该支出是指用于城市维护和建设的资金支出，具体包括基本建设支出、更新改造支出和维护支出。根据财政部《关于发布〈城市维护建设基金管理办法〉的通知》（财地字〔1996〕239 号）[②]，城市维护建设资金的使用范围主要有两个方面：第一，市政公用设施的维护，包括市政工程设施、园林绿化设施、公共环境卫生设施和其他公共设施；第二，城市维护建设资金在保证上述各项设施得到正常维护的情况下，也可用于有关城市公共设施建设的投资，但城市维护建设资金不得用于城市公共交通、供水、煤气、集中供热、市政工程施工、规划设计等单位的财务开支。与城市环境基础设施建设投资相关的另一个概念是"城市市政公用设施建设固定资产投资"。根据《中国城市建设统计年鉴》，"城市市政公用设施建设

① 资料来源于中国新闻网，http://www.chinanews.com/gn/2014/05－22/6197736.shtml。
② 资料来源于 http://law168.com.cn/xadmin/viewdoc/? id＝165808。

固定资产投资＝供水＋燃气＋集中供热＋轨道交通＋道路桥梁＋排水＋防洪＋园林绿化＋市容卫生＋其他”。

值得说明的是，根据我国目前的环保统计制度，衡量政府环境治理行为的指标均可能存在一些问题。例如，如果使用工业污染源治理投资来衡量政府环境治理行为，根据定义，该指标是指排放污染物的老企业结合技术改造和清洁生产用于污染防治发生的投资，属于企业的行为。虽然不能否认部分企业在没有政府强制性要求下新改建设施以减少污染物排放量，但是企业是追求利润最大化的经济实体，在政府没有规制的情况下是不会自愿新改建设施以降低污染的。如图8－1所示，企业自筹占工业污染治理当年投资来源总额的比例较高且呈增加趋势，这说明工业污染治理投资来源的主体是企业，而不是政府。[1] 因此，我们更倾向于将工业污染源治理投资看成企业行为，而不是政府行为。

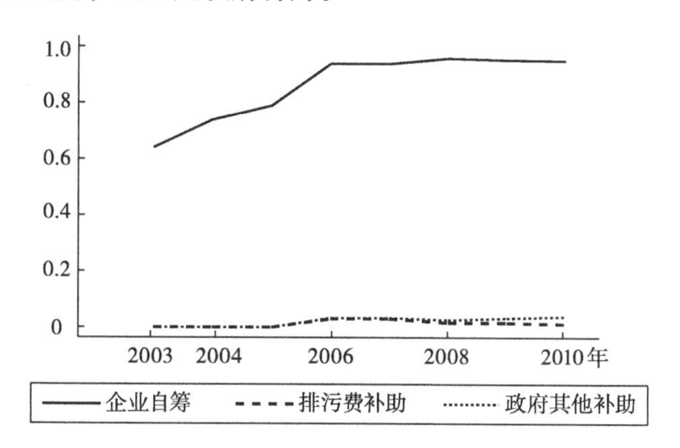

图8－1　2003—2010年企业自筹和补助金额占工业污染治理当年投资来源总额的比例

资料来源：国家统计局。

又如，如果使用建设项目“三同时”环保投资来衡量政府的环境治理行为，根据定义，该变量是指企业新建项目与主体生产设施排放污染物的老企业结合技术改造和清洁生产用于污染防治发生的同时设计、同时施工、同时投产的投资。建设项目“三同时”环保投资的竣工验收工作存在一定的滞后性，许多项目的竣工验收可能需要跨年才能完成，导致其无法

① 原始数据来源于《中国环境统计年鉴》，仅2003年至2010年公布了企业自筹信息。

真实反映建设项目“三同时”环保投资的当年状况（朱建华、逯元堂、吴舜泽，2013）。另外，“三同时”统计的是自项目开工建设到竣工投产累计完成的环保投资额累计值，而不是当年值（逯元堂等，2010）。“三同时”不仅与工业污染源投资一样属于企业行为，更是累计值，因此也不能很好地衡量政府的环境治理行为。在《中国环境统计年鉴》中，有一个统计指标“三废综合利用产品产值”，其定义是指利用“三废”（废液、废气、废渣）作为主要原料生产的产品价值（现行价）。因此，“三废综合利用产品产值”代表企业行为，也不能很好地衡量政府环境治理行为。

综上，本课题使用城市环境基础设施建设投资加上污染源本年投资额作为衡量政府环境污染治理力度的指标，并进行了稳健性检验。关于中国环境统计的发展历程请参见邱琼（2004）的研究分析。

首先，我们来了解一下我国地级及以上城市的城市环境基础设施建设投资各组成部分的历年变化情况（见图 8 - 2）。我们对所有投资金额均以 1997 年为基期利用消费者价格指数进行通货膨胀调整。我国地级及以上城市排水、园林绿化、市容环境卫生、燃气、集中供热等投资额在 2008 年之前并没有显著的改变，一直呈现小幅波动上升趋势。2008 年后，变化最

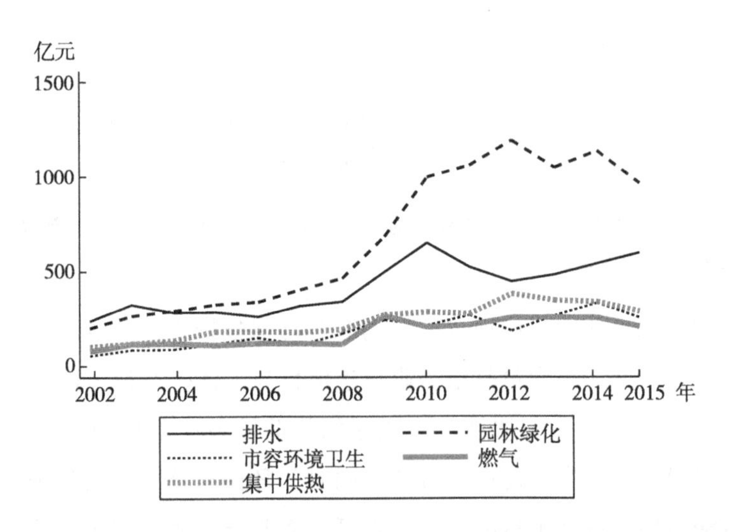

图 8 - 2　2002—2015 年我国地级及以上城市的城市环境基础设施建设投资情况

资料来源：《中国城市建设统计年鉴》。

大、增长最快的是园林绿化投资，其次是排水投资。燃气、市容环境卫生以及集中供热投资额虽然有所增加，但增加的幅度不如排水、园林绿化投资明显。

接下来，我们对比了解一下我国地级及以上城市的城市环境基础设施建设投资和城市市政公用设施建设投资的历年变化情况（见图8-3）。城市环境基础设施建设投资是市政公用设施投资的组成部分，两者均于2008年有明显的增加，但城市环境基础设施建设投资增加的幅度明显小于城市市政公用设施建设投资增加的幅度。

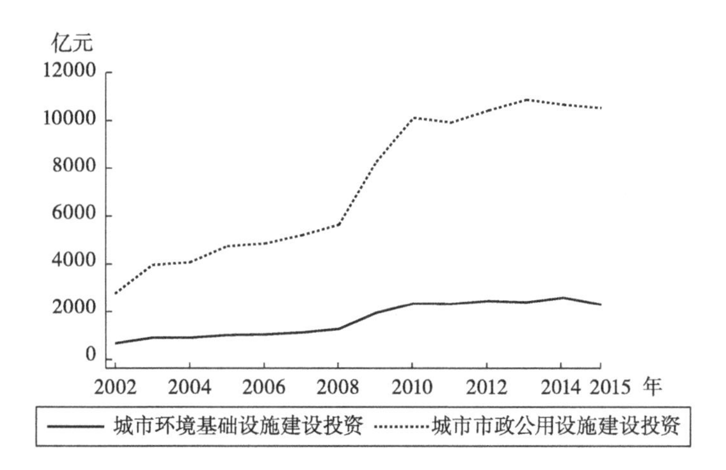

图8-3 2002—2015年我国地级及以上城市的城市环境基础设施建设与城市市政公用设施建设投资情况

资料来源：《中国城市建设统计年鉴》。

图8-4描述了2002—2015年我国地级及以上城市的城市环境基础设施建设投资占城市市政公用设施建设投资的比例与$PM_{2.5}$浓度均值。2002—2005年，城市环境基础设施建设投资占城市市政公用设施建设投资的比例呈显著下降趋势，在2006—2009年呈明显的上升趋势，随后至2015年波动幅度较大。若将此期间全国$PM_{2.5}$浓度均值的变化趋势与城市环境基础设施建设投资占城市市政公用设施建设投资的比例变化联系起来观察，我们不难发现两者呈较为明显的负相关关系。2002—2005年，城市环境基础设施建设投资占城市市政公用设施建设投资的比例下降，全国$PM_{2.5}$浓度均值随即呈上升趋势。而2006—2009年，随着城市环境基础设施建设投资占城

市市政公用设施建设投资比例上升，全国$PM_{2.5}$浓度均值呈现出明显的下降趋势。随后几年，两者负相关关系仍然明显，当城市环境基础设施建设投资占城市市政公用设施建设投资的比例较高时，$PM_{2.5}$浓度均值较低，当城市环境基础设施建设投资占城市市政公用设施建设投资的比例较低时，$PM_{2.5}$浓度均值较高。因此，图8－4说明了政府环境治理力度与空气污染间存在着显著的负相关关系。

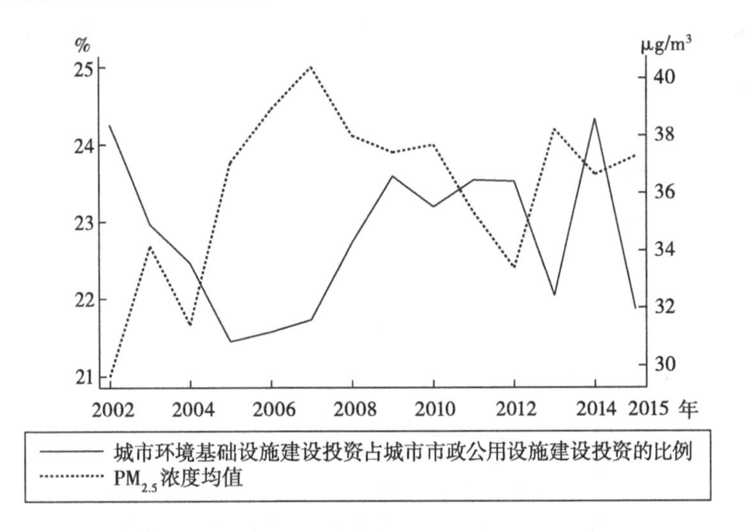

图8－4　2002—2015年我国地级及以上城市的城市环境基础设施建设投资占城市市政公用设施建设投资的比例与$PM_{2.5}$浓度均值

资料来源：《中国城市建设统计年鉴》和NASA。

8.2　企业对政府的议价能力

我们使用五种方法分别衡量了企业对政府的议价能力：其一，企业所缴纳的增值税，使用地级及以上城市市辖区内规模以上工业企业应交增值税来衡量，并以1997年为基期利用消费者价格指数调整通货膨胀并取对数（对所有税收与利润均使用同样方式调整，此后不再赘述）；其二，企业缴纳的主营业务税金及附加，使用规模以上工业企业主营业务税金及附加来衡量；其三，企业缴纳的税金总和，使用前两者加总得到的规模以上工业企业应交税金总额来衡量；其四，规模以上工业企业利润总额；其五，将税金与利润相加得到利税总额。

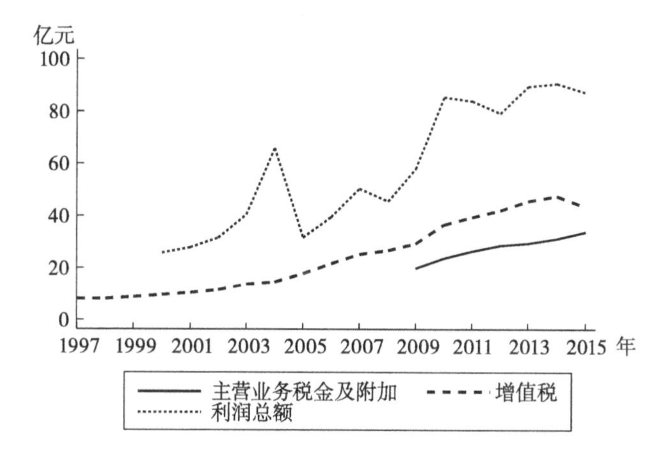

图8-5 1997—2015年我国城市规模以上工业企业主营业务税金及附加、增值税以及利润总额

资料来源：《中国城市统计年鉴》。

图8-5描述了1997—2015年我国城市规模以上工业企业主营业务税金及附加[①]、增值税以及利润总额的变化趋势。规模以上工业企业的利润总额在2000—2015年的变化相对较大，在2003—2004年有一次跃升，但在2005年显著下降，随后至2015年呈波浪式上升趋势。相对而言，规模以上工业企业的增值税与主营业务税金及附加的波动较小且呈逐年上升的趋势。

8.3 政府与企业共治环境污染的局部均衡分析

我们建立政府与企业的局部均衡模型，以研究政府与企业之间共治环境污染的相互制衡机制。式（8-1）表示政府的环境监管以及治理环境污染的措施对企业污染行为的影响，这是政府与企业局部均衡模型中的企业方程；式（8-2）表示企业税金等企业议价能力对政府环境监管和污染治

① 根据《中国城市统计年鉴》对主要统计指标的解释，主营业务税金及附加是指主营业务应该负担的消费税、城市建设维护税、教育费附加等。增值税是指对纳税人生产经营活动的增值额征收的一种间接税，是以商品（含应税劳务）在流转过程中产生的增值额作为计税依据而征收的一种流转税。从计税原理上说，增值税是对商品生产、流通、劳务服务中多个环节的新增价值或商品的附加值征收的一种流转税，在财务核算与统计时，增值税不包括在“税金及附加”中。2016年5月1日，“主营业务税金及附加”科目在新会计准则中已更名为“税金及附加”，四小税种（房产税、土地使用税、车船使用税、印花税）已计入税金及附加科目。

理措施的影响，这是政府与企业局部均衡模型中的政府方程。

$$pollution_{it} = \alpha_{11} + \beta_{11} E_{it} + \beta_{12} Firm\_ \ tax_{it} + X_{1it}' \gamma_{11} + \psi_{1it} \quad (8-1)$$

$$E_{it} = \alpha_{12} + \beta_{12} pollution_{it} + \delta_{12} Firm\_ \ tax_{it} + Z_{1it}' \gamma_{12} + \varepsilon_{1it} \quad (8-2)$$

其中，$pollution_{it}$表示地级市 i 在 t 年的空气污染情况，E_{it}表示政府的环保行为；$Firm\_ \ tax$ 代表企业的议价能力，拟分别使用地级及以上城市市辖区内规模以上工业企业应交增值税、规模以上工业企业主营业务税金及附加、企业缴纳的税金总和、规模以上工业企业利润总额、利税总额等五个变量衡量。X_{1it}与 Z_{1it}是影响空气污染与政府环保行为的其他变量。值得注意的是，政府用于治理污染的财政资金的部分来源就是企业所缴纳的税费。式（8－1）和式（8－2）联立起来表示政府与企业之间相互作用的局部均衡关系。i 表示地级及以上城市，t 表示年，课题组根据数据可得性，使用了《中国城市统计年鉴》2003—2015 年的数据。

本节的安排如下：分别使用 $PM_{2.5}$浓度全年均值、工业“三废”排放量主成分以及包含 $PM_{2.5}$浓度和工业“三废”在内的主成分衡量企业环境污染行为；分别使用城市环境基础设施建设投资以及城市环境基础设施建设投资加上污染源本年投资额作为衡量政府环境污染治理投资力度的指标，估计政府与企业的局部均衡模型。

8.3.1 使用 $PM_{2.5}$浓度和城市环境基础设施建设投资建立局部均衡模型

为了简化所报告的表格，企业对政府的议价能力的五种指标我们在模型中使用简记的方法。其一，地级及以上城市市辖区内规模以上工业企业应交增值税，简记为“增值”（ln*value－added tax*）；其二，规模以上工业企业主营业务税金及附加，简记为“主税”（ln*tax & associate charge*）；其三，企业缴纳的税金总和，简记为“总税”（ln*tot. real tax*）；其四，规模以上工业企业利润总额，简记为“利润”（ln*real profit*）；其五，利税总额，简记为“利税”（ln*rpt*）。

本小节使用 $PM_{2.5}$浓度全年均值（*pm25_ mean*）衡量企业环境污染行为以及使用城市环境基础设施建设投资衡量政府环境污染治理投资力度

(*lnenv. gov.*)，政府与企业共治环境污染局部均衡的回归结果见表8－1。第1列，我们使用地级及以上城市市辖区内规模以上工业企业应交增值税来衡量企业的议价能力，结果显示，在企业$PM_{2.5}$方程中，当企业所缴纳的增值税增加时，$PM_{2.5}$浓度全年均值将增加。这说明企业缴纳的增值税可以形成企业在与政府治理污染过程中的议价能力，从而使企业获得更多的污染物排放许可或默许（认）。从第2列至第6列的结果中我们发现，企业所缴纳的税金总额，企业的利润总额、利税总额同样能形成议价能力。由于样本量较少，工业企业主营业务税金及附加对$PM_{2.5}$浓度全年均值的影响并不显著。我们还发现市辖区实际利用外资金额的对数对$PM_{2.5}$浓度全年均值有显著的正向影响，这意味着当实际利用外资金额增加时，$PM_{2.5}$浓度全年均值将上升。该现象与文献中提出的“污染天堂”假说[①]一致。

在政府治理环境污染方程中，我们发现当$PM_{2.5}$浓度全年均值增加时，政府将增加环境污染治理投资。当然，我们还发现地方一般公共预算支出(*pub financial spending*)与政府环境污染治理投资呈正相关关系。然而，在政府方程中，我们并没有发现企业所缴纳的税金或者企业获得的利润对政府的环境污染治理投资有显著的影响。因此，表8－1中的结果说明，在使用$PM_{2.5}$浓度全年均值作为衡量企业环境污染行为指标以及使用城市环境基础设施建设投资作为衡量政府环境污染治理投资力度指标的情形下，企业的税金与利润并没有对政府的环境污染治理投资造成影响，而企业的税金与利润却为企业获得了在与政府共治环境污染过程中的议价能力，从而获得了排放更多污染物的可能性。

---

① “污染天堂”假说也称“污染避难所”假说或“产业区位重置”假说，该假说的雏形最初是由Copeland和Taylor(1994)在研究北南贸易与环境的关系时提出来的。主要意思是指：如果发达国家实施严格的环境规制，导致企业生产成本增加，那么以利润最大化为目标的企业便会重新考虑它们的生产决策，即污染密集产业的企业倾向于建立在环境标准相对较低的国家或地区，换句话说，环境规制相对宽松的发展中国家或欠发达国家，则成为吸引发达国家污染产业的“避难所”。最终结果也导致发展中国家环境恶化。

表8-1 政府与企业共治环境污染局部均衡：$PM_{2.5}$浓度和城市环境基础设施建设投资

项目	(1)	(2)	(3)	(4)	(5)
	增值	主税	总税	利润	利税
企业方程（因变量：*pm25_ mean*）					
ln*env. gov.*	-1.61 **	-0.73	-1.20	-2.10 ***	-1.68 **
	(-2.10)	(-0.71)	(-1.62)	(-2.76)	(-2.29)
ln*real FDI*	2.31 ***	2.51 ***	2.30 ***	2.26 ***	2.30 ***
	(8.16)	(5.92)	(8.20)	(7.38)	(8.16)
ln*value - added tax*	1.32 ***				
	(3.31)				
ln*tax & associate charge*		0.44			
		(1.47)			
ln*tot. real tax*			0.94 ***		
			(2.58)		
ln*real profit*				1.73 ***	
				(5.14)	
ln*tax and profit*					1.29 ***
					(3.69)
ln*indus & frm pro.*					
Constant	30.8 ***	23.6 ***	27.7 ***	33.7 ***	30.0 ***
	(5.89)	(3.23)	(5.51)	(6.72)	(6.35)
政府方程（因变量：城市环境基础设施建设投资）					
pm25_ mean	0.056 ***	0.060 ***	0.055 ***	0.058 ***	0.055 ***
	(6.21)	(5.07)	(6.33)	(5.66)	(6.10)
pub financial spending	0.80 ***	0.73 ***	0.79 ***	0.84 ***	0.82 ***
	(18.68)	(12.03)	(18.55)	(20.59)	(19.94)
ln*value - added tax*	0.018				
	(0.53)				
ln*tax & associate charge*		-0.0087			
		(-0.32)			
ln*tot. real tax*			0.021		
			(0.71)		

续表

项目	(1)	(2)	(3)	(4)	(5)
	增值	主税	总税	利润	利税
ln*real profit*				-0.037 (-1.13)	
ln*tax and profit*					-0.0033 (-0.11)
ln*indus & frm pro.*					
Constant	-2.14*** (-4.60)	-2.08*** (-3.21)	-2.09*** (-4.71)	-2.61*** (-5.53)	-2.36*** (-5.48)
Year FE	Yes	Yes	Yes	Yes	Yes
N	3078	1679	3081	2732	3044

资料来源：《中国城市统计年鉴》。

注：括号中数据为 t 统计量；** 代表 $p < 0.05$，*** 代表 $p < 0.01$，* 代表 $p < 0.1$；以下相同。

8.3.2 使用工业“三废”和城市环境基础设施建设投资建立局部均衡模型

本小节使用工业“三废”排放量的主成分（*industrial waste*）衡量企业环境污染行为，以及使用城市环境基础设施建设投资衡量政府环境污染治理投资力度（ln*env. gov.*）。政府与企业共治环境污染局部均衡的回归结果见表8-2。与前文的发现一致，在使用工业“三废”排放量的主成分作为衡量企业环境污染行为指标的情形下，地级及以上城市市辖区规模以上工业企业缴纳的增值税、企业的利润总额和利税均对工业“三废”排放有显著的负向影响，说明税金、利润以及利税使企业获得了与政府在共治环境污染中的议价能力，获得了排放更多污染物的可能性。在政府治理环境污染方程中，我们发现当工业“三废”排放增加时，政府将增加环境污染治理投资，不过仅在主营业务税金及附加这个方程中才显著。同时，我们也没有发现地方一般公共预算支出与政府环境污染治理投资呈现出正相关关系。与前文一样，在政府方程中，我们并没有发现企业所缴纳的税金或者企业获得的利润对政府的环境污染治理投资有显著的影响。

表 8-2 政府与企业共治环境污染局部均衡：工业“三废”和城市环境基础设施建设投资

项目	(1) 增值	(2) 主税	(3) 总税	(4) 利润	(5) 利税
企业方程（因变量：工业“三废”）					
ln*env. gov.*	0.82*** (10.19)	0.97*** (8.75)	0.91*** (11.32)	0.97*** (11.78)	0.94*** (11.74)
ln*real FDI*	-0.095*** (-3.19)	-0.069 (-1.48)	-0.098*** (-3.19)	-0.10*** (-3.14)	-0.099*** (-3.21)
ln*value-added tax*	0.22*** (5.24)				
ln*tax & associate charge*		-0.035 (-1.09)			
ln*tot. real tax*			0.14*** (3.45)		
ln*real profit*				0.096*** (2.65)	
ln*tax and profit*					0.10*** (2.69)
ln*indus & frm pro.*					
Constant	-7.09*** (-12.99)	-9.34*** (-11.71)	-7.78*** (-14.26)	-8.34*** (-15.35)	-8.16*** (-15.76)
政府方程（因变量：城市环境基础设施建设投资）					
industrial waste	42.1 (0.13)	1.97** (2.54)	9.83 (0.58)	10.8 (0.48)	10.3 (0.53)
pub financial spending	-24.4 (-0.13)	-0.65 (-1.03)	-5.90 (-0.50)	-7.13 (-0.43)	-6.50 (-0.47)
ln*value-added tax*	-11.8 (-0.13)				
ln*tax & associate charge*		0.062 (1.09)			

续表

项目	(1) 增值	(2) 主税	(3) 总税	(4) 利润	(5) 利税
ln*tot. real tax*			-1.82 (-0.55)		
ln*real profit*				-1.53 (-0.46)	
ln*tax and profit*					-1.57 (-0.50)
ln*indus & frm pro.*					
Constant	312.5 (0.13)	19.0** (2.24)	80.8 (0.57)	95.9 (0.47)	89.3 (0.52)
Year FE	Yes	Yes	Yes	Yes	Yes
N	3066	1664	3069	2722	3032

8.3.3　使用 $PM_{2.5}$浓度、工业“三废”和城市环境基础设施建设投资建立局部均衡模型

本小节使用 $PM_{2.5}$浓度和工业“三废”排放量的主成分衡量企业环境污染行为，以及使用城市环境基础设施建设投资衡量政府环境污染治理投资力度，表 8－3报告了政府与企业共治环境污染局部均衡模型。我们发现，企业的税金、利润或者利税在这样的模型设定中对企业污染物排放量没有显著的影响，说明在当前的模型设定下，企业的税金等在相同情况下并不能为企业在与政府共治环境污染过程中获得更多的议价能力。因此，企业与政府共治环境污染的局部均衡似乎存在不太稳定的可能。接下来，我们将继续使用不同的企业环境污染指标或不同的政府环境污染治理投资指标等检验政府与企业共治环境污染局部均衡的稳健性。

表8-3　政府与企业共治环境污染局部均衡：$PM_{2.5}$浓度、工业“三废”和城市环境基础设施建设投资

项目	(1)	(2)	(3)	(4)	(5)
	增值	主税	总税	利润	利税
企业方程（因变量：$PM_{2.5}$浓度和工业“三废”）					
ln*env. gov.*	0.78*** (9.94)	0.81*** (7.49)	0.81*** (10.57)	0.87*** (10.98)	0.82*** (10.78)
ln*real FDI*	-0.13*** (-4.64)	-0.11** (-2.37)	-0.14*** (-4.66)	-0.14*** (-4.49)	-0.13*** (-4.55)
ln*value - added tax*	0.064 (1.57)				
ln*tax & associate charge*		-0.015 (-0.46)			
ln*tot. real tax*			0.036 (0.96)		
ln*real profit*				-0.0030 (-0.09)	
ln*tax and profit*					0.020 (0.56)
ln*indus & frm pro.*					
Constant	-6.31*** (-11.82)	-7.37*** (-9.45)	-6.55*** (-12.56)	-7.01*** (-13.38)	-6.67*** (-13.57)
政府方程（因变量：城市环境基础设施建设投资）					
pollution_ pca3	-2.88* (-1.80)	11.6 (0.43)	-3.18* (-1.67)	-2.97 (-1.61)	-3.19 (-1.60)
pub financial spending	2.37*** (2.84)	-5.91 (-0.37)	2.66** (2.51)	2.68** (2.40)	2.71** (2.37)
ln*value - added tax*	0.44** (2.07)				
ln*tax & associate charge*		0.077 (0.22)			
ln*tot. real tax*			0.34* (1.83)		

续表

项目	(1)	(2)	(3)	(4)	(5)
	增值	主税	总税	利润	利税
ln*real profit*				0. 18 (1. 61)	
ln*tax and profit*					0. 28 * (1. 74)
ln*indus & frm pro.*					
Constant	−19. 5 * (−1. 91)	90. 7 (0. 42)	−22. 8 * (−1. 78)	−22. 9 * (−1. 70)	−23. 5 * (−1. 70)
Year FE	Yes	Yes	Yes	Yes	Yes
N	3053	1657	3056	2709	3019

8. 3. 4　稳健性检验：$PM_{2.5}$ 浓度与城市环境基础设施建设投资 + 污染源本年投资额

本小节使用 $PM_{2.5}$ 浓度全年均值（*pm25_ mean*）衡量企业环境污染行为以及使用城市环境基础设施建设投资加上污染源本年投资额（ln*env. tot. inv.*）衡量政府环境污染治理投资力度。稳健性检验：政府与企业局部均衡的估计结果见表 8 −4。与仅使用城市环境基础设施建设投资衡量政府环境污染治理投资力度的估计结果相同，我们发现地级及以上城市市辖区规模以上工业企业缴纳的增值税、企业的利润总额和利税均对工业“三废”排放有显著的负向影响，说明税金、利润以及利税为企业获得了议价能力。与前文一致，我们还发现市辖区实际利用外资金额的对数对 $PM_{2.5}$ 浓度全年均值有显著的正向影响。

表 8 −4　稳健性检验：政府与企业局部均衡（$PM_{2.5}$ 浓度、城市环境基础设施建设投资 + 污染源本年投资额）

项目	(1)	(2)	(3)	(4)	(5)
	增值	主税	总税	利润	利税
企业方程（因变量：*pm25_ mean*）					
ln*env. tot. inv.*	−1. 42 * (−1. 92)	−0. 60 (−0. 63)	−1. 07 (−1. 46)	−1. 90 *** (−2. 62)	−1. 52 ** (−2. 10)

续表

项目	(1)	(2)	(3)	(4)	(5)
	增值	主税	总税	利润	利税
lnreal FDI	2. 30 *** (7. 86)	2. 49 *** (6. 01)	2. 29 *** (7. 81)	2. 26 *** (7. 27)	2. 30 *** (7. 85)
lnvalue - added tax	1. 41 *** (3. 48)				
lntax & associate charge		0. 53 (1. 62)			
lntot. real tax			1. 06 *** (2. 79)		
lnreal profit				1. 84 *** (5. 39)	
lntax and profit					1. 40 *** (3. 87)
lnindus & frm pro.					
Constant	31. 1 *** (5. 19)	23. 1 *** (2. 86)	28. 0 *** (4. 71)	34. 6 *** (6. 05)	30. 6 *** (5. 51)
政府方程（因变量：城市环境基础设施建设投资 + 污染源本年投资额）					
pm25_mean	0. 071 *** (7. 47)	0. 062 *** (5. 43)	0. 070 *** (7. 59)	0. 072 *** (6. 62)	0. 071 *** (7. 36)
pub financial spending	0. 82 *** (18. 15)	0. 77 *** (13. 03)	0. 79 *** (17. 67)	0. 87 *** (20. 22)	0. 83 *** (19. 00)
lnvalue - added tax	0. 019 (0. 54)				
lntax & associate charge		0. 038 (1. 42)			
lntot. real tax			0. 044 (1. 40)		
lnreal profit				-0. 029 (-0. 84)	
lntax and profit					0. 012 (0. 38)

续表

项目	(1) 增值	(2) 主税	(3) 总税	(4) 利润	(5) 利税
ln*indus & frm pro.*					
Constant	−1.28*** (−2.65)	−1.18* (−1.89)	−0.99** (−2.15)	−1.78*** (−3.66)	−1.37*** (−3.07)
Year FE	Yes	Yes	Yes	Yes	Yes
N	3132	1704	3135	2783	3098

8.3.5　稳健性检验：工业“三废”与城市环境基础设施建设投资 + 污染源本年投资额

本小节使用工业“三废”排放量的主成分（*industrial waste*）衡量企业环境污染行为，以及使用城市环境基础设施建设投资 + 污染源本年投资额（ln*env. tot. inv.*）衡量政府环境污染治理投资力度。稳健性检验：政府与企业局部均衡的估计结果见表 8 −5。与仅使用城市环境基础设施建设投资衡量政府环境污染治理投资力度的估计结果相同，我们发现地级及以上城市市辖区规模以上工业企业缴纳的增值税、企业的利润总额和利税均对工业“三废”排放有显著的负向影响，说明税金、利润以及利税为企业获得议价能力。有一点不同的是，地级及以上城市市辖区规模以上工业企业主营业务税金及附加的负向影响由不显著变为了显著，同时实际利用外资金额的对数相对于其他方程而言也并不显著，这有可能是主营业务税金及附加的样本相对较少的缘故。

表 8 −5　稳健性检验：政府与企业局部均衡（工业“三废”、城市环境基础设施建设投资 + 污染源本年投资额）

项目	(1) 增值	(2) 主税	(3) 总税	(4) 利润	(5) 利税
企业方程（因变量：工业“三废”）					
ln*env. tot. inv.*	0.80*** (10.79)	0.92*** (9.55)	0.91*** (12.01)	0.95*** (12.76)	0.94*** (12.54)

续表

项目	(1)	(2)	(3)	(4)	(5)
	增值	主税	总税	利润	利税
ln*real FDI*	-0.12***	-0.066	-0.13***	-0.13***	-0.13***
	(-4.00)	(-1.56)	(-4.14)	(-4.01)	(-4.24)
ln*value - added tax*	0.20***				
	(4.99)				
ln*tax & associate charge*		-0.081**			
		(-2.46)			
ln*tot. real tax*			0.098**		
			(2.53)		
ln*real profit*				0.062*	
				(1.77)	
ln*tax and profit*					0.067*
					(1.76)
ln*indus & frm pro.*					
Constant	-8.02***	-10.2***	-9.01***	-9.47***	-9.40***
	(-13.39)	(-12.47)	(-14.70)	(-16.14)	(-16.21)
政府方程（因变量：城市环境基础设施建设投资+污染源本年投资额）					
industrial waste	93.5	2.08**	14.1	15.7	15.4
	(0.08)	(2.56)	(0.51)	(0.41)	(0.45)
pub financial spending	-54.7	-0.68	-8.76	-10.6	-10.1
	(-0.08)	(-1.04)	(-0.46)	(-0.38)	(-0.41)
ln*value - added tax*	-26.2				
	(-0.08)				
ln*tax & associate charge*		0.11**			
		(1.96)			
ln*tot. real tax*			-2.62		
			(-0.48)		
ln*real profit*				-2.16	
				(-0.39)	

续表

项目	(1)	(2)	(3)	(4)	(5)
	增值	主税	总税	利润	利税
ln*tax and profit*					−2.33 (−0.43)
ln*indus & frm pro.*					
Constant	691.2 (0.08)	21.0** (2.36)	117.2 (0.51)	140.1 (0.41)	135.1 (0.45)
Year FE	Yes	Yes	Yes	Yes	Yes
N	3119	1689	3122	2772	3085

8.3.6　稳健性检验：$PM_{2.5}$浓度、工业“三废”与城市环境基础设施建设投资 + 污染源本年投资额

本小节使用$PM_{2.5}$浓度和工业“三废”排放量的主成分（*pollution_ pca3*）衡量企业环境污染行为，以及使用城市环境基础设施建设投资 + 污染源本年投资额（ln*env. tot. inv.*）衡量政府环境污染治理投资力度。稳健性检验：政府与企业局部均衡的估计结果见表 8 - 6。与仅使用$PM_{2.5}$浓度全年均值或工业“三废”排放量主成分的估计结果不同，我们发现地级及以上城市市辖区规模以上工业企业缴纳的增值税、企业的利润总额和利税均对环境污染综合指标不再有显著的影响。该不稳健的结果再次说明政府与企业间的局部均衡有可能需要第三方的介入。

表 8 - 6　稳健性检验：政府与企业局部均衡（$PM_{2.5}$浓度和工业“三废”、城市环境基础设施建设投资 + 污染源本年投资额）

项目	(1)	(2)	(3)	(4)	(5)
	增值	主税	总税	利润	利税
企业方程（因变量：*pm25_ mean* 和工业“三废”）					
ln*env. tot. inv.*	0.77*** (10.47)	0.77*** (7.93)	0.82*** (11.08)	0.86*** (11.72)	0.83*** (11.36)
ln*real FDI*	−0.16*** (−5.48)	−0.11** (−2.46)	−0.16*** (−5.56)	−0.17*** (−5.35)	−0.16*** (−5.50)

续表

项目	(1)	(2)	(3)	(4)	(5)
	增值	主税	总税	利润	利税
ln*value - added tax*	0.051 (1.28)				
ln*tax & associate charge*		-0.049 (-1.47)			
ln*tot. real tax*			0.0080 (0.21)		
ln*real profit*				-0.027 (-0.80)	
ln*tax and profit*					-0.0073 (-0.20)
ln*indus & frm pro.*					
Constant	-7.28*** (-12.24)	-8.09*** (-9.85)	-7.71*** (-12.91)	-8.07*** (-14.00)	-7.81*** (-13.91)
政府方程（因变量：城市环境基础设施建设投资+污染源本年投资额）					
pollution_ pca3	-3.44** (-1.98)	11.8 (0.44)	-3.72* (-1.85)	-3.40* (-1.78)	-3.76* (-1.77)
pub financial spending	2.70*** (2.98)	-6.01 (-0.38)	2.97*** (2.66)	2.98*** (2.58)	3.05** (2.53)
ln*value - added tax*	0.56** (2.27)				
ln*tax & associate charge*		0.060 (0.18)			
ln*tot. real tax*			0.46** (2.13)		
ln*real profit*				0.25** (1.98)	
ln*tax and profit*					0.38** (2.05)
ln*indus & frm pro.*					

续表

项目	(1)	(2)	(3)	(4)	(5)
	增值	主税	总税	利润	利税
Constant	-22.0**	93.9	-25.0*	-24.9*	-26.3*
	(-1.98)	(0.43)	(-1.85)	(-1.80)	(-1.79)
Year FE	Yes	Yes	Yes	Yes	Yes
N	3106	1682	3109	2759	3072

8.4　本章小结

本章建立政府与企业的局部均衡模型分析共治环境污染过程中相互作用的机理。使用不同的环境污染指标、不同的企业议价能力指标、不同的政府环境污染治理投资力度指标，我们得到了不同的结论。具体地，使用 $PM_{2.5}$浓度全年均值或工业“三废”排放量主成分衡量企业环境污染行为，同时不管使用何种方式衡量政府环境污染治理投资力度，地级及以上城市市辖区规模以上工业企业缴纳的增值税、企业的利润总额和利税均对工业“三废”排放有显著的负向影响，说明税金、利润以及利税为企业获得了与政府在共治环境污染中的议价能力，使其获得了排放更多污染物的可能性。但使用 $PM_{2.5}$浓度和工业“三废”排放量的主成分衡量企业环境污染行为，同时不管使用何种方式衡量政府环境污染治理投资力度，地级及以上城市市辖区规模以上工业企业缴纳的增值税等表示的企业议价能力的影响消失了。该不稳健结果说明，政府与企业共治环境污染过程中有可能还需要第三方公众的介入。公众的介入能否构成政府、企业与公众共治环境污染的一般均衡有待后续篇章进行检验。

第9章　政府与公众共治环境污染相互作用的局部均衡分析

9.1　公众诉求对政府环保行为的影响研究

9.1.1　引言

随着工业化、城市化进程推进，中国环境污染问题越来越突出，引起了党和政府的广泛关注。2015年《政府工作报告》强调，打好节能减排和环境治理攻坚战，环境污染是民生之患、民心之痛，要铁腕治理，推行环境污染第三方治理，做好环保税立法工作，严格环境执法，对偷排偷放者出重拳，让其付出沉重的代价；对姑息纵容者严问责，使其受到应有的处罚。2016年《政府工作报告》指出，加大环境治理力度，推动绿色发展取得新突破。重拳治理大气雾霾和水污染，加大工业污染源治理力度，对排污企业全面实行在线监测，强化环境保护督察，新修订的环境保护法必须严格执行。2017年《政府工作报告》强调，加强生态文明建设，绿色发展取得新进展。开展中央环境保护督察，严肃查处一批环境违法案件，推动了环保工作深入开展。环境污染形势依然严峻，特别是一些地区严重雾霾频发，治理措施需要进一步加强。加大生态环境保护治理力度。加快改善生态环境特别是空气质量，是人民群众的迫切愿望，是可持续发展的内在要求。坚决打好蓝天保卫战，治理雾霾人人有责，贵在行动、成在坚持。党的十九大报告提出，加快生态文明体制改革，建设美丽中国，着力解决突出环境问题。坚持全民共治、源头防治，持续实施大气污染防治行动，打赢蓝天保卫战。构建政府为主导、企业为主体、社会组织和公众共同参与的环境治理体系。2018 年进一步开展中央环保督察，严肃查处违法案件，强化追责问责。2019 年《政府工作报告》指出，污染防治要聚焦打赢蓝天保卫战等重点任务，统筹兼顾、标本兼治，使生态环境质量持续改善。绿色发展人人有责，贵在行动、成在坚持。

环境污染问题也引起了社会各界的广泛关注和忧虑，尤其是雾霾天气的频繁出现，对社会民众的身心健康、生活、工作都造成了巨大影响，由此引发大量居民的环保诉求行为。郑思齐等（2013）综述了发达国家如日本、美国等的经验发现，城市环境治理“自下而上”的推动力不容忽视。事实上中国政府在加强污染治理的同时也在强调人人参与的重要性，不断鼓励公众参与环境治理。蔡定剑（2009）指出公众参与是一种制度化的民主制度，它强调政府应开放地、有诚意地听取并吸纳公众的意见，并认为公众参与的核心环节是政府与公众的互动、公众参与决策和治理的过程。2003 年的《中华人民共和国环境影响评价法》第十一条规定：“专项规划的编制机关对可能造成不良环境影响并直接涉及公众环境权益的规划，应当在该规划草案报送审批前，举行论证会、听证会，或采取其他形式，征求有关单位、专家和公众对环境影响报告书草案的意见。”公众参与的空间限定于规划环评，参与主体、征求意见的对象、具体形式等规定都极其粗疏。相比环评法，2006 年《环境影响评价公众参与暂行办法》有较为详细的规定，但受立法技术等局限，规范公众参与并没有取得实质性进步，之后的实施效果也不甚理想。2014 年修订的《中华人民共和国环境保护法》指出，公民、法人和其他组织发现任何单位及个人有污染环境与破坏生态行为的，有权向环境保护主管部门或者其他负有环境保护监督管理职责的部门举报。公民、法人和其他组织发现地方各级人民政府、县级以上人民政府环境保护主管部门以及其他负有环境保护监督管理职责的部门不依法履行职责的，有权向其上级机关或者监察机关举报。对污染环境、破坏生态、损害社会公共利益的行为，符合条件的社会组织可以向人民法院提起诉讼。同年，我国环保部门也印发《关于推进环境保护公众参与的指导意见》，明确了公众参与的重点领域，包括环境法规和政策制定、环境决策、环境监督、环境影响评价、环境宣传教育等。这五大领域是当前公众关注度高、影响面广、与公众生产生活息息相关的方面，故被列为优先加强环境保护公众参与力度的领域。《关于推进环境保护公众参与的指导意见》确立了五项主要任务：加强宣传动员、推进环境信息公开、畅通公众表达及诉求渠道、完善法律法规和加大对环保社会组织的扶持力度。由于法律的赋权性规定，公众参与获得了合法性，政府决策再也不可能回避公众参与，社会民众和民间环保组织为推动政府加大环境治理力度如环保法律法规出台、污染投资等起到了一定作用，那么事实是否就如想象得那样美好，效果到底如何？尤其是公众参与过程中诉求的表达是否会对政府环境保护行为产生实质性影响？本部分正是基于对这些问题的思考展开分析。

9.1.2 文献综述

国外已有关于公众诉求或者公众参与影响环境治理及政府环境保护行为的研究文献，这也表明学界对于环境污染以及治理问题具有广泛兴趣。Berry 和 Rondinelli（1998）指出，越来越多的国家特别是发达国家将环境质量纳入国际竞争战略中，不管是公民还是政府都将经济发展和环境质量之间的关系看得越来越清楚。公民诉求对政府施压的趋势已经变得明显，公民迫切需要政府确保一个质量好的环境。公民已经将对环境的诉求与收入的增加和教育的传播联系起来。Farzin 和 Bond（2005）建立了空气污染物与经济发展的计量模型，研究民主及其相关自由与政府独权对空气污染物排放的影响效果。结果发现，民主即公众参与可以比在专制政权下更有效地降低污染浓度或减少排放。他们还发现公民的收入、年龄分布以及教育和城市化等其他因素可能会减轻或加剧政治体制对污染的影响，这取决于潜在的社会偏好即公民参与程度以及政府赋予这些偏好的权重。Tsang 等（2009）探讨了信任在中国香港地区环境治理中的作用及其通过公众参与的形式促进集体行动的作用。通过收集香港公众的意见，采用以信任为主的框架，研究香港环境治理的执行者与公众之间的信任关系，并提出决策者在实施公众参与以重建信任时，应采用专业便利的审计策略。Sconfienza（2015）基于 1992 年地球问题首脑会议产生的公众参与环境治理的叙述，提出公众参与能为决策者提供更多更好的信息，以帮助其设计更公平的政策，帮助其在决策的过程中有新的视角、新的价值，并在各种规范的前提下，证明了公众参与的实践是正当的。

国内学者对该领域的研究也呈现出丰富的成果。张翼和卢现祥（2010）在公众参与政府治理空气污染的研究中，运用1997—2008年CO_2排放量省级面板数据，分析公众以信访的形式参与到政府治理中对政府治理的效果是否有显著影响。结果表明，公众信访参与政府治理的联合形式的确对政府治理空气污染有积极作用，但作用是有限的。郑思齐等（2013）采用2004—2009年中国86个城市的面板数据去解析公众诉求对城市环境治理的推动机制。结果表明，公众环境关注度能有效地促进地方政府更加关注环境治理问题，通过环境治理投资、改善产业结构等方式来改善城市的环境污染状况。于文超等（2014）考察了公众诉求与地方官员内在激励对地区环境治理的影响。基于2003—2011年的省级面板数据，以环境信访数、人大代表议案建议数和政协委员提案数等信息构造公众诉求指数，研究发现公众环保诉求将促使地方政府采取更多的环保举措，包括增加污染治理投资、颁布更多的环保法规等；任期越长、年龄越小的省委书记越倾向于颁布更多环保法规推进制度建设；外地晋升（或调任）的省长比来自中央调任或本地晋升的省长更倾向于增加污染治理投资、颁布更多的环保法规。于文超（2015）以1997—2010年中国省级面板数据为研究样本考察了公众诉求与政府干预对环境治理效率的交互影响。研究发现，公众诉求对环境治理效率存在显著正向影响，并且在政府干预能力越弱的地区，公众诉求对环境治理效率的正向影响越强。杨健燕（2015）提出公众与政府共同参与治理环境的基本前提是公众诉求，发现长期以来，公众参与程度低、强度弱，以致环境治理效果并不理想。公众诉求难以持续稳定地影响政府治理是由非均衡的博弈制度安排、松散的非专业的公众组织、软弱的法律支撑等共同导致的。政府应采取健全政府官员治理环境的考核体系、完善公众参与的法律制度等措施来改善这一问题。袁剑文（2015）则提出，在公众参与政府环境治理的过程中要加强公众与政府之间的沟通，以及法律上、信息上的公开透明化有助于双方进一步的交流与合作。韩超等（2016）在考虑城市间策略互动性后发现公众诉求并不会带来环境规制的投入增加，以致无法促进环境的改善。吴建南等（2016）基于2004—2011年省级面板数据，研究了环保考核、公众参与对环境污染治理效果的影响。发现实施“自上而下”的环保考核对改善环境治理有积极影响，省级环保考核目标的完成，对降低 SO_2 这类可见度较高的约束性环境污染物排放有显著影响，对非约束性环境指标（如工业废气）的影响不显著。研究还表明，公众参与在环境治理过程中的重要作用日益凸显，对关乎自身健康、生活质量的约束性环境污染指标和非约束性环境污染物排放均有显著作用。邓彦龙和王旻（2017）在研究公众诉求对政府环境治理的影响时，利用非线性面板门槛模型实证检验了公众诉求对地区环境治理的门槛效用，其结果发现公众诉求对地区环境治理的轨迹呈“V”形，并且还有地区差异，即在东部沿海部分地区有显著影响，但在内陆中西部地区则没有显著影响。张橦（2018）指出环境治理需要社会共治，新媒体技术普及与发展为中国公众参与环境治理提供了新机遇。其利用2011—2015年中国30个省（区、市）的面板数据，实证考察了新媒体视域下公众参与的不同方式对环境治理效果的影响，发现公众通过新媒体渠道参与环境治理的效果显著优于传统渠道，即公众通过电话网络投诉、网络搜索、微博舆论的新媒体渠道促进污染物减排的影响显著高于写信、上访和环保组织的传统参与方式，且在新媒体渠道中网络搜索的效果最佳。公众参与环境治理呈现出区域性特征，从促进污染物减排的效果来看，东部地区新媒体渠道最佳，中部地区传统渠道优势明显，而西部地区各项参与方式均不显著。建议完善公众参与环境监督的新媒体机制，鼓励公众通过新媒体渠道参与环境治理，构建以政府为主导、以企业为主体、公众参与的环境治理体系。涂正革等（2018）梳理公众参与中国环境治理的逻辑，从理论、实践和模式上进行分析，由此提出了环境“三方共治”的关系模型。李治（2018）从激励公众积极参与政府环境治理的方面阐述了目前公众参与环境治理这一机制的问题，并从激励地方政府环境治理、疏通公众诉求渠道、建立问责和监督机制等三方面提出公众诉求下城市环境治理路径。张金阁和彭勃（2018）基于冲突性与治理嵌入性两个维度构建我国环境领域公众参与模式的整体性分析框架，并结合具体案例从形成机理与表现形式、政府行动逻辑与原因以及参与效果分析三个方面分别对四种公众参与模式展开分析研究发现，协作型公众参与模式是未来提升我国环境领域公众参与有效性的可能路径。

综上不难发现，虽然国内学者对公众诉求或公众参与影响环境污染治理进行了大量研究，但是大多数实证研究所使用数据都是基于国家出台《关于推进环境保护公众参与的指导意见》之前的，关于实施该意见之后的情况到底如何我们无从得知。而且相关研究对地方政府环境保护行为的探讨更多地集中在治理投资上，缺乏对环境法律法规、政府环境监管等全面系统的考察。

9.1.3　研究设计

9.1.3.1　数据来源

本小节选择我国的省级行政单位为研究样本单位，收集了 2003—2016 年我国 31 个省（区、市）的面板数据。本小节数据来源比较多，主要有《中国统计年鉴》《中国环境年鉴》《中国环境统计年鉴》、国家统计局网站、北大法意法律法规库和 CEIC 中国经济数据库，并把从各处收集的数据按照省级样本单位和对应年份进行合并。由于个别数据缺失，不同计量分析模型的有效样本会略有差异。

9.1.3.2　变量定义

（1）因变量。本小节因变量为政府环保行为，借鉴张平淡（2018）研究地方政府环保行为作用的方法，从三方面对地方政府环保行为进行测量，具体为环境法治行为、环境监管行为和环境治理行为。环境法治行为参考于文超等（2014）做法：以地方政府每年新颁布的治理环境污染的法律法规数为代表，包括地方性法规、规章、规范性文件以及司法文件等，选择北大法意法律法规库以“环境污染”为关键词检索每年 1 月 1 日至当年 12 月 31 日期间颁布的法律法规数量。环境监管行为我们选用各省（区、市）环境本级行政处罚案件数进行衡量，行政处罚数量代表了各地方政府相关环境保护部门行使监管权力对本辖区内违反相关法律法规行为的处罚量，一定程度上可以反映环保监管力度。环境治理行为选择用各省（区、市）环境污染治理投资额进行衡量。地方政府承担着环境治理的主体责任，是环保投资的主要来源，因此，使用环境污染治理投资额来衡量环境治理行为是可行的。此外，对于上述三种行为，考虑到各地区在经济发展、人口、地域面积等存在较大差异，为消除这些干扰，我们对上述三个变量分别选择了地区生产总值单位化、人口单位化和取对数三种形式。

（2）核心自变量。公众诉求是本小节的核心自变量，在已有文献的基础上我们选择了多种测量方式以捕捉社会公众对环境保护的诉求。首先，对各地区当年环保来信总数、来访人数、来访批次数、承办的人大议案建议数和承办的政协提案数等五个指标进行人口单位化处理。其次，对上述五个指标通过因子分析方法获取了公众民间诉求和公众官方诉求两个因子，同时也借鉴于文超等（2014）的做法通过主成分分析法获取了一个公众诉求指标。最后，考虑到“用脚投票”的可能性，我们进行了有益的尝试。席鹏辉和梁若冰（2015）选择将地区住宅商品房销售面积作为各地区环境移民的代理变量。他们认为，进行“用脚投票”的环境移民将显著增加迁移目的地区住房需求，由于宏观地区能够稳定持续地增加住房供给，那么环境移民变量最终将体现在住宅销售面积变量上。但他们也承认研究这类环境效应时，其实证结果很容易受到内生性的影响，即人口迁移结果可能是由其他社会经济条件造成的，而不是环境质量。借鉴段平忠和刘传江（2012）、李拓和李斌（2015）、颜咏华和郭志仪（2015）的做法，本课题选择劳动力（尤其是高素质劳动力）的净流失量来客观反映公众对环境质量的诉求，具体使用各地区城镇就业人数的变化率来表达劳动力人口流动所折射出的公众诉求。

（3）控制变量。为尽量消除变量遗漏带来的估计偏差，本研究对其他因素进行了控制，具体包括地区经济发展水平（人均 GDP）、地区财政能力［各省（区、市）财政盈余占财政支出的比重］、地区产业结构（第二产业占三次产业总值的比重）。同时也考虑了以单位 GDP 产值下 SO_2 排放量反映地区环境污染水平、以单位人口所对应的地区普通高等学校在校学生数反映地区教育水平情况。变量统计描述见表 9－1。

表9－1　变量统计描述

变量	样本量	平均值	标准差	最小值	最大值
invest_ pc	434	17404. 52	18047. 24	20	141620
punish	401	3322. 377	5126. 895	0	38434
law	465	29. 15484	22. 65972	0	137
demand_ letter	434	12779. 94	17129. 19	16	115392
demand_ head	434	2940. 848	2660. 873	0	16373
demand_ batch	434	2222. 175	1949. 481	0	9896
demand_ npc	465	187. 8688	154. 3171	0	1196
demand_ cppcc	465	265. 3032	323. 5021	0	5567
c_ urban_ em	434	6. 484816	7. 2094	－30. 73	38. 46
pgdp	496	33288. 50	24073. 66	3257. 00	128927. 00
struc2_ t	465	0. 4594028	0. 0841797	0. 192622	0. 6641961
fiscal_ surplus	496	－0. 50098	0. 2030442	－0. 9469818	－0. 0491359
so2_ gdp	464	103. 6114	127. 4772	1. 293773	1065. 601
edu	465	154. 2166	67. 49361	31. 603	356. 4825

9.1.3.3　模型与方法

本小节选择地方政府环境治理投资额、当年颁布环境污染相关的地方性法律法规数和各省（区、市）环境本级行政处罚案件数分别描述政府环境治理行为、环境法治行为和环境监管行为。为了考察公众诉求对地方政府环境保护行为的影响，本小节选用如下实证模型。

$$Gov\_\ EP_{it} = \alpha_0 + \delta Suqiu_{it} + \beta X_{it} + \alpha_i + \mu_{it} \qquad (9-1)$$

其中，$Gov_\ EP_{it}$表示地方政府 i 在 t 年的相关环境保护行为指标，$Suqiu_{it}$是 i 省份第 t 年的公众环保诉求，X_{it}为其他控制变量。为消除一些如地理位置、文化底蕴、习俗等在研究时间段无变化的固定效应的影响，我们利用上述面板数据，构建了固定效应模型（Fixed－effect Model），以消除各省（区、市）的这些不可观测因素（unobserved factors）的影响。除了使用当期自变量构建模型，考虑到公众诉求反馈需要一定的时间和导致政府行为变化有一个过程，我们对模型中的自变量做滞后一期处理，以此反映滞后效应和减弱内生性影响。

9.1.4 实证分析

9.1.4.1 公众诉求对政府环境污染治理行为的影响

本小节以各地区信访、提案数等作为公众诉求指标。公众诉求对政府环境污染治理行为影响的估计结果见表9－2。其中，模型（1）～（3）为所有解释变量的当年值，模型（4）～（6）为所有解释变量的滞后一期值；模型（1）和模型（4）的因变量为单位GDP下的环保投资额，模型（2）和模型（5）的因变量为单位人口下的环保投资额，模型（3）和模型（6）的因变量为环保投资额的对数值。

表9－2 公众诉求对地方政府环境污染治理投资额的影响

项目	(1)	(2)	(3)	(4)	(5)	(6)
	invest_ pc_ gdp	*invest_ pc_ pop*	*linvest_ pc*	*invest_ pc_ gdp*	*invest_ pc_ pop*	*linvest_ pc*
letterd_ pop	2.2537***	12.7586***	0.0167**	2.3369***	13.3082***	0.0144**
	(0.7883)	(3.1359)	(0.0068)	(0.7569)	(3.3024)	(0.0067)
headd_ pop	10.6207*	21.5704	0.0825*	7.7280	17.6937	0.0557
	(5.7107)	(22.7171)	(0.0489)	(5.7762)	(25.2036)	(0.0511)
batchd_ pop	-2.5925	38.7080	-0.0680	13.0994	76.2108*	0.1203#
	(9.5375)	(37.9398)	(0.0817)	(9.2241)	(40.2482)	(0.0815)
npcd_ pop	-26.4917	-417.5361	1.8701#	-201.9466#	-1438.441**	0.8524
	(140.4092)	(558.5409)	(1.2027)	(138.2085)	(603.0558)	(1.2216)
cppccd_ pop	89.3904***	237.1121**	0.9573***	3.0882	9.0977	0.5776**
	(25.0077)	(99.4794)	(0.2142)	(25.6093)	(111.7430)	(0.2264)
pgdp	0.0011***	0.0195***	0.0000***	0.0012***	0.0200***	0.0000***
	(0.0003)	(0.0012)	(0.0000)	(0.0003)	(0.0013)	(0.0000)
fiscal_ surplus	24.8517	576.4470**	-0.8456	-82.2613	107.2090	-1.7527***
	(71.4860)	(284.3679)	(0.6123)	(69.0582)	(301.3268)	(0.6104)
struc2_ t	183.5712**	600.6274**	2.7010***	194.8199***	923.0811***	3.2700***
	(72.2891)	(287.5626)	(0.6192)	(69.3411)	(302.5613)	(0.6129)
so2_ gdp	-0.0761*	-0.7199***	-0.0017***	-0.0862**	-0.7166***	-0.0016***
	(0.0411)	(0.1635)	(0.0004)	(0.0357)	(0.1558)	(0.0003)

续表

项目	(1)	(2)	(3)	(4)	(5)	(6)
	invest_ pc_ gdp	invest_ pc_ pop	linvest_ pc	invest_ pc_ gdp	invest_ pc_ pop	linvest_ pc
edu	-0.1272	-2.4668***	0.0046***	-0.1133	-2.2064***	0.0051***
	(0.1289)	(0.5128)	(0.0011)	(0.1141)	(0.4978)	(0.0010)
Constant	32.1775	209.0545	5.7847***	-20.8218	-140.6625	5.1925***
	(56.1503)	(223.3630)	(0.4810)	(53.6728)	(234.1947)	(0.4744)
Observations	402	402	402	433	433	433
R^2	0.1644	0.6616	0.7459	0.1353	0.6135	0.7226
N of prov	31	31	31	31	31	31

注：括号中数据为标准误；*** 代表 $p<0.01$，** 代表 $p<0.05$，* 代表 $p<0.10$，#代表 $p<0.15$；以下相同。

从表9-2中可以看出，无论是哪一种衡量环境污染治理投资力度的因变量，也无论是当期自变量还是滞后一期的自变量结果，人均环保来信数量与人均承办的政协提案数均至少在5%的水平下统计显著为正，人均环保来访人数也在10%的水平下统计显著为正。这表明在其他条件相同的情况下，大多数环境信访相关指标均与环境污染治理投资额正相关，而来自官方的政协环境提案也在一定程度上促使环境污染治理投资额的增加，但人大议案建议数和环保来访批次并不具有统计显著性。

从其他因素方面不难发现，地区经济发展水平和地区财政能力都能增加环境污染治理投资额。另外，工业占比越高的地区环境污染治理投资额就越高。令人意外的是，单位产值下的 SO_2 排放量反而与环境污染治理投资额负相关。

表9-3、表9-4分别是用因子分析方法获取的公众诉求因子与主成分（f_1 为民众民间诉求、f_2 为民众官方诉求、f_{12} 为民众诉求主成分得分）当期和滞后一期的分析结果。从中可以发现，民众民间诉求与环境污染治理投资额具有正相关关系，而且均在5%的水平及更低水平下显著为正，也就是说，民众通过来信来访等方式表达环保诉求能够增加环境污染治理投资。而人大议案建议数、人均承办的政协提案数等虽然系数为正，但不具有统计显著意义。

通过主成分分析法获取的主成分得分变量无论是当期自变量还是滞后一期自变量结果均为正，虽然不同模型的统计显著性水平略有差异，但基本上都在可接受的显著性水平范围内。总的来说，民众环保诉求有促使环境污染治理投资额增加的作用。其他因素的影响与上文基本一致。

表9－3　公众民诉与公众官诉因子以及因子得分对地方政府环境污染治理投资额的影响

项目	(1)	(2)	(3)	(4)	(5)	(6)
	invest_ pc_ gdp	*invest_ pc_ pop*	*linvest_ pc*	*invest_ pc_ gdp*	*invest_ pc_ pop*	*linvest_ pc*
f_1	10.3230**	45.1271**	0.0966**			
	(4.5658)	(18.1159)	(0.0396)			
f_2	3.7044	−4.8539	0.0601			
	(5.1164)	(20.3008)	(0.0443)			
f_{12}				15.9166**	56.2431*	0.1650**
				(7.8438)	(31.2755)	(0.0679)
pgdp	0.0009***	0.0178***	0.0000***	0.0008***	0.0170***	0.0000***
	(0.0003)	(0.0011)	(0.0000)	(0.0003)	(0.0010)	(0.0000)
fiscal_ surplus	−28.2677	290.4299	−1.2353**	−26.6489	304.1136	−1.2281**
	(71.8974)	(285.2705)	(0.6231)	(71.8814)	(286.6128)	(0.6223)
struc2_ t	214.5170***	717.1753**	2.9708***	222.0613***	780.9482***	3.0042***
	(73.3081)	(290.8678)	(0.6353)	(72.9282)	(290.7866)	(0.6313)
so2_ gdp	−0.0756*	−0.6987***	−0.0016***	−0.0803*	−0.7380***	−0.0017***
	(0.0424)	(0.1681)	(0.0004)	(0.0421)	(0.1679)	(0.0004)
edu	−0.0613	−2.0032***	0.0053***	−0.0741	−2.1119***	0.0052***
	(0.1280)	(0.5080)	(0.0011)	(0.1274)	(0.5079)	(0.0011)
Constant	6.7139	69.0810	5.6097***	9.3702	91.5355	5.6215***
	(56.0424)	(222.3621)	(0.4857)	(55.9821)	(223.2176)	(0.4846)
Observations	402	402	402	402	402	402
R^2	0.1170	0.6443	0.7252	0.1145	0.6397	0.7250
N of prov	31	31	31	31	31	31

表9－4　公众诉求因子滞后项对地方政府环境污染治理投资额的影响

项目	(1)	(2)	(3)	(4)	(5)	(6)
	invest_ pc_ gdp	*invest_ pc_ pop*	*linvest_ pc*	*invest_ pc_ gdp*	*invest_ pc_ pop*	*linvest_ pc*
Lf_1	12.0922 *** (4.3217)	48.3478 ** (19.0009)	0.1104 *** (0.0385)			
Lf_2	0.4035 (5.0292)	－22.1919 (22.1120)	0.0404 (0.0448)			
Lf_{12}				16.7313 ** (7.5355)	53.1975# (33.3165)	0.1739 *** (0.0669)
L. *pgdp*	0.0008 *** (0.0003)	0.0178 *** (0.0012)	0.0000 *** (0.0000)	0.0006 ** (0.0002)	0.0167 *** (0.0011)	0.0000 *** (0.0000)
L. *fiscal_ surplus*	－144.2403 ** (68.3921)	－205.2640 (300.6984)	－2.1795 *** (0.6089)	－141.3536 ** (68.6393)	－186.8341 (303.4749)	－2.1638 *** (0.6091)
L. *struc2_ t*	208.0657 *** (69.1226)	1000.8784 *** (303.9102)	3.3778 *** (0.6154)	222.9928 *** (68.9863)	1096.1793 *** (305.0093)	3.4591 *** (0.6122)
L. *so2_ gdp*	－0.0901 ** (0.0363)	－0.7171 *** (0.1594)	－0.0016 *** (0.0003)	－0.0959 *** (0.0363)	－0.7537 *** (0.1605)	－0.0016 *** (0.0003)
L. *edu*	－0.0408 (0.1107)	－1.7639 *** (0.4865)	0.0058 *** (0.0010)	－0.0623 (0.1106)	－1.9013 *** (0.4888)	0.0057 *** (0.0010)
Constant	－44.0252 (52.7400)	－295.2590 (231.8811)	5.1298 *** (0.4695)	－40.5177 (52.9133)	－272.8655 (233.9456)	5.1489 *** (0.4696)
Observations	433	433	433	433	433	433
R^2	0.1176	0.5996	0.7128	0.1086	0.5909	0.7117
N of prov	31	31	31	31	31	31

政府通过执行环境规制并调整其力度、方向与增加公共环境投资为公众提供优良的环境质量。一方面，公众“用手投票”参与和评价政府的环境规制政策，并影响政府的声誉；另一方面，公众“用脚投票”反馈公众对环境质量的态度并对政府施加改善环境质量的压力。Tiebout（1956）认为，公众可以自由流动，他们可以“用脚投票”，选择自己偏好的公共服务，给地方政府施加改善公共服务的压力。为了衡量公众“用脚投票”对政府行为的影响，接下来我们选择城镇劳动力人口变化情况作为初步衡量

劳动力流动的指标，进而探讨其与环保投资额的相关关系。

如表9－5所示，城镇劳动力流动数据的当期都与因变量显著正相关，滞后一期的影响虽然不显著，但至少与因变量呈正相关关系。这说明，劳动力流动体现出的环境诉求也能有效促进政府加大环境治理的力度。

表9－5 劳动力流动诉求与地方政府环境治理投资的关系

项目	(1)	(2)	(3)	(4)	(5)	(6)
	invest_ pc_ gdp	*invest_ pc_ pop*	*linvest_ pc*	*invest_ pc_ gdp*	*invest_ pc_ pop*	*linvest_ pc*
c_ urban_ em	0. 8323 **	2. 8425 *	0. 0075 **	0. 3791	2. 1690	0. 0038
	(0. 3701)	(1. 6148)	(0. 0032)	(0. 4045)	(1. 7909)	(0. 0035)
pgdp	0. 0005 **	0. 0159 ***	0. 0000 ***	0. 0006 **	0. 0164 ***	0. 0000 ***
	(0. 0002)	(0. 0010)	(0. 0000)	(0. 0003)	(0. 0012)	(0. 0000)
fiscal_ surplus	－15. 5040	244. 5532	－0. 8377	－105. 3443	－189. 0870	－1. 7436 ***
	(68. 9765)	(300. 9421)	(0. 6043)	(73. 8247)	(326. 8858)	(0. 6458)
struc2_ t	119. 5747 *	530. 3729 *	2. 3889 ***	166. 9166 **	902. 0235 ***	2. 8065 ***
	(67. 0488)	(292. 5314)	(0. 5874)	(75. 5698)	(334. 6126)	(0. 6610)
so2_ gdp	－0. 0923 **	－0. 8590 ***	－0. 0016 ***	－0. 1013 **	－0. 8853 ***	－0. 0017 ***
	(0. 0410)	(0. 1789)	(0. 0004)	(0. 0431)	(0. 1907)	(0. 0004)
edu	－0. 0483	－2. 1974 ***	0. 0057 ***	－0. 0674	－2. 2813 ***	0. 0050 ***
	(0. 1215)	(0. 5301)	(0. 0011)	(0. 1309)	(0. 5794)	(0. 0011)
Constant	62. 8993	219. 8148	6. 0734 ***	3. 9529	－114. 5717	5. 7603 ***
	(54. 1854)	(236. 4089)	(0. 4747)	(57. 1657)	(253. 1221)	(0. 5000)
Observations	433	433	433	402	402	402
R^2	0. 1011	0. 5988	0. 7149	0. 0964	0. 5707	0. 6722
N of prov	31	31	31	31	31	31

9. 1. 4. 2 公众诉求对政府环境监管行为的影响

本小节以各地区信访、提案数等作为公众诉求指标，公众诉求对地方政府环境监管行为影响的估计结果见表9－6。其中，模型（1）～（3）为所有解释变量的当年值，模型（4）～（6）为所有解释变量的滞后一期值；模型（1）和模型（4）的因变量为各省（区、市）单位GDP下环境本级行政处罚案件数，模型（2）和模型（5）的因变量为单位人口下环境本级行政处罚案件数，模型（3）和模型（6）的因变量为环境本级行政处罚案件数的对数值。

从表9-6中不难发现，与环境污染治理投资额一样，在因变量为环境本级行政处罚案件数的各种形式下，无论是当期自变量还是滞后一期的自变量结果，人均环保来访人数与人均环保来访批次均在一定的显著性水平下统计显著为正。这表明在其他条件相同的情况下，大多数社会公众环境信访相关指标均会促进政府加强环境监管。此外，地区经济发展水平和地区财政能力也能促进地方政府加强环境监管。

表9-6　公众诉求对地方政府监管行为的影响

项目	(1)	(2)	(3)	(4)	(5)	(6)
	punish_gdp	*punish_pop*	*lpunish*	*punish_gdp*	*punish_pop*	*lpunish*
letterd_pop	0.0017	0.0001	0.0112	0.0041	0.0001	0.0161#
	(0.0054)	(0.0002)	(0.0105)	(0.0052)	(0.0002)	(0.0102)
headd_pop	0.0632#	0.0004	0.1670**	0.0634#	0.0008	0.1738**
	(0.0392)	(0.0012)	(0.0752)	(0.0402)	(0.0012)	(0.0785)
batchd_pop	0.1873***	0.0064***	0.4392***	0.0968#	0.0056***	0.0651
	(0.0656)	(0.0020)	(0.1257)	(0.0658)	(0.0020)	(0.1284)
npcd_pop	-2.3569**	-0.0497*	0.4041	-1.8745*	-0.0631**	-1.2818
	(0.9668)	(0.0299)	(1.8518)	(1.0109)	(0.0307)	(1.9750)
cppccd_pop	-0.0674	-0.0008	-0.0165	0.0019	0.0004	0.5183#
	(0.1713)	(0.0053)	(0.3282)	(0.1745)	(0.0053)	(0.3406)
pgdp	0.0000	0.0000***	0.0000***	0.0000	0.0000***	0.0000***
	(0.0000)	(0.0000)	(0.0000)	(0.0000)	(0.0000)	(0.0000)
fiscal_surplus	0.8123*	0.0113	2.7177***	-0.0138	-0.0134	1.3616
	(0.4881)	(0.0151)	(0.9365)	(0.5123)	(0.0156)	(1.0095)
struc2_t	-0.3448	-0.0108	0.5479	-0.1551	-0.0100	1.0930
	(0.4946)	(0.0153)	(0.9478)	(0.5256)	(0.0160)	(1.0261)
so2_gdp	0.0002	-0.0000	-0.0002	0.0003	-0.0000	0.0003
	(0.0003)	(0.0000)	(0.0005)	(0.0003)	(0.0000)	(0.0005)
edu	-0.0030***	-0.0001**	-0.0035**	-0.0029***	-0.0001**	-0.0031*
	(0.0009)	(0.0000)	(0.0017)	(0.0008)	(0.0000)	(0.0016)

续表

项目	(1)	(2)	(3)	(4)	(5)	(6)
	punish_gdp	*punish_pop*	*lpunish*	*punish_gdp*	*punish_pop*	*lpunish*
Constant	1. 2524 ***	0. 0202 *	7. 9641 ***	0. 6747 *	0. 0041	7. 1795 ***
	(0. 3838)	(0. 0119)	(0. 7358)	(0. 3887)	(0. 0118)	(0. 7631)
Observations	400	400	399	400	400	399
R^2	0. 2288	0. 0811	0. 1431	0. 1952	0. 0756	0. 0772
N of prov	31	31	31	31	31	31

表9－7、表9－8分别是用因子分析方法获取的公众诉求因子与主成分当期和滞后一期的分析结果。从中可以发现，无论是当期民众民间诉求还是滞后一期的公众民间诉求均与地方政府环境监管行为具有正相关关系，而且均在1%的水平下统计显著，也就是说，民众通过来信来访等方式表达环保诉求能够促进地方政府加强环境监管。而人大议案建议数、人均承办的政协提案数的估计结果不具有统计学意义。通过主成分分析法获取的主成分得分变量无论是当期自变量还是滞后一期自变量结果均为正，虽然不同模型的统计显著性水平略有差异，但都至少在5%的水平下统计显著。总的来说，公众环境诉求迫使地方政府采取更多的环境监管行为。其他因素的影响与上文基本一致。

表9－7　公众民诉与公众官诉因子以及因子得分对地方政府环境监管行为的影响

项目	(1)	(2)	(3)	(4)	(5)	(6)
	punish_gdp	*punish_pop*	*lpunish*	*punish_gdp*	*punish_pop*	*lpunish*
f_1	0. 0988 ***	0. 0031 ***	0. 2335 ***			
	(0. 0306)	(0. 0009)	(0. 0597)			
f_2	－0. 0281	－0. 0004	0. 0579			
	(0. 0342)	(0. 0011)	(0. 0668)			
f_{12}				0. 1119 **	0. 0039 **	0. 3434 ***
				(0. 0532)	(0. 0016)	(0. 1030)
pgdp	0. 0000	0. 0000 ***	0. 0000 ***	－0. 0000	0. 0000 ***	0. 0000 ***
	(0. 0000)	(0. 0000)	(0. 0000)	(0. 0000)	(0. 0000)	(0. 0000)

续表

项目	(1)	(2)	(3)	(4)	(5)	(6)
	punish_gdp	*punish_pop*	*lpunish*	*punish_gdp*	*punish_pop*	*lpunish*
fiscal_ surplus	0. 5870	0. 0044	2. 0689 **	0. 6250	0. 0054	2. 1169 **
	(0. 4811)	(0. 0148)	(0. 9398)	(0. 4875)	(0. 0149)	(0. 9441)
struc2_ t	−0. 5146	−0. 0130	0. 0763	−0. 3475	−0. 0084	0. 2874
	(0. 4911)	(0. 0151)	(0. 9590)	(0. 4951)	(0. 0152)	(0. 9586)
so2_ gdp	0. 0002	−0. 0000	−0. 0002	0. 0001	−0. 0000	−0. 0003
	(0. 0003)	(0. 0000)	(0. 0006)	(0. 0003)	(0. 0000)	(0. 0006)
edu	−0. 0031 ***	−0. 0001 **	−0. 0029 *	−0. 0034 ***	−0. 0001 ***	−0. 0032 *
	(0. 0009)	(0. 0000)	(0. 0017)	(0. 0009)	(0. 0000)	(0. 0017)
Constant	1. 2883 ***	0. 0197 *	8. 3006 ***	1. 3467 ***	0. 0214 *	8. 3742 ***
	(0. 3752)	(0. 0115)	(0. 7330)	(0. 3798)	(0. 0116)	(0. 7358)
Observations	400	400	399	400	400	399
R^2	0. 2173	0. 0799	0. 0959	0. 1938	0. 0572	0. 0844
N of prov	31	31	31	31	31	31

表9-8　公众诉求因子滞后项对地方政府环境监管行为的影响

项目	(1)	(2)	(3)	(4)	(5)	(6)
	punish_gdp	*punish_pop*	*lpunish*	*punish_gdp*	*punish_pop*	*lpunish*
L. f_1	0. 1011 ***	0. 0034 ***	0. 2371 ***			
	(0. 0297)	(0. 0009)	(0. 0579)			
L. f_2	−0. 0065	−0. 0003	0. 0756			
	(0. 0355)	(0. 0011)	(0. 0693)			
L. f_{12}				0. 1370 ***	0. 0045 ***	0. 3709 ***
				(0. 0521)	(0. 0016)	(0. 1012)
L. *pgdp*	0. 0000	0. 0000 ***	0. 0000 ***	−0. 0000	0. 0000 ***	0. 0000 ***
	(0. 0000)	(0. 0000)	(0. 0000)	(0. 0000)	(0. 0000)	(0. 0000)
L. *fiscal_ surplus*	−0. 2597	−0. 0220#	0. 7340	−0. 2967	−0. 0232#	0. 6838
	(0. 4992)	(0. 0152)	(0. 9825)	(0. 5032)	(0. 0154)	(0. 9854)
L. *struc2_ t*	−0. 2037	−0. 0115	1. 3047	−0. 1034	−0. 0081	1. 4421
	(0. 5134)	(0. 0156)	(1. 0021)	(0. 5162)	(0. 0158)	(1. 0028)

续表

项目	(1) punish_gdp	(2) punish_pop	(3) lpunish	(4) punish_gdp	(5) punish_pop	(6) lpunish
L. so2_ gdp	0. 0003	-0. 0000	0. 0002	0. 0002	-0. 0000	0. 0001
	(0. 0003)	(0. 0000)	(0. 0005)	(0. 0003)	(0. 0000)	(0. 0005)
L. edu	-0. 0029***	-0. 0000**	-0. 0028*	-0. 0030***	-0. 0001**	-0. 0030*
	(0. 0008)	(0. 0000)	(0. 0015)	(0. 0008)	(0. 0000)	(0. 0015)
Constant	0. 6210*	0. 0024	6. 9762***	0. 6289*	0. 0027	6. 9873***
	(0. 3755)	(0. 0114)	(0. 7374)	(0. 3786)	(0. 0116)	(0. 7399)
Observations	400	400	399	400	400	399
R^2	0. 2029	0. 0809	0. 0864	0. 1874	0. 0581	0. 0776
N of prov	31	31	31	31	31	31

劳动力流动诉求与地方政府环境监管行为的关系见表 9 -9。从表 9 -9 中可以看出，城镇劳动力流动基本上与因变量环境本级行政处罚案件数正相关，但是统计都不显著。

表 9 -9　劳动力流动诉求与地方政府环境监管行为的关系

项目	(1) punish_gdp	(2) punish_pop	(3) lpunish	(4) punish_gdp	(5) punish_pop	(6) lpunish
c_ urban_ em	0. 0023	0. 0001	-0. 0019	0. 0031	0. 0001	0. 0012
	(0. 0027)	(0. 0001)	(0. 0053)	(0. 0024)	(0. 0001)	(0. 0058)
pgdp	-0. 0000	0. 0000***	0. 0000***	-0. 0000	0. 0000***	0. 0000***
	(0. 0000)	(0. 0000)	(0. 0000)	(0. 0000)	(0. 0000)	(0. 0000)
fiscal_ surplus	0. 6808	0. 0072	2. 3902**	-0. 1591	-0. 0223	1. 1656
	(0. 4894)	(0. 0150)	(0. 9571)	(0. 4507)	(0. 0168)	(1. 0711)
struc24_ t	-0. 6017	-0. 0178	-0. 1494	-0. 5333	-0. 0172	0. 3091
	(0. 5019)	(0. 0154)	(0. 9814)	(0. 4688)	(0. 0175)	(1. 1049)
so2_ gdp	0. 0002	-0. 0000	-0. 0001	0. 0006**	0. 0000	0. 0007
	(0. 0003)	(0. 0000)	(0. 0006)	(0. 0002)	(0. 0000)	(0. 0006)
edu	-0. 0033***	-0. 0001***	-0. 0029*	-0. 0021***	-0. 0001**	-0. 0023
	(0. 0009)	(0. 0000)	(0. 0017)	(0. 0008)	(0. 0000)	(0. 0018)

续表

项目	(1)	(2)	(3)	(4)	(5)	(6)
	punish_gdp	*punish_pop*	*lpunish*	*punish_gdp*	*punish_pop*	*lpunish*
Constant	1.4707 ***	0.0258 **	8.6801 ***	0.6935 **	0.0079	7.6142 ***
	(0.3792)	(0.0116)	(0.7417)	(0.3387)	(0.0126)	(0.8027)
Observations	400	400	399	369	369	368
R^2	0.1856	0.0463	0.0567	0.1782	0.0426	0.0460
N of prov	31	31	31	31	31	31

9.1.4.3　公众诉求对政府环境法治行为的影响

本小节以各地区信访、提案数等作为公众诉求指标。公众诉求对地方政府环境法治行为影响的估计结果见表 9－10。其中，模型（1）～（3）为所有解释变量的当年值，模型（4）～（6）为所有解释变量的滞后一期值；模型（1）和模型（4）的因变量为单位 GDP 各地区环境法律法规数，模型（2）和模型（5）的因变量为单位人口各地区环境法律法规数，模型（3）和模型（6）的因变量为各地区环境法律法规数的对数值。但令人意外的是，大多数环境信访指标与各地区环境法律法规数并不显著相关，而且政协环境提案数量与环境法律法规数量显著负相关。

表 9－10　公众诉求对地方政府环境法治行为的影响

项目	(1)	(2)	(3)	(4)	(5)	(6)
	llaw	*law_ gdp*	*law_ pop*	*llaw*	*law_ gdp*	*law_ pop*
letterd_ pop	−0.0058	−0.0126	−0.0145 *	0.0042	0.0050	−0.0049
	(0.0050)	(0.0121)	(0.0077)	(0.0051)	(0.0117)	(0.0081)
headd_ pop	−0.0597#	−0.0659	−0.1385 **	0.0059	−0.0493	−0.1043 *
	(0.0363)	(0.0880)	(0.0558)	(0.0388)	(0.0892)	(0.0615)
batchd_ pop	0.0926#	0.1656	0.1535#	0.0722	0.1833	0.2256 **
	(0.0606)	(0.1469)	(0.0933)	(0.0620)	(0.1424)	(0.0983)
npcd_ pop	−2.6552 ***	−4.9734 **	−6.6903 ***	−2.3833 **	−4.8922 **	−6.6571 ***
	(0.8928)	(2.1628)	(1.3737)	(0.9292)	(2.1342)	(1.5371)

续表

项目	(1)	(2)	(3)	(4)	(5)	(6)
	llaw	*law_ gdp*	*law_ pop*	*llaw*	*law_ gdp*	*law_ pop*
cppccd_ pop	-0.0599	0.3742	0.2228	-0.1384	0.1667	0.1258
	(0.1590)	(0.3852)	(0.2451)	(0.1722)	(0.3955)	(0.2738)
pgdp	-0.0000**	0.0000	-0.0000#	-0.0000*	-0.0000	-0.0000***
	(0.0000)	(0.0000)	(0.0000)	(0.0000)	(0.0000)	(0.0000)
fiscal_ surplus	-0.2725	-2.3291**	-0.9232	0.1906	-2.1372**	-0.8029
	(0.4545)	(1.1011)	(0.6976)	(0.4643)	(1.0664)	(0.7353)
struc2_ t	0.4159	4.1175***	1.6151**	-0.3122	3.4813***	1.8382**
	(0.4596)	(1.1135)	(0.7064)	(0.4662)	(1.0708)	(0.7451)
so2_ gdp	0.0001	-0.0010#	-0.0008**	0.0002	-0.0004	-0.0003
	(0.0003)	(0.0006)	(0.0004)	(0.0002)	(0.0006)	(0.0004)
edu	-0.0010	0.0024	0.0059***	-0.0010	0.0030*	0.0063***
	(0.0008)	(0.0020)	(0.0013)	(0.0008)	(0.0018)	(0.0012)
Constant	0.5539#	-2.2183**	1.6346***	0.9775***	-1.9351**	1.5732***
	(0.3570)	(0.8649)	(0.5478)	(0.3608)	(0.8288)	(0.5736)
Observations	402	402	401	433	433	431
R^2	0.1605	0.1321	0.2804	0.1780	0.0931	0.2013
N of prov	31	31	31	31	31	31

表9-11、表9-12分别是用因子分析方法与主成分分析法获取的当期和滞后一期自变量的分析结果。从中可以发现，人大议案建议数、人均承办的政协提案数的估计结果统计显著为负，也就是说，这类诉求越多，地方政府的环境法律法规数量反而会越少。通过主成分分析法获取的主成分得分变量系数也是负的，这同样反映出公众环境诉求表达越多，地方政府的法律法规数量反而会越少。可能的原因是中央政府会统一制定相关法律法规，或者说明现行法律法规已经足够满足公众环境诉求，只是在执行过程中可能存在一些其他问题。

表9-11　公众民诉与公众官诉因子以及因子得分对地方政府环境法治行为的影响

项目	(1)	(2)	(3)	(4)	(5)	(6)
	law_gdp	*law_pop*	*llaw*	*law_gdp*	*law_pop*	*llaw*
f_1	-0.0211	0.0390	-0.0253			
	(0.0287)	(0.0687)	(0.0437)			
f_2	-0.0560*	-0.1495*	-0.2692***			
	(0.0322)	(0.0770)	(0.0490)			
f_{12}				-0.0632	-0.0434	-0.2038***
				(0.0494)	(0.1187)	(0.0776)
pgdp	-0.0000**	0.0000	0.0000	-0.0000***	0.0000	-0.0000#
	(0.0000)	(0.0000)	(0.0000)	(0.0000)	(0.0000)	(0.0000)
fiscal_surplus	-0.1330	-2.1199*	-0.5577	-0.1211	-2.0625*	-0.4802
	(0.4525)	(1.0815)	(0.6889)	(0.4526)	(1.0881)	(0.7116)
struc2_t	0.4199	4.0287***	1.4612**	0.4753	4.2964***	1.8228**
	(0.4614)	(1.1027)	(0.7029)	(0.4592)	(1.1040)	(0.7225)
so2_gdp	0.0001	-0.0010#	-0.0007*	0.0000	-0.0011*	-0.0010**
	(0.0003)	(0.0006)	(0.0004)	(0.0003)	(0.0006)	(0.0004)
edu	-0.0014*	0.0020	0.0055***	-0.0015*	0.0015	0.0049***
	(0.0008)	(0.0019)	(0.0012)	(0.0008)	(0.0019)	(0.0013)
Constant	0.5205#	-2.3192***	1.4321***	0.5400#	-2.2249***	1.5598***
	(0.3527)	(0.8430)	(0.5368)	(0.3525)	(0.8474)	(0.5540)
Observations	402	402	401	402	402	401
R^2	0.1309	0.1254	0.2669	0.1276	0.1118	0.2152
N of prov	31	31	31	31	31	31

表9-12　公众诉求因子滞后项对地方政府环境法治行为的影响

项目	(1)	(2)	(3)	(4)	(5)	(6)
	law_gdp	*law_pop*	*llaw*	*law_gdp*	*law_pop*	*llaw*
L.f_1	-0.0144	0.0474	0.0227			
	(0.0290)	(0.0662)	(0.0452)			
L.f_2	-0.0331	-0.1360*	-0.2613***			
	(0.0338)	(0.0770)	(0.0526)			

续表

项目	(1)	(2)	(3)	(4)	(5)	(6)
	law_ gdp	law_ pop	llaw	law_ gdp	law_ pop	llaw
L. f_{12}				-0. 0387	-0. 0137	-0. 1194#
				(0. 0504)	(0. 1156)	(0. 0813)
L. pgdp	-0. 0000***	-0. 0000	-0. 0000***	-0. 0000***	-0. 0000	-0. 0000***
	(0. 0000)	(0. 0000)	(0. 0000)	(0. 0000)	(0. 0000)	(0. 0000)
L. fiscal_ surplus	0. 1105	-2. 2804**	-0. 7314	0. 1165	-2. 2292**	-0. 6499
	(0. 4597)	(1. 0470)	(0. 7159)	(0. 4593)	(1. 0525)	(0. 7409)
L. struc2_ t	-0. 3342	3. 4737***	1. 6987**	-0. 3032	3. 7381***	2. 1176***
	(0. 4646)	(1. 0581)	(0. 7276)	(0. 4616)	(1. 0579)	(0. 7490)
L. so2_ gdp	0. 0002	-0. 0004	-0. 0002	0. 0002	-0. 0005	-0. 0004
	(0. 0002)	(0. 0006)	(0. 0004)	(0. 0002)	(0. 0006)	(0. 0004)
L. edu	-0. 0011#	0. 0031*	0. 0060***	-0. 0011#	0. 0027#	0. 0054***
	(0. 0007)	(0. 0017)	(0. 0012)	(0. 0007)	(0. 0017)	(0. 0012)
Constant	0. 9430***	-2. 1496***	1. 3304**	0. 9503***	-2. 0875**	1. 4293**
	(0. 3545)	(0. 8074)	(0. 5531)	(0. 3540)	(0. 8114)	(0. 5722)
Observations	433	433	431	433	433	431
R^2	0. 1614	0. 0904	0. 2121	0. 1606	0. 0780	0. 1535
N of prov	31	31	31	31	31	31

劳动力流动诉求与地方政府环境法治行为的关系见表 9 - 13。从中可以看出，城镇劳动力变化当期值与因变量地区环境法律法规数的关系在模型（3）中正相关，而且在 5% 的水平下统计显著；城镇劳动力变化的滞后项均与各种形式的地区环境法律法规数正相关，都至少在 5% 的水平下统计显著，也就是说，通过该指标反映出的公众环境诉求对于推动地区环境法治建设有一定的积极作用。

表 9 - 13　劳动力流动诉求与地方政府环境法治行为的关系

项目	(1)	(2)	(3)	(4)	(5)	(6)
	law_ gdp	law_ pop	llaw	law_ gdp	law_ pop	llaw
c_ urban_ em	-0. 0000	0. 0008	0. 0087**	0. 0053**	0. 0152**	0. 0179***
	(0. 0023)	(0. 0056)	(0. 0040)	(0. 0025)	(0. 0061)	(0. 0045)

续表

项目	(1)	(2)	(3)	(4)	(5)	(6)
	law_ gdp	*law_ pop*	*llaw*	*law_ gdp*	*law_ pop*	*llaw*
pgdp	-0.0000***	-0.0000	-0.0000***	-0.0000***	-0.0000	-0.0000***
	(0.0000)	(0.0000)	(0.0000)	(0.0000)	(0.0000)	(0.0000)
fiscal_ surplus	-0.0924	-1.3115	0.2342	-0.2181	-2.6512**	-0.2025
	(0.4337)	(1.0443)	(0.7373)	(0.4538)	(1.1065)	(0.8304)
struc2_ t	0.7204*	4.5875***	2.8366***	-0.1143	3.2015***	4.1491***
	(0.4216)	(1.0151)	(0.7196)	(0.4645)	(1.1326)	(0.8136)
so2_ gdp	0.0001	-0.0009#	-0.0009*	0.0003	-0.0007	-0.0003
	(0.0003)	(0.0006)	(0.0004)	(0.0003)	(0.0006)	(0.0005)
edu	-0.0018**	0.0016	0.0039***	-0.0025***	0.0005	0.0006
	(0.0008)	(0.0018)	(0.0013)	(0.0008)	(0.0020)	(0.0015)
Constant	0.4718	-1.9498**	1.6079***	0.8486**	-1.7561**	1.4119**
	(0.3407)	(0.8204)	(0.5795)	(0.3514)	(0.8568)	(0.6528)
Observations	433	433	431	402	402	427
R^2	0.1650	0.0918	0.1652	0.2288	0.0786	0.2459
N of prov	31	31	31	31	31	31

9.1.5　结论

本节通过搜集我国省级行政单位的宏观数据，考察了公众环保诉求与地方政府环境保护行为的关系，通过以环境信访来信数、环境信访人数、环境信访批次、人大代表议案建议数和政协委员提案数等信息，以及劳动力流动作为公众环保诉求的代理变量指标，全面考察了其对地方政府环境污染治理行为、环境监管行为和环境法治行为的影响。研究发现：总的来说，公众环境诉求的表达有利于促进地方政府的环境保护行为。具体地，大多数公众环境信访指标均与环境污染治理投资额正相关，政协环境提案也在一定程度上促使环境污染治理投资额的增加，因子分析获取的公众诉求因子与主成分得分的公众环保诉求均有促使环境污染治理投资额增加的作用。城镇劳动力变化或劳动力流动体现出的环境诉求也能有效促进政府加强环境治理。民众通过来信来访等方式表达环保诉求能够促进地方政府加强环境监管行为，公众环境诉求迫使地方政府采取更多的环境监管行为。城镇劳动力变动虽与环境本级行政处罚案件数正相关，但统计上都不显著。城镇劳动力变化当期值与滞后一期值均与各种形式的地区环境法律法规数正相关，且统计上都显著，说明通过该指标反映出的公众环境诉求对于推动地区环境法治建设有一定的积极作用。

9.2 政府环保行为对公众环境治理评价的影响研究

9.2.1 引言

中央与地方政府环境工作的努力最终能否得到公众认可，可以通过社会公众对政府环境治理的评价（即满意度）来衡量。前面章节我们已对全国大型微观调查数据——中国综合社会调查 2010 年、2013 年和 2015 年三年数据中社会公众对政府环境工作满意度评价进行简要描述性分析。具体情况见上文。

9.2.2 政府环保行为对公众环境治理评价的回归分析

本节构建计量模型，在控制其他因素的情况下，通过将地方政府环境保护行为引入模型来考察政府环境保护行为与民众对政府环境工作满意度评价的关系。由于中国综合社会调查问卷年度略有不同，2015 年考察受访者对政府环境评价满意度时并未区分中央政府和地方政府[①]，所以，为了保持数据一致性，我们接下来仅利用 2010 年和 2013 年的数据进行计量分析，具体计量模型为：

$$Satisfaction\_degree\_EG_{ijt} = \beta_0 + \delta Env\_pra\_Gov_{jt} + \beta X_{ijt} + \alpha_j + \gamma_t + \mu_{ijt} \quad (9-2)$$

其中，被解释变量 $Satisfaction\_degree\_EG$ 是民众对中央政府和地方政府环境工作的评价，对应的调查题目为："在解决中国国内环境问题方面，您认为近 5 年来，中央政府/地方政府做得怎么样?" 要求受访者从"片面注重经济发展、忽视了环境保护工作""重视不够，环保投入不足""虽尽了努力，但效果不佳""尽了很大努力，有一定成效""取得了很大

① 陈卫东和杨若愚(2018)利用了 CGSS 2015 数据,并基于绩效和期望模型的双重视角考察了政府监管和公众参与对环境治理满意度的影响。因此,2015 年数据情况可以参考这篇文献。

的成绩”“无法选择/说不清”中进行选择。我们剔除“无法选择/说不清”的样本，对其他选项依次赋值为1、2、3、4、5，数字越大表明受访者对政府解决环境问题所付出努力的评价越高。

Env_ pra_ Gov 是本节的关键自变量环境保护行为，包括政府环境污染治理投资情况、政府环境监管情况和政府环境法治情况，上文中已有详细介绍，在此不再赘述。同时也考虑了可能影响受访者对政府环境评价的一些其他个体因素和家庭经济因素，用 X 表示。α 为省份固定效应，γ 为时间固定效应，μ 为随机扰动项。由于模型因变量取值为离散数字的特殊情况，因此我们选择普通最小二乘法和有序离散选择模型对其进行估计。具体结果见表9－14。

表9－14　政府环保行为影响公众对中央政府环境治理评价的OLS估计结果

项目	(1)	(2)	(3)	(4)
	单位GDP	单位GDP	人均	人均
linvest_ pc	0.0007	0.0010 *	0.0004 ***	0.0004 ***
	(0.0005)	(0.0006)	(0.0001)	(0.0001)
lpunish	0.1794 ***	0.1702 ***	5.3061 ***	5.1670 ***
	(0.0389)	(0.0435)	(1.0796)	(1.2026)
llaw	－0.2102	－0.2565 **	－0.0198	－0.0526
	(0.1280)	(0.1294)	(0.0381)	(0.0385)
lso2	0.0002	0.0012	－0.0007	－0.0003
	(0.0010)	(0.0010)	(0.0010)	(0.0010)
lpgdp	－0.0000	0.0000	－0.0000 **	－0.0000
	(0.0000)	(0.0000)	(0.0000)	(0.0000)
urban		－0.1695 ***		－0.1704 ***
		(0.0255)		(0.0255)
female		－0.0228		－0.0223
		(0.0215)		(0.0215)
minority		0.0610		0.0612
		(0.0441)		(0.0441)
age		0.0058 ***		0.0058 ***
		(0.0008)		(0.0008)

续表

项目	(1)	(2)	(3)	(4)
	单位 GDP	单位 GDP	人均	人均
party		0.1662*** (0.0333)		0.1663*** (0.0333)
married		0.0493* (0.0267)		0.0491* (0.0267)
health		-0.0117 (0.0235)		-0.0094 (0.0235)
educ		-0.0992*** (0.0101)		-0.0990*** (0.0101)
ln*income*		-0.0029 (0.0036)		-0.0028 (0.0036)
comp_ h_ h		0.0255* (0.0155)		0.0256* (0.0155)
_ *Iyear_* 2013	-0.0157 (0.1034)	-0.0316 (0.1067)	0.0348 (0.0774)	-0.0328 (0.0804)
Constant	3.1662*** (0.3700)	3.2752*** (0.3910)	3.4296*** (0.3469)	3.3972*** (0.3683)
省哑变量	Yes	Yes	Yes	Yes
Observations	12352	10895	12352	10895
R^2	0.0654	0.1082	0.0669	0.1096

注：括号中数据为标准误；*** 代表 $p<0.01$，** 代表 $p<0.05$，* 代表 $p<0.1$；以下相同。

我们先考察政府环保行为如何影响民众对中央政府环境治理的评价，表9-14中模型（1）与模型（2）对应的核心自变量为单位GDP下政府环境保护行为，模型（3）和模型（4）对应的自变量为单位人口下政府环境保护行为。总的来说，地区环境污染治理投资额无论是单位GDP下的投资额还是人均投资额，在其他条件相同的情况下，都与公众环境治理评价满意度正相关，而且在统计上具有显著意义。这说明政府的环境污染治理行为表现公众是能够切身感受到的，最终会对治理进行相对客观公正的评价。当然这里有一个潜在的假设，即通过治理投资的金额来衡量污染治理行为的表现。虽然在一定意义上是可行的，但这并不能完全代表污染治理的质量。由于缺乏数据，目前我们只能姑且假定两者是一致的，本节其他地方的分析也有类似的问题存在。由表9－14可知，影响最大的是政府环境监管行为，政府环境本级行政处罚案件数与公众环境治理评价呈正相关关系，而且均在1%的水平下统计显著。这说明当政府行使环境监管权力时，尤其是针对环境污染实施环境监管处罚行为时，公众的满意度评价会明显提高。

从其他控制变量方面，我们发现城镇居民相比于农村居民对中央政府的环境治理行为评价明显更低，这可能是因为大多数工业企业都聚集在城镇地区或者城镇附近，环境污染更加严重，城镇民众更加敏感，抑或是农村居民对环境污染的敏感度要低一些。年龄因素的影响也非常显著，年龄越大评价越积极；共产党员相比非党员对政府环境治理满意度评价也显著更高；教育也是重要因素，受教育程度越高的受访者由于自身知识水平和认知较高，对污染认识和政府治理的内在要求也较高，因此评价会较低些。

表9－15是有序离散选择模型的估计结果，所得结果与OLS基本上是一致的，在此不再赘述。

表9－15 政府环保行为影响公众对中央政府环境治理评价的OPROBIT估计结果

项目	(1)	(2)	(3)	(4)
	单位GDP	单位GDP	人均	人均
linvest_ pc_ gdp	0.0006	0.0009	0.0004***	0.0004***
	(0.0005)	(0.0006)	(0.0001)	(0.0001)
lpunish_ gdp	0.1643***	0.1611***	4.8828***	4.8929***
	(0.0375)	(0.0432)	(1.0442)	(1.1977)
llaw_ gdp	−0.2596**	−0.3319**	−0.0294	−0.0696*
	(0.1270)	(0.1332)	(0.0376)	(0.0395)
lso2_ gdp	0.0002	0.0012	−0.0007	−0.0002
	(0.0010)	(0.0010)	(0.0010)	(0.0011)
lpgdp	0.0000	0.0000	−0.0000*	−0.0000
	(0.0000)	(0.0000)	(0.0000)	(0.0000)

续表

项目	(1) 单位 GDP	(2) 单位 GDP	(3) 人均	(4) 人均
urban		-0.1810*** (0.0255)		-0.1820*** (0.0255)
female		-0.0256 (0.0214)		-0.0253 (0.0214)
minority		0.0549 (0.0441)		0.0553 (0.0441)
age		0.0059*** (0.0008)		0.0060*** (0.0008)
party		0.1691*** (0.0332)		0.1694*** (0.0332)
married		0.0452* (0.0267)		0.0451* (0.0267)
health		-0.0156 (0.0234)		-0.0135 (0.0234)
educ		-0.0998*** (0.0101)		-0.0996*** (0.0101)
ln*income*		-0.0033 (0.0035)		-0.0032 (0.0035)
comp_h_h		0.0212 (0.0154)		0.0213 (0.0154)
_*Iyear*_2013	-0.0383 (0.1004)	-0.0637 (0.1067)	0.0154 (0.0752)	-0.0570 (0.0802)
/cut1	-1.2168*** (0.3591)	-1.3627*** (0.3903)	-1.4594*** (0.3365)	-1.4708*** (0.3673)
/cut2	-0.5181 (0.3588)	-0.6450* (0.3899)	-0.7600** (0.3362)	-0.7525** (0.3670)
/cut3	0.2162 (0.3588)	0.1100 (0.3900)	-0.0247 (0.3361)	0.0034 (0.3669)
/cut4	1.5051*** (0.3591)	1.4350*** (0.3903)	1.2646*** (0.3364)	1.3289*** (0.3673)

续表

项目	(1)	(2)	(3)	(4)
	单位 GDP	单位 GDP	人均	人均
省哑变量	Yes	Yes	Yes	Yes
Observations	12352	10895	12352	10895
Pseudo R^2	0. 0240	0. 0410	0. 0244	0. 0414

表 9 – 16 和表 9 – 17 给出了政府环保行为影响社会公众对地方政府环境治理评价的普通最小二乘法估计和有序离散选择模型的估计结果。相关变量对地方政府影响的估计结果基本上与对中央政府的影响一致，在此不再赘述。

表 9 – 16　政府环保行为影响公众对地方政府环境治理评价的 OLS 估计结果

项目	(1)	(2)	(3)	(4)
	单位 GDP	单位 GDP	人均	人均
linvest_ pc_ gdp	0. 0000	0. 0001	0. 0003 **	0. 0003 *
	(0. 0006)	(0. 0006)	(0. 0001)	(0. 0001)
lpunish_ gdp	0. 1469 ***	0. 1151 **	4. 3169 ***	3. 4509 ***
	(0. 0395)	(0. 0450)	(1. 1003)	(1. 2465)
llaw_ gdp	–0. 1038	–0. 1280	–0. 0185	–0. 0405
	(0. 1339)	(0. 1371)	(0. 0397)	(0. 0407)
lso2_ gdp	–0. 0006	0. 0002	–0. 0025 **	–0. 0022 **
	(0. 0010)	(0. 0011)	(0. 0010)	(0. 0011)
lpgdp	0. 0000	0. 0000	–0. 0000	–0. 0000
	(0. 0000)	(0. 0000)	(0. 0000)	(0. 0000)
urban		–0. 0723 ***		–0. 0731 ***
		(0. 0268)		(0. 0267)
female		0. 0353		0. 0362
		(0. 0226)		(0. 0226)
minority		0. 0873 *		0. 0867 *
		(0. 0464)		(0. 0464)
age		0. 0046 ***		0. 0047 ***
		(0. 0008)		(0. 0008)

续表

项目	(1)	(2)	(3)	(4)
	单位 GDP	单位 GDP	人均	人均
party		0.1421 ***		0.1416 ***
		(0.0354)		(0.0354)
married		0.0186		0.0182
		(0.0282)		(0.0282)
health		0.0025		0.0035
	(0.0247)		(0.0247)	
educ		-0.0832 ***		-0.0827 ***
		(0.0107)		(0.0107)
ln*income*		-0.0023		-0.0023
		(0.0037)		(0.0037)
comp_ h_ h		0.0755 ***		0.0752 ***
		(0.0163)		(0.0163)
_ *Iyear_* 2013	0.1651	0.1612	0.2279 ***	0.1859 **
	(0.1081)	(0.1131)	(0.0809)	(0.0852)
Constant	2.6523 ***	2.5366 ***	3.0400 ***	2.8065 ***
	(0.3888)	(0.4169)	(0.3640)	(0.3923)
省哑变量	Yes	Yes	Yes	Yes
Observations	12613	11122	12613	11122
R^2	0.0614	0.0829	0.0625	0.0838

表 9-17　政府环保行为影响公众对地方政府环境治理评价的 OPROBIT 估计结果

项目	(1)	(2)	(3)	(4)
	单位 GDP	单位 GDP	人均	人均
linvest_ pc_ gdp	-0.0000	0.0001	0.0002 **	0.0002 *
	(0.0005)	(0.0006)	(0.0001)	(0.0001)
lpunish_ gdp	0.1254 ***	0.1009 **	3.7146 ***	3.0342 ***
	(0.0362)	(0.0418)	(1.0098)	(1.1589)
llaw_ gdp	-0.1188	-0.1450	-0.0254	-0.0470
	(0.1238)	(0.1287)	(0.0368)	(0.0383)
lso2_ gdp	-0.0002	0.0004	-0.0021 **	-0.0018 *
	(0.0009)	(0.0010)	(0.0010)	(0.0010)

续表

项目	(1)	(2)	(3)	(4)
	单位 GDP	单位 GDP	人均	人均
lpgdp	0. 0000 (0. 0000)	0. 0000 (0. 0000)	-0. 0000 (0. 0000)	0. 0000 (0. 0000)
urban		-0. 0651 *** (0. 0250)		-0. 0658 *** (0. 0250)
female		0. 0311 (0. 0211)		0. 0319 (0. 0211)
minority		0. 0735 * (0. 0433)		0. 0731 * (0. 0433)
age		0. 0043 *** (0. 0008)		0. 0043 *** (0. 0008)
party		0. 1347 *** (0. 0330)		0. 1342 *** (0. 0330)
married		0. 0179 (0. 0263)		0. 0176 (0. 0263)
health		0. 0042 (0. 0230)		0. 0051 (0. 0230)
educ		-0. 0787 *** (0. 0100)		-0. 0783 *** (0. 0100)
ln*income*		-0. 0022 (0. 0035)		-0. 0022 (0. 0035)
comp_ h_ h		0. 0703 *** (0. 0152)		0. 0702 *** (0. 0152)
_ *Iyear_* 2013	0. 1426 (0. 0995)	0. 1328 (0. 1055)	0. 1849 ** (0. 0745)	0. 1430 * (0. 0794)
/cut1	-0. 8524 ** (0. 3573)	-0. 7298 * (0. 3880)	-1. 1486 *** (0. 3347)	-0. 9247 ** (0. 3652)
/cut2	-0. 0040 (0. 3571)	0. 1274 (0. 3879)	-0. 3001 (0. 3345)	-0. 0674 (0. 3650)
/cut3	0. 5876 * (0. 3572)	0. 7297 * (0. 3879)	0. 2921 (0. 3345)	0. 5354 (0. 3650)

续表

项目	(1)	(2)	(3)	(4)
	单位 GDP	单位 GDP	人均	人均
/cut4	1.8133***	1.9740***	1.5188***	1.7807***
	(0.3576)	(0.3884)	(0.3348)	(0.3655)
省哑变量	Yes	Yes	Yes	Yes
Observations	12613	11122	12613	11122
Pseudo R^2	0.0205	0.0283	0.0208	0.0286

9.2.3 结论

通过上面简单的回归分析，不难发现，民意调查可以反馈政府环境保护行为实施的效果。具体而言，课题组通过普通最小二乘法和有序离散选择模型研究发现，中央政府或是地方政府的环境保护行为均与公众对政府的环境治理评价满意度呈正相关关系。其中，在其他条件相同的情况下，地区环境污染治理投资额（包括单位 GDP 下的投资额和人均投资额）与公众环境治理评价满意度正相关，且在统计上显著，说明政府环境污染治理投资额增加，公众的满意度会提高；政府环境本级行政处罚案件数与公众环境治理评价在 1% 的显著性水平下也呈正相关关系，说明政府针对环境污染实施环境监管处罚行为时，公众的满意度也明显提高。

9.3 政府环保行为与公众诉求：基于地级市数据的局部均衡分析

基于课题框架和数据可获取性，本节使用地级市数据通过构建如下联立方程模型对公众诉求和政府环保行为的关系进行分析，式（9-3）表示公众诉求对于政府环境监管以及环境污染治理措施的影响，这是政府与公众局部模型中的政府方程；式（9-4）表示政府已有的环境监管以及环境污染治理措施对公众诉求的影响，这是政府与公众局部模型中的公众方程。式（9-3）和式（9-4）联立起来表示政府与公众之间相互作用的局部均衡关系。

$$E_{it} = \alpha_{21} + \beta_{11} L\ (public\_\ appeal_{it}) + \beta_{12} pollution_{it} + X_{2it}' \gamma_{21} + \psi_{2it} \tag{9-3}$$

$$L\ (public\_\ appeal_{it}) = \alpha_{22} + \beta_{21} E_{it} + \beta_{22}\ pollution_{it} + Z_{2it}'\gamma_{22} + \varepsilon_{2it} \tag{9-4}$$

其中，E_{it}表示政府的环保行为，$pollution_{it}$表示第 i 个地级市 t 年的环境污染水平，$public_\ appeal_{it}$表示公众诉求，X_{2it}与 Z_{2it}为其他控制变量。

全面衡量环境污染水平是非常困难的，因为很难有一个指标能够全面捕捉环境污染的方方面面，为了全面分析环境污染对相关行为主体的影响，本小节尝试考虑了三种指标：一是 $PM_{2.5}$浓度全年均值；二是提取工业废水、工业烟尘、工业 SO_2 排放量的主成分即以工业污染为主的环境污染水平；三是提取 $PM_{2.5}$浓度全年均值、$PM_{2.5}$浓度全年极差、$PM_{2.5}$浓度全年标准差和工业废水排放量、工业烟尘排放量、工业 SO_2 排放量的主成分即综合环境污染水平。然后使用三阶段最小二乘法建立局部均衡模型研究政府与公众在治理环境污染中的作用与关系。

首先，我们将城市环境基础设施建设投资作为衡量政府环境污染治理投资力度的指标1；同样，考虑到企业受政府管制，如果环评不达标，政府不会给予企业生产经营许可，因此，企业治理污染的本年投资额可以视为政府对企业环境污染的监管行为，将城市环境基础设施建设投资和污染源本年投资总额两部分加总形成政府环境污染治理力度指标2。其次，我们重点使用常住人口的净流入率来衡量公众的环境诉求，其定义为（年末常住人口－上年末常住人口）/上年末常住人口，在模型中简记为“常住”。考虑到公众诉求测量方式的多样性，我们分别也使用户籍人口净流入率（简记为“户籍”）、城镇私营企业和个体劳动者就业人员数的变化率（简记为“私营”）、城镇单位就业人员数的变化率（简记为“单位”）以及城镇就业人员数的变化率（简记为“私营＋单位”）衡量公众的环境诉求。

9.3.1 基于 $PM_{2.5}$ 环境污染指标的公众诉求与环境污染治理投资分析

本小节基于 $PM_{2.5}$ 环境污染指标建立政府环境污染治理行为与公众诉求的局部均衡模型①。如表9－18所示，我们发现模型（1）政府行为方程中，$PM_{2.5}$ 浓度年均值的系数为正，且在1%的水平下统计显著，表明其对城市环境基础设施建设投资额有正向影响，即随着环境污染程度加重，政府环境基础设施投资额在增加。常住人口净流入率的系数也显著为正，表明常住人口净流入率越高，政府环境基础设施投资额也会越高。这里需要说明的是，常住人口净流入率的增加即意味着流入的人相对更多，流出的人相对更少，表明本地的环境状况事实上较好，也意味着当地政府对环境非常重视。而随着人口净流入的增加，环境压力逐渐增大，政府不得不继续加大投资。再看公众诉求方程中，用 $PM_{2.5}$ 浓度表示的污染程度值增加，会显著降低常住人口净流入率，即此地环境污染程度加重，会导致常住人口流出人口相对更多，而流入人口相对更少。这正是前面理论分析提到的“用脚投票”行为。企业产生的污染越严重，公众环保诉求越高；而当政府为满足公众诉求而增加环境治理投资时，常住人口净流入率将增加，即吸引常住人口流入，这说明政府的环境污染治理可以提高公众满意度，减少关于环保的诉求。

户籍人口的变动也能在一定程度上反映公众环保诉求。定义户籍人口净流入率＝（年末户籍人口数－年初户籍人口数－年平均人口数×人口自然增长率）/年初户籍人口数。表9－18中模型（2）报告了使用户籍人口净流入率衡量公众诉求（公众的“用脚投票”行为）的三阶段最小二乘法

① 2012年中国颁布新的《环境空气质量标准》(GB3095—2012)，空气质量监测数据由空气污染指数(Air Pollution Index, API)改为空气质量指数(Air Quality Index, AQI)。在中国，API是根据1996年颁布的空气质量“旧标准”[《环境空气质量标准》(GB3095—1996)]制定的空气质量评价指数，评价指标有 SO_2、NO_2、可吸入颗粒物(PM_{10})3项污染物。AQI分级计算参考的标准是新的《环境空气质量标准》(GB3095—2012)，参与评价的污染物为 SO_2、NO_2、PM_{10}、$PM_{2.5}$、O_3、CO等6项污染物，AQI采用分级限制标准相对于API更严，其评价结果更加客观。2013年，京津冀、长三角、珠三角等重点区域以及直辖市和省会城市共74个城市按照新标准开始进行监测；2014年，161个环境保护重点城市和国家环保模范城市开始实施新标准。但不管是AQI还是API，在我们的研究时段中和地级市层面都不能完全获得。这也是我们使用能在地级市层面及所有时间段都能获得的 $PM_{2.5}$ 作为环境污染衡量指标的原因之一。

回归结果，与用常住人口净流入率衡量公众诉求的结果进行比较。然而，模型（2）的结果表明，户籍人口净流入率对地方政府环境基础设施投资的影响虽然为负，但在统计上并不具有显著意义；同样，$PM_{2.5}$浓度年均值对增加政府环境基础设施投资的影响和降低户籍人口净流入率的影响也都不具有统计显著性。

接下来我们使用城镇私营企业和个体劳动者就业人数的变化率、城镇单位就业人员数的变化率以及两者之和城镇就业总人数的变化率来衡量高级人才的“用脚投票”行为，从而估计高级人才的环境诉求与政府环保行为的关系。与前面两个指标一致，定义这种高级人才的净流入率指标为（当年值－上年值）/上年值。模型（3）、模型（4）、模型（5）分别对应于用城镇私营企业和个体劳动者就业人员数的变化率、城镇单位就业人员数的变化率与两者和的变化率衡量高级人才的公众环保诉求的联立方程模型。

总的来说，大致结果与前述指标较为一致，具体有：$PM_{2.5}$浓度年均值增加即污染更加严重，公众诉求会增多，从而促使地方政府增加对环境基础设施的投资；高级人才净流入增加，会促使政府加大对环境基础设施的投入。但是$PM_{2.5}$浓度年均值以及地方政府的环境基础设施投资对于此处的高级人才流动的影响并不具有统计显著性。

表9－18　政府与公众局部均衡：$PM_{2.5}$浓度与城市环境基础设施建设投资

项目	(1) 常住	(2) 户籍	(3) 私营	(4) 单位	(5) 私营＋单位
政府方程（因变量：城市环境基础设施建设投资）					
pm25_ mean	0.014*** (6.56)	0.0084 (1.55)	0.0046 (1.37)	0.0085** (2.44)	0.0079*** (3.17)
per_ pop net inflow	0.022*** (2.58)	−0.040 (−1.43)	2.72* (1.87)	−8.16 (−1.14)	8.38* (1.84)
indus & frm pro.	−0.28*** (−5.02)	−0.12 (−0.64)	−0.13* (−1.67)	−0.18*** (−3.29)	−0.14** (−2.53)
ln*tot. real tax*	−0.035 (−1.04)	−0.072* (−1.85)	−0.067** (−1.97)	−0.047 (−0.87)	−0.060* (−1.66)

续表

项目	(1) 常住	(2) 户籍	(3) 私营	(4) 单位	(5) 私营+单位
ln (*GDP pc*)	0.91 *** (10.89)	1.06 *** (10.10)	0.82 *** (10.94)	0.93 *** (4.94)	0.79 *** (9.40)
pub financial spending	0.20 *** (3.01)	0.45 *** (6.79)	0.36 *** (7.00)	0.32 (1.55)	0.34 *** (6.66)
Constant	-2.91 *** (-3.15)	-7.69 *** (-3.64)	-5.56 *** (-6.23)	-4.92 *** (-5.55)	-4.76 *** (-6.45)
公众方程					
pm25_ mean	-0.20 *** (-4.29)	-0.092 (-0.48)	0.0016 (1.60)	-0.00019 (-0.35)	0.00010 (0.38)
ln*env. gov.*	6.52 *** (6.51)	9.15 *** (2.78)	-0.0084 (-0.39)	0.0060 (0.48)	0.0033 (0.60)
ln*real wage pc*	12.2 *** (3.67)	-9.64 (-1.03)	0.11 *** (2.59)	-0.039 (-0.92)	0.039 ** (1.96)
population density	0.0014 ** (2.31)				
Public goods4	-1.63 ** (-2.39)	1.64 (0.58)	-0.018 (-0.90)	0.010 * (1.92)	-0.0046 (-1.52)
Constant	-72.3 *** (-8.38)	-39.8 (-1.33)	0.31 * (1.65)	0.0018 (0.02)	0.051 (1.12)
Year FE	Yes	Yes	Yes	Yes	Yes
N	1940	3392	3303	3421	3301

资料来源：《中国城市统计年鉴》。

注：括号中数据为 t 统计量；* 代表 $p<0.10$，** 代表 $p<0.05$，*** 代表 $p<0.01$。以下相同。

表9-19是对政府环境治理行为的另一种测量方式：城市环境基础设施建设投资和污染源本年投资总额两部分加总形成政府环境污染总治理指标。通过与表9-18进行对比不难发现，所得到的结论完全一致：空气污染会显著增加环境污染治理投资额，同时会显著降低常住人口净流入率，亦即人口流出相对更多，增加公众环保诉求；当政府环境治理投资总额达到一定程度时，常住人口净流入增加，这表明政府的环境污染治理可以减少公众环保诉求。

表9-19 政府与公众局部均衡：$PM_{2.5}$浓度与城市环境基础设施建设投资+污染源本年投资总额

项目	(1) 常住	(2) 户籍	(3) 私营	(4) 单位	(5) 私营+单位
政府方程（因变量：城市环境基础设施建设投资+污染源本年投资总额）					
pm25_ mean	0.010*** (5.25)	0.0063 (1.20)	0.0032 (1.17)	0.0058 (0.92)	0.0061** (2.47)
per_ pop net inflow	0.024*** (3.14)	-0.039 (-1.46)	2.29** (1.97)	-14.3 (-0.98)	9.12** (2.41)
indus & frm pro.	-0.32*** (-6.69)	-0.20 (-1.02)	-0.18*** (-3.04)	-0.26*** (-5.08)	-0.18*** (-3.98)
ln*tot. real tax*	-0.0075 (-0.26)	-0.054* (-1.72)	-0.069*** (-2.61)	-0.034 (-0.33)	-0.067** (-2.37)
ln（*GDP pc*）	1.04*** (14.15)	1.30*** (13.12)	1.05*** (16.04)	1.21*** (3.51)	1.01*** (12.48)
pub financial spending	0.19*** (3.17)	0.34*** (6.51)	0.27*** (6.71)	0.24 (0.64)	0.26*** (5.69)
Constant	-2.47*** (-3.00)	-7.19*** (-3.58)	-5.25*** (-7.51)	-4.85*** (-3.31)	-4.69*** (-6.94)
公众方程					
pm25_ mean	-0.17*** (-4.12)	-0.098 (-0.53)	0.0019** (1.96)	-0.00023 (-0.44)	0.00014 (0.56)
ln*env. tot. inv.*	5.82*** (6.93)	10.5*** (3.45)	-0.030 (-1.57)	0.0096 (0.84)	-0.0018 (-0.36)
ln*real wage pc*	11.1*** (3.54)	-16.6* (-1.89)	0.20*** (4.26)	-0.035 (-0.84)	0.051** (2.56)
population density	0.0019*** (3.17)				
*Public goods*4	-1.57** (-2.40)	-0.068 (-0.02)	-0.0021 (-0.11)	0.0035 (0.85)	-0.00038 (-0.15)
Constant	-73.8*** (-8.53)	-67.5** (-2.06)	0.54*** (2.64)	-0.046 (-0.41)	0.098* (1.94)

续表

项目	(1)	(2)	(3)	(4)	(5)
	常住	户籍	私营	单位	私营+单位
Year FE	Yes	Yes	Yes	Yes	Yes
N	1979	3449	3359	3479	3357

9.3.2 基于工业环境污染指标的公众诉求与环境污染治理投资分析

本小节通过对与企业行为更加相关的工业废水、工业 SO_2、工业烟尘排放量等指标进行主成分分析，获得工业环境污染指标（*industrial waste*）来衡量企业环境污染行为，主成分值越高表明工业“三废”的排放越多。基于工业环境污染指标的公众诉求与政府环境污染治理投资的联立方程模型结果见表9-20。

表9-20 政府与公众局部均衡：工业“三废”与城市环境基础设施建设投资

项目	(1) 常住	(2) 户籍	(3) 私营	(4) 单位	(5) 私营+单位
政府方程（因变量：城市环境基础设施建设投资）					
industrial waste	0.13*** (6.31)	-0.0022 (-0.03)	0.12*** (2.73)	0.097*** (6.02)	0.10*** (5.52)
per_ pop net inflow	0.025*** (2.84)	-0.031* (-1.91)	4.41 (1.62)	-2.02 (-0.63)	3.76 (1.20)
indus & frm pro.	-0.22*** (-3.64)	-0.091 (-0.68)	-0.091 (-1.23)	-0.10** (-2.15)	-0.083* (-1.76)
ln*tot. real tax*	-0.031 (-0.93)	-0.083** (-2.18)	-0.067** (-2.04)	-0.053 (-1.52)	-0.064* (-1.94)
ln(*GDP pc*)	0.71*** (7.58)	0.93*** (9.01)	0.68*** (8.83)	0.73*** (6.90)	0.67*** (9.84)
pub financial spending	0.27*** (4.32)	0.51*** (7.82)	0.38*** (4.72)	0.36*** (3.57)	0.37*** (7.75)
Constant	-1.16 (-1.10)	-7.21*** (-3.55)	-4.76*** (-3.59)	-3.65*** (-6.62)	-3.67*** (-6.27)

续表

项目	(1) 常住	(2) 户籍	(3) 私营	(4) 单位	(5) 私营 + 单位
公众方程					
industrial waste	-1.37 *** (-2.88)	-4.63 ** (-2.07)	-0.0037 (-0.32)	-0.0016 (-0.26)	-0.0018 (-0.60)
ln*env. gov.*	7.51 *** (7.68)	9.22 ** (2.34)	0.020 (0.91)	-0.0015 (-0.12)	0.010 (1.63)
ln*real wage pc*	10.0 *** (2.96)	-3.03 (-0.53)	0.025 (1.06)	-0.030 (-0.74)	0.036 * (1.84)
population density	0.0012 ** (2.05)				
*Public goods*4	-1.95 *** (-3.00)	5.16 (1.40)	-0.025 (-1.16)	0.020 * (1.95)	-0.011 ** (-2.39)
Constant	-86.7 *** (-9.44)	-44.4 (-1.18)	0.13 (0.65)	0.062 (0.52)	-0.0060 (-0.11)
Year FE	Yes	Yes	Yes	Yes	Yes
N	1921	3376	3289	3405	3287

表 9 - 20 中所得结果与用 $PM_{2.5}$浓度衡量污染水平的结果基本一致。第一，在政府环境污染治理方程中，工业污染物排放量增加会显著增加地方政府对环境基础设施投资，这一点在用就业人数的变化率衡量高级人才的公众环保诉求的模型中也同样得到了支持，即工业污染物排放量增加，会促使地方政府加大对环境基础设施建设的投资额度。地级市市辖区的常住人口净流入率的增加，也在一定程度上增加了政府污染治理投资额，而且该系数在 1% 的水平下统计显著。这一点的理解同前面一样，人口净流入率越高，意味着越多的人流入进来，相对而言，尽管这里的环境相对更好，但通过“用脚投票”流动进来的人们的环境需求更加强烈，加之人口进入对环境造成的冲击，如更多的人进入企业生产，企业生产力的提升带来的环境压力会更多，这会促使政府加大环境治理投资力度。但是公众诉求的其他几种衡量指标的模型估计结果统计上不具有显著意义。第二，公众诉求方程中，我们发现，使用常住人口和户籍人口的净流入率衡量公众

环保诉求的方程中，工业环境污染的系数均显著为负，显著性水平分别为1%和5%。这说明随着工业环境污染程度加重，常住人口和户籍人口的净流入率会显著降低，也就是降低流入水平，提升流出水平，即会使人们通过“用脚投票”选择不在该地区工作或者生活。在分别用城镇私营企业和个体劳动者就业人数的变化率、城镇单位就业人员数的变化率以及两者之和的城镇就业总人数的变化率衡量高级人才的公众环保诉求（高级人才的“用脚投票”行为）的模型中工业污染系数虽然也为负，但在统计上不具有显著意义。而政府环境基础设施投资力度的加大可以显著减少公众的环保诉求行为，该系数在用常住人口和户籍人口的净流入率衡量公众环保诉求的方程中均显著为正。也就是说，政府环境污染治理力度的加大，会给所在地区人们更大的对美好环境的信心，减少人口流出，增加流入。但该系数同样在模型（3）、模型（4）、模型（5）中不具有统计显著性。

使用工业“三废”与城市环境基础设施建设投资和污染源本年投资总额两部分加总形成的政府环境污染治理指标构建的联立方程模型结果如表9-21所示。所得到的结论与前面的结果在系数方向和统计显著性方面完全一致，因此不再赘述，可以视为上述结果的一种稳健性分析，表明上述结论具有稳定性。

表9-21 政府与公众局部均衡：工业“三废”与城市环境基础设施建设投资+污染源本年投资总额

项目	(1)	(2)	(3)	(4)	(5)
	常住	户籍	私营	单位	私营+单位
政府方程（因变量：城市环境基础设施建设投资+污染源本年投资总额）					
industrial waste	0.11*** (6.33)	0.014 (0.23)	0.11*** (3.21)	0.095** (1.99)	0.10*** (4.83)
per_ pop net inflow	0.025*** (3.24)	-0.025** (-1.96)	3.48* (1.67)	-10.3 (-0.93)	6.33** (2.08)
indus & frm pro.	-0.29*** (-5.68)	-0.19* (-1.75)	-0.16*** (-3.04)	-0.22*** (-4.82)	-0.15*** (-3.91)
ln*tot. real tax*	-0.0016 (-0.05)	-0.059** (-1.98)	-0.068*** (-2.71)	-0.035 (-0.45)	-0.066** (-2.49)

续表

项目	(1)	(2)	(3)	(4)	(5)
	常住	户籍	私营	单位	私营+单位
ln(*GDP pc*)	0.90***	1.16***	0.92***	1.05***	0.90***
	(10.75)	(12.99)	(13.35)	(3.73)	(13.70)
pub financial spending	0.23***	0.38***	0.30***	0.28	0.29***
	(4.35)	(7.80)	(5.39)	(0.92)	(6.95)
Constant	-1.03	-6.14***	-4.43***	-3.66***	-3.57***
	(-1.11)	(-3.78)	(-4.46)	(-3.22)	(-6.00)
公众方程					
industrial waste	-1.23***	-4.51**	-0.0033	-0.0014	-0.0019
	(-2.70)	(-2.06)	(-0.29)	(-0.22)	(-0.64)
ln*env. tot. inv.*	6.70***	10.7***	0.0057	0.0032	0.0052
	(7.85)	(2.85)	(0.29)	(0.29)	(0.95)
ln*real wage pc*	9.47***	-14.3***	0.084***	-0.026	0.045**
	(2.88)	(-2.62)	(2.87)	(-0.65)	(2.31)
population density	0.0015***				
	(2.81)				
*Public goods*4	-2.00***	3.81	-0.019	0.011***	-0.0072**
	(-3.13)	(1.01)	(-0.90)	(2.96)	(-2.16)
Constant	-88.2***	-73.0*	0.24	0.012	0.029
	(-9.57)	(-1.75)	(1.11)	(0.11)	(0.50)
Year FE	Yes	Yes	Yes	Yes	Yes
N	1959	3432	3344	3462	3342

9.3.3 基于综合环境污染指标的公众诉求与环境污染治理投资分析

本小节使用了工业废水排放量、工业 SO_2 排放量、工业烟尘排放量、$PM_{2.5}$浓度全年极差、$PM_{2.5}$浓度全年均值、$PM_{2.5}$浓度全年标准差等的主成分来综合衡量环境污染水平。因为仅使用$PM_{2.5}$浓度全年均值有可能无法衡量极端情况以及离散情况。应该说，环境污染综合指标相对于前两个指标而言，是一个更加全面的指标[①]。具体结果见表9－22。

表9－22 政府与公众局部均衡：$PM_{2.5}$浓度、工业“三废”与城市环境基础设施建设投资

项目	(1)	(2)	(3)	(4)	(5)
	常住	户籍	私营	单位	私营＋单位
政府方程（因变量：城市环境基础设施投资）					
pollution_ pca3	0.15***	0.028	0.081**	0.11***	0.13***
	(6.02)	(0.38)	(2.21)	(3.59)	(3.87)
per_ pop net inflow	0.028***	－0.037*	3.67*	－6.56	6.81
	(2.92)	(－1.77)	(1.86)	(－1.08)	(1.42)
indus & frm pro.	－0.20***	－0.083	－0.091	－0.12**	－0.088*
	(－3.44)	(－0.55)	(－1.39)	(－2.38)	(－1.86)
ln*tot. real tax*	－0.037	－0.089**	－0.076**	－0.057	－0.068**
	(－1.13)	(－2.27)	(－2.35)	(－1.21)	(－1.97)
ln（*GDP pc*）	0.73***	0.98***	0.74***	0.82***	0.69***
	(7.61)	(9.22)	(10.27)	(4.92)	(8.91)
pub financial spending	0.24***	0.50***	0.38***	0.34*	0.35***
	(3.71)	(7.33)	(5.85)	(1.87)	(7.25)
Constant	－1.17	－7.53***	－5.28***	－4.14***	－3.81***
	(－1.04)	(－3.59)	(－4.56)	(－5.25)	(－5.70)
公众方程					
pollution_ pca3	－2.10***	－3.50	0.0080	－0.0017	－0.0044
	(－4.24)	(－1.58)	(0.70)	(－0.27)	(－1.46)
ln*env. gov.*	7.41***	9.08***	0.0064	－0.0015	0.0096
	(7.81)	(2.60)	(0.30)	(－0.12)	(1.62)
ln*real wage pc*	10.1***	－7.84	0.072**	－0.036	0.036*
	(3.00)	(－0.97)	(2.43)	(－0.86)	(1.80)
population density	0.0012**				
	(1.96)				

① 在空气污染方面，我国地级及以上城市在2013年以前主要公布的是API，2013年后公布包括$PM_{2.5}$在内的AQI。我们的样本跨度为2003—2015年，因此无论是API还是AQI，均无法直接比较。这也是我们通过工业“三废”、$PM_{2.5}$浓度等构建综合衡量环境污染指标的原因。

续表

项目	(1)	(2)	(3)	(4)	(5)
	常住	户籍	私营	单位	私营+单位
*Public goods*4	-1.57**	4.02	-0.028	0.020***	-0.0087***
	(-2.56)	(1.24)	(-1.28)	(3.45)	(-2.64)
Constant	-86.2***	-43.4	0.24	0.062	-0.0038
	(-9.91)	(-1.28)	(1.20)	(0.56)	(-0.07)
Year FE	Yes	Yes	Yes	Yes	Yes
N	1920	3365	3277	3393	3275

表9-22中所得结果与之前的$PM_{2.5}$浓度和工业“三废”单独衡量环境污染水平的结果总体上来说是一致的。第一，在政府环境污染治理方程中，我们发现，环境污染程度加重会显著增加地方政府对环境基础设施的投资，这一点在用城镇私营企业和个体劳动者就业人数的变化率、城镇单位就业人员数的变化率用及两者之和的城镇就业总人数的变化率衡量高级人才的公众环保诉求的模型中也同样得到了验证。常住人口净流入率的增加，也在一定程度上显著增加了政府污染治理投资额。但是用户籍变动率衡量的公众诉求系数为负，该结果有些难以理解，当然该系数也仅在10%的水平下统计显著；用城镇私营企业和个体劳动者就业人数的变化率衡量公众诉求，其估计系数同常住人口变化率衡量方式的结果一样为正，但仅在10%水平上统计显著；其他几种衡量指标的模型估计结果统计上不具有显著意义。第二，在公众诉求方程中，我们发现，用常住人口的净流入率衡量公众环保诉求的方程中，环境污染综合指标的系数显著为负，显著性水平为1%，这说明环境污染程度加重会显著降低常住人口的净流入率，即流入相对减少，流出相对增加，即会使人们通过“用脚投票”选择不在该地区工作或者生活。用其他指标衡量公众环保诉求的模型中环境污染系数虽然也为负，但在统计上不具有显著意义。而政府环境基础设施投资力度加大可以显著减少公众的环保诉求行为，该系数在用常住人口和户籍人口的净流入率衡量公众环保诉求的方程中均显著为正。也就是说，政府环境污染治理力度的加大，人们对所在地区环境更有信心，

人口流出减少，流入增加。但该系数同样在模型（3）、模型（4）、模型（5）中不具有统计显著性。

表9-23是在表9-21的基础上增加 $PM_{2.5}$ 浓度的回归结果。结果显示，所有变量的系数方向和统计显著性基本一致，也说明前面结论具有稳健性。

表9-23 政府与公众局部均衡：$PM_{2.5}$ 浓度、工业“三废”与城市环境基础设施建设投资+污染源本年投资总额

项目	(1)	(2)	(3)	(4)	(5)
	常住	户籍	私营	单位	私营+单位
政府方程（因变量：城市环境基础设施建设投资+污染源本年投资总额）					
pollution_ pca3	0.14***	0.026	0.080***	0.10	0.14***
	(6.53)	(0.38)	(2.58)	(1.57)	(3.95)
per_ pop net inflow	0.029***	-0.035*	3.15*	-15.0	9.17**
	(3.44)	(-1.84)	(1.95)	(-0.96)	(2.06)
indus & frm pro.	-0.28***	-0.18	-0.16***	-0.22***	-0.15***
	(-5.40)	(-1.29)	(-3.23)	(-4.58)	(-3.86)
ln *tot. real tax*	-0.0061	-0.065**	-0.074***	-0.035	-0.069**
	(-0.22)	(-2.07)	(-2.92)	(-0.33)	(-2.56)
ln (*GDP pc*)	0.90***	1.23***	0.97***	1.13***	0.90***
	(10.36)	(12.38)	(15.14)	(3.00)	(11.22)
pub financial spending	0.20***	0.38***	0.30***	0.25	0.28***
	(3.67)	(7.26)	(6.07)	(0.59)	(6.25)
Constant	-0.72	-6.91***	-4.94***	-4.09***	-3.63***
	(-0.71)	(-3.58)	(-5.35)	(-2.63)	(-5.16)
公众方程					
pollution_ pca3	-2.02***	-3.67*	0.0100	-0.0016	-0.0044
	(-4.27)	(-1.69)	(0.89)	(-0.26)	(-1.48)
ln *env. tot. inv.*	6.76***	10.6***	-0.0098	0.0055	0.0050
	(8.29)	(3.22)	(-0.51)	(0.49)	(0.91)
ln *real wage pc*	9.32***	-16.3**	0.14***	-0.029	0.044**
	(2.90)	(-2.20)	(4.29)	(-0.70)	(2.18)

续表

项目	(1)	(2)	(3)	(4)	(5)
	常住	户籍	私营	单位	私营+单位
population density	0.0014** (2.44)				
Public goods4	-1.63*** (-2.80)	2.48 (0.76)	-0.019 (-0.90)	0.0083*** (2.58)	-0.0049* (-1.95)
Constant	-89.0*** (-10.25)	-72.3* (-1.95)	0.40* (1.84)	-0.012 (-0.10)	0.030 (0.52)
Year FE	Yes	Yes	Yes	Yes	Yes
N	1958	3421	3332	3450	3330

9.3.4　小结

综合以上关于政府与公众共治环境污染相互作用局部均衡的各种模型回归结果，可以得出如下总结：第一，公众对环境污染的确存在“用脚投票”的诉求行为，即随着环境污染程度加重，人们会在其他条件相同的情况下，选择搬离所在地区；第二，政府对环境污染的治理可以在一定程度上减少社会公众对环境的诉求；第三，政府会视环境污染程度而改变环境污染治理力度，具体来说就是在环境污染程度加重的情况下，政府会加大投入治理污染；第四，公众“用脚投票”的诉求行为对于流入地来说也会促进政府加大环境污染治理投资力度。

9.4　本章小结

本章利用相关数据分别考察公众诉求对政府环保行为的影响、政府环保行为对公众环境评价的影响，以及政府环保行为与公众诉求之间的联立性影响。综上可得以下结论：第一，公众环境诉求的表达有利于促进地方政府的环境保护行为，民众通过来信来访等方式表达环保诉求能够促进地方政府加强环境监管行为和推动地区环境法治建设；第二，政府环境保护行为与公众对政府的环境治理评价满意度呈正相关关系，政府环境污染治理投资额、政府环境本级行政处罚案件数和政府环境监管处罚行为都与公众环境满意度评价显著正相关；第三，基于联立方程模型结果可知，公众对环境污染的确存在“用脚投票”的诉求行为，政府对环境污染的治理可以在一定程度上减少社会公众对环境的诉求，政府会视环境污染程度而改变环境污染治理力度。

第10章　企业与公众共治环境污染相互作用的局部均衡分析

10.1　企业的工资对公众形成引力

在企业与公众的行为关系中，一方面，如果企业能为公众提供良好的生态环境质量和有吸引力的工资水平，不但公众口碑会提升企业的无形资产价值，而且拥有劳动能力的公众（尤其是高素质劳动力的公众）也愿意为企业发展贡献其劳动力，从而促进企业的长远发展；另一方面，如果企业不能为公众提供良好的环境质量和工资水平，公众对企业的负面评价就会降低企业的无形资产价值，同时拥有高素质劳动力的公众也可能会放弃为该企业发展贡献劳动力，从而制约企业的长远发展，反过来在一定程度上倒逼企业改善环境质量和提高工资水平。

接下来，我们使用《中国城市统计年鉴》数据描述我国地级及以上城市城镇单位在岗职工[①]工资情况。我们对在岗职工平均工资以1997年为基期利用消费者价格指数进行通货膨胀调整。

1998—2015年我国城镇单位在岗职工的名义平均工资和真实平均工资的变化趋势见图10－1。其中，真实平均工资以1997年为基期利用各省消费者价格指数进行通货膨胀调整，使得各年的工资可以比较。1998—2004

① 《中国劳动统计年鉴》主要统计指标解释：城镇单位就业人员指在各级国家机关、政党机关、社会团体及企业、事业单位中工作，取得工资或其他形式的劳动报酬的全部人员。包括在岗职工、再就业的离退休人员、民办教师以及在各单位中工作的外方人员和港澳台方人员、兼职人员、借用的外单位人员和第二职业者。不包括离开本单位仍保留劳动关系的职工。

年，我国城镇单位在岗职工名义平均工资与真实平均工资之间的差距并不明显。自2005年起，全国城镇单位在岗职工名义平均工资与真实平均工资之间呈现出一定的差距，且差距在不断地拉大。

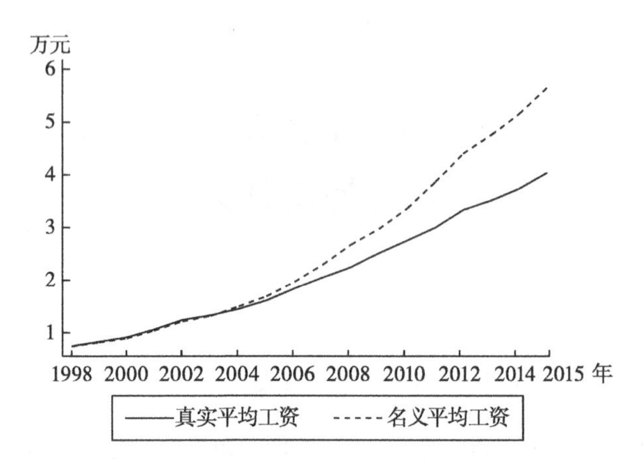

图10-1　1998—2015年我国城镇单位在岗职工的名义平均工资和真实平均工资的变化趋势

资料来源：《中国城市统计年鉴》《中国价格统计年鉴》。

注：真实平均工资以1997年为基期利用各省（区、市）消费者价格指数进行通货膨胀调整。

10.2　公众通过“用脚投票”表达环境诉求

本节我们利用《中国城市统计年鉴》地级及以上城市统计数据描述企业与公众之间相互作用的中介：工资与公众诉求（公众“用脚投票”行为）。课题组使用常住人口净流入率（简记为“常住”）、户籍人口净流入率（简记为“户籍”）、城镇私营企业和个体劳动者就业人员数的变化率（简记为“私营”）、城镇单位就业人员数的变化率（简记为“单位”）以及城镇就业人员数的变化率（简记为“私营+单位”）衡量公众的环境诉求。

10.2.1　城镇就业人员数的变化

与工资相关的是就业人员数量。《中国劳动统计年鉴》分省份报告了城镇就业人数，但并未报告各地级市的数据。又由于就业人员数量还包括了乡镇人员数量，而本课题主要关注城市环境污染，因此我们使用了《中国城市统计年鉴》中城镇单位就业人员数量与城镇私营企业和个体劳动者就业人员数量。

城镇私营就业人员是指在工商管理部门注册登记，其经营地址设在县城关镇（含县城关镇）以上的私营企业就业人员，包括私营企业投资者和雇工。城镇个体就业人员是指在工商管理部门注册登记，并持有城镇户口或在城镇长期居住，经批准从事个体工商经营的就业人员，包括个体经营者和在个体工商户劳动的家庭帮工和雇工。[①]

与城镇单位就业人员及城镇私营企业和个体劳动者就业人员相关的两个概念是城镇就业人数和在岗职工平均人数。就业人员数是指在 16 周岁及以上，从事一定社会劳动并取得劳动报酬或经营收入的人员。这一指标反映了一定时期内全部劳动力资源的实际利用情况，是研究我国基本国情国力的重要指标。就业人员包括：① 职工；②再就业的离退休人员；③私营业主；④个体户主；⑤私营企业和个体就业人员；⑥乡镇企业就业人员；⑦农村就业人员；⑧其他就业人员。在岗职工平均人数是指在国有经济、城镇集体经济和其他各种经济类型单位及附属机构生产或工作，并由单位支付工资的在岗人员人数（包括在乡镇一级管理机构中工作、由国家支付工资的干部），不包括已退休的职工，在农村乡镇企、事业单位中参加劳动并取得收入的劳动者和城乡个体劳动者。[②] 从概念上来看，就业人员的范畴最大，包括了城镇单位就业人员及城镇私营企业和个体劳动者就业人员，城镇单位就业人员又包括了在岗职工。

图 10－2 分城镇单位以及城镇私营企业和个体劳动者[③]两类描述了 2002—2015 年我国地级及以上城市就业人员数变化情况。可以看出，我国地级及以上城市城镇单位就业人数始终大于城镇私营企业和个体劳动者就业人数。2002—2015 年，两者均呈现出逐渐上升趋势。城镇单位就业人数在 2013 年有一次相对较大的跃升，但 2014 年和 2015 年后有所回落。

---

① 国家统计局官网，http://www.stats.gov.cn/tjsj/zbjs/201310/t20131029_449543.html。

② 《中国城市统计年鉴》：主要统计指标解释。

③ 《中国城市统计年鉴(2002)》仅报告了 2001 年个体劳动者就业数量，与 2003 年所报告的 2002 年私营企业和个体劳动者就业数量统计口径发生了变化。因此，课题所使用的数据从 2002 年开始。

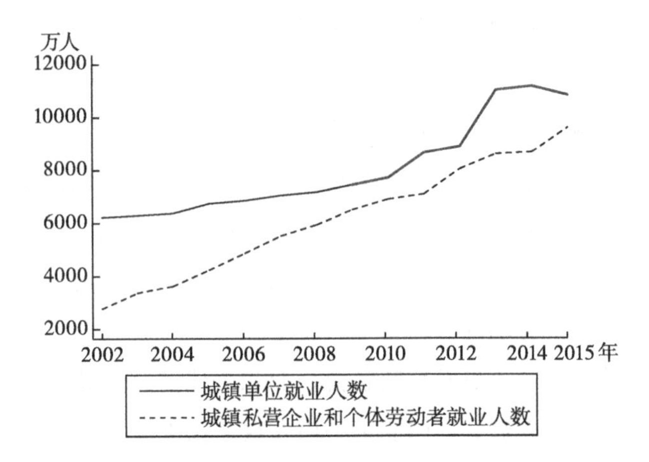

图 10－2　2002—2015 年我国地级及以上城市就业人员数变化情况

资料来源:《中国城市统计年鉴》。

10.2.2　城镇常住与户籍人口净流入率

接下来，我们再来看看常住人口净流入率与户籍人口净流入率在我国地级及以上城市中的分布情况。文献中常常有不同的指标来衡量人口流动。例如，李晶晶（2015）使用常住人口与户籍人口离差所占常住总人口的比重作为衡量人口流动的指标。李拓和李斌（2015）定义的人口流入速度＝（年末人口－上年末人口－上年末人口×人口自然增长率）/年末人口。段平忠和刘传江（2012）定义的各省份净迁移人口数＝省年末人口－上年末人口－自然增长，该定义涵盖了非户籍迁移和户籍迁移两种迁移。颜咏华和郭志仪（2015）使用《全国暂住人口统计资料汇编》省级层面数据，定义暂住时间在一个月以上的暂住人口为流入人口。该定义可能存在如下两个方面的问题：一是仅衡量了流入未能衡量流出，因此并不是净流入；二是对流入仅包括了暂住等非户籍的迁徙，未能包括户籍类的迁徙。杨晓军（2017）选取《中国城乡建设统计年鉴》统计的各城市市区暂住人口数量作为流动人口的代理变量。课题组借鉴李拓和李斌（2015）以及根据《中国城市统计年鉴》对主要统计指标的解释，定义了地级及以上城市户籍人口净流入率（‰）。具体地，人口净流入率＝（年末人口－上年末人口－年平均人口数×人口自然增长率）/上年末人口。我们的定义与李拓和李斌的定义有一定的不同。首先，他们在减去人口自然增长时，使用上年末的人口数与人口自然增长率相乘，而我们使用年平均人口数与人口自然增长率相乘。其原因在于，根据《中国城市统计年鉴》及国家统计局对主要统计指标的解释，计算人口自然增长率时一般使用统计时期内的平均数（或期中数）[①]，因此相对应地减去人口的自然增长时，也应该使用统计时期内的平均数（或期中数）。其次，我们在相除时，分母是上年末人口，而他们使用的是本年末人口。

我们也运用常住人口的统计口径定义了常住人口流动率（‰）。具体地，常住人口流入率 =（年末常住人口 - 上年末常住人口）/上年末常住人口[②]。常住人口是指实际经常居住在某地区一定时间（半年以上，含半年）的人口。[③] 常住人口统计数据来源于《中国区域经济统计年鉴》。

图10-3描述了1994—2018年我国地级及以上城市与全国人口的自然增长率。可以看出，在2013年“单独二孩”政策出台后，地级及以上城市市辖区的人口自然增长率有一次较大幅度的跃升，并维持至2014年，随后于2015年开始回落。同期，全国平均的人口自然增长率并没有显著增加，仅仅是小幅上扬，并于2017年开始回落。这说明地级及以上城市的人口自然增长率增长并没有显著带动全国平均人口自然增长率上升。地级及以上城市人口的自然增长率在大部分时间中均低于全国平均人口自然增长率，仅在2006—2011年和2013—2015年短暂地高于全国平均人口自然增长率。

---

① 国家统计局：人口自然增长率是指在一定时期内（通常为一年）人口自然增加数（出生人数减死亡人数）与该时期内平均人数（或期中人数）之比，用千分率表示。计算公式为：人口自然增长率 =（年出生人口 - 年死亡人口）/年平均人口 ×1000‰ = 人口出生率 - 人口死亡率。

② 统计年鉴中没有报告根据常住人口计算的人口自然增长率，只报告根据户籍人口计算的人口自然增长率。

③ 常住人口主要包括：a. 调查时点居住在本乡、镇、街道，户口也在本乡、镇、街道的人；b. 调查时点居住在本乡、镇、街道，户口不在本乡、镇、街道，离开户口登记地半年以上的人；c. 调查时点居住在本乡、镇、街道，尚未办理常住户口的人；d. 户口在本乡、镇、街道，调查时点居住在港澳台或国外的人（参见国家统计局官网，http://www.stats.gov.cn/tjzs/cjwtjd/201308/t20130829_74322.html）。

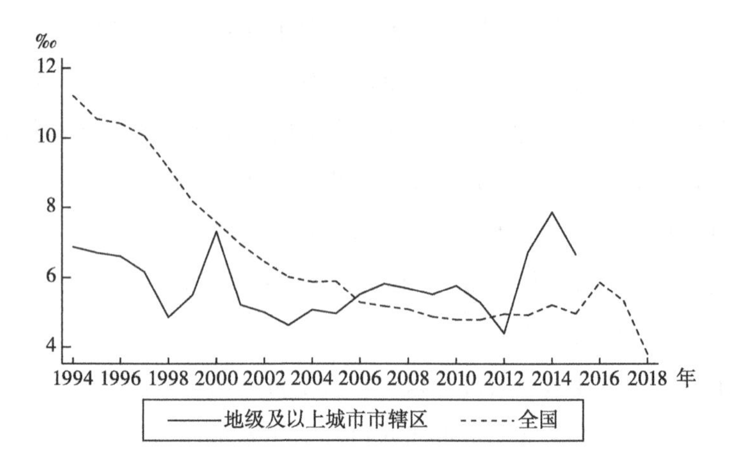

图 10－3　1994—2018 年我国地级及以上城市与全国人口自然增长率

资料来源：国家统计局，《中国城市统计年鉴》。

图 10－4 描述了 1995—2015 年以户籍人口与常住人口为统计口径的地级及以上城市人口净流入率。[①] 净流入率大于零表示净流入，小于零表示净流出。我国 1995—2015 年以户籍人口为口径的地级及以上城市市辖区的人口净流入率呈现出较大的变化。最大的变化有两次：一是 2001—2003 年；二是 2012—2015 年。2001 年 3 月，《国务院批转公安部关于推进小城镇户籍管理制度改革意见的通知》明确了“凡在县级市市区、县人民政府驻地镇及其他建制镇范围内有合法固定的住所、稳定的职业或生活来源的人员及与其共同居住生活的直系亲属，均可根据本人意愿办理城镇常住户口”，因此市区户籍人口数量在随后几年间大幅增加。2013 年《中共中央关于全面深化改革若干重大问题的决定》指出，要“创新人口管理，加快户籍制度改革，全面放开建制镇和小城市落户限制，有序放开中等城市落户限制，合理确定大城市落户条件，严格控制特大城市人口规模”。2014 年 7 月，《国务院关于进一步推进户籍制度改革的意见》正式发布。因此，在此期间地级及以上城市户籍人口数再次呈现出大幅增长趋势，但其增长

① 查东莞市 2005 年前后行政区划未发生变更，但 2004 年东莞市辖区户籍人口数为 161.97 万人，2005 年为 656.07 万人，2006 年为 168.31 万人，之后均未超过 200 万人。故推测 2005 年人口数实为 156.07 万人，而不是 656.07 万人，我们在计算过程中考虑了该因素。

幅度已经小于 2001 年户籍制度改革所带来的增长。

相对而言，以常住人口为口径计算的人口净流入率的波动则较小。总体来看，以常住人口为口径计算的人口净流入率在 2004—2015 年呈现出小幅波动但缓慢下降的趋势。在没有户籍制度改革期间，以户籍口径表示的人口净流入率与以常住人口口径表示的人口净流入率几乎相同。需要指出的是，不管是常住人口口径还是户籍人口口径，都无法排除行政区划变更所导致的常住人口或户籍人口数量的变化。

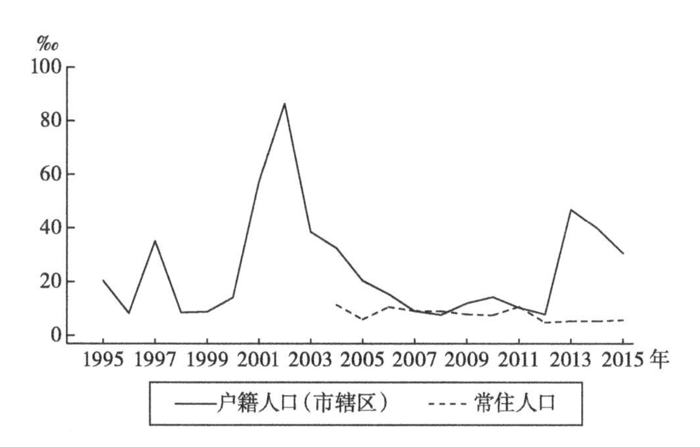

图 10－4　1995—2015 年我国地级及以上城市人口净流入率

资料来源：《中国城市统计年鉴》《中国区域经济统计年鉴》。

城市公共服务是影响公众流动的重要因素。借鉴李拓和李斌（2015）的研究，我们利用熵值法构建了衡量城市公共服务水平的评价指标。基于信息熵的原理，我们根据生活用电、生活用水、公共交通、图书馆藏书、中小学教育、医疗卫生等与居民生活、城市基础设施文化教育以及医疗卫生相关的变量所提供的信息量大小，确定指标权重，构建了一个衡量城市公共服务水平的指标。以 2010 年为例，公共服务评价指标的各项权重和累计权重见表 10－1。值得注意的是，在使用熵值法构建公共服务评价指标之前，我们利用插值法替换了某些年生活用电等指标存在缺失信息的情况。

表10－1　2010年城市公共服务评价指标（熵值法）

指标	定义	权重	累计权重
生活用电	城乡居民生活用电量	0.6138	0.6138
生活用水	城市生活用水年供水量	0.1248	0.7386
生活污染处理	污水处理厂集中处理率	0.0677	0.8063
生活垃圾处理	生活垃圾无害化处理率	0.0418	0.8481
公共交通（公交车）	城市单位人口拥有公共汽车数	0.0364	0.8845
城市道路面积	城市人均拥有道路面积	0.0352	0.9197
公共交通（出租车）	出租汽车运营数	0.0220	0.9417
图书馆藏书	单位人口拥有公共图书馆藏量	0.0154	0.9571
中等教育	普通中学数	0.0130	0.9701
	普通中学专任教师数	0.0111	0.9813
	普通中学在校生数	0.0062	0.9874
初等教育	普通小学专任教师数	0.0040	0.9915
	普通小学数	0.0027	0.9942
	普通小学在校学生数	0.0021	0.9963
医疗卫生	医疗卫生机构数——医院和卫生院	0.0016	0.9979
	执业（助理）医师数——医院和卫生院	0.0012	0.9991
	医疗卫生机构床位数——医院和卫生院	0.0009	1.0000

10.3　企业行为与公众诉求：基于地级市数据的局部均衡分析

上节使用《中国城市统计年鉴》地级及以上城市的统计数据计算并描述了使用我国地级市常住人口、户籍人口净流入率等衡量的公众诉求的变化趋势。本节在此基础上建立企业与公众的局部均衡分析模型来分析企业与公众相互作用的机理。具体地，我们使用如下局部均衡模型。式(10－1)表示企业污染行为和工资水平对公众劳动力流动的影响，这是企业与公众局部均衡模型中的公众方程；式（10－2）表示公众劳动力流动和企业污染行为对企业所支付的工资水平的影响，这是企业与公众局部均衡模型中的企业方程。值得注意的是，企业支付的工资水平来自其销售收入。式（10－1）和式（10－2）联立起来表示公众与企业之间的局部均衡关系。

$$L\ (public\_\ appeal_{it}) = \alpha_{31} + \beta_{31}\, pollution_{it} + \delta_{31}\, wage_{it} + X_{3it}'\gamma_{31} + \psi_{3it} \tag{10-1}$$

$$wage_{it} = \alpha_{32} + \beta_{32} L\ (public\_\ appeal_{it}) + \delta_{32} pollution_{it} + Z_{3it}'\gamma_{32} + \varepsilon_{3i} \tag{10-2}$$

其中，用 $wage_{it}$ 来衡量省份平均工资水平，$pollution_{it}$ 表示第 i 个省份 t 年的环境污染水平，$public\_\ appeal_{it}$ 表示公众诉求，X_{3it} 与 Z_{3it} 为其他控制变量。

接下来，我们分别使用常住人口净流入率、户籍人口净流入率、市辖区城镇私营企业和个体劳动者就业人员数的变化率、城镇单位就业人员数的变化率以及城镇就业人员总数的变化率衡量公众诉求；分别使用 $PM_{2.5}$ 浓度全年均值，提取工业废水、工业烟尘、工业 SO_2 排放量的主成分（工业“三废”主成分）以及提取 $PM_{2.5}$ 浓度全年均值、$PM_{2.5}$ 浓度全年极差[①]、$PM_{2.5}$ 浓度全年标准差和工业废水排放量、工业烟尘排放量、工业 SO_2 排放量的主成分（综合污染物排放量主成分）作为衡量企业环境污染水平的指标，利用混合横截面普通最小二乘法（OLS）、面板数据固定效应模型（FE）、随机效应模型（RE）和3SLS、迭代3SLS建立局部均衡模型研究企业与公众在治理环境污染中的作用与关系。

10.3.1　使用常住人口净流入率与 $PM_{2.5}$ 浓度建立局部均衡模型

首先，本小节使用常住人口的净流入率作为衡量公众诉求的指标及使用 $PM_{2.5}$ 浓度作为衡量环境污染水平的指标，表10-2报告了局部均衡的回归结果。课题组定义常住人口的净流入率 =（年末常住人口 - 上年末常住人口）/上年末常住人口。表10-2第1列至第3列没有控制其他变量，我们发现用常住人口净流入率衡量的公众诉求与污染物 $PM_{2.5}$ 浓度全年均值呈负相关关系，说明当 $PM_{2.5}$ 浓度增加时，常住人口净流入率降低。第4列至第6列控制如城市公共服务水平等影响常住人口净流入率的其他变量后，我们发现普通最小二乘法（OLS）、面板数据固定效应模型（FE）与随机

① 极差 = 极大值 - 极小值。

效应模型（RE）均显示$PM_{2.5}$浓度全年均值与常住人口净流入率呈更加显著的负相关关系。

其他控制变量也与经验相符。例如，真实人均GDP与常住人口净流入率（*per_ pop net inflow*）正相关。市辖区内的公共服务水平与人口净流入率显著正相关。不过，公共服务水平对常住人口净流入率的影响似乎并不稳健，系数在FE与RE模型中变为负值，但并不显著。地级及以上城市当前的人口密度与常住人口净流入率正相关，显示出城市已有人口对于潜在人口的规模效应，即人口密度大的城市将吸引更多的人口流入。人口密度对常住人口净流入率的影响在OLS、FE和RE模型中均显著。我们还控制了2004—2015每年的年度固定效应，限于篇幅，未在表中报告具体回归结果（Year FE）。

表10－2　污染对公众流动的影响：OLS、FE和RE（因变量：常住人口净流入率）

项目	(1)	(2)	(3)	(4)	(5)	(6)
	OLS1	FE1	RE1	OLS2	FE2	RE2
pm25_ mean	-0.010	-0.35*	-0.0053	-0.092**	-0.37*	-0.092*
	(0.037)	(0.19)	(0.048)	(0.037)	(0.20)	(0.052)
ln*real wage pc*	27.8***	14.9***	25.7***	12.0***	10.4*	11.6***
	(2.91)	(5.79)	(3.25)	(2.82)	(5.98)	(4.18)
population density				0.0018***	0.0045**	0.0022**
				(0.00066)	(0.0019)	(0.00092)
ln*real GDP pc*				7.21***	12.1***	7.73***
				(1.32)	(4.08)	(1.62)
*Public goods*4				1.34**	-0.94	1.07
				(0.52)	(2.64)	(0.77)
Constant	-6.73**	-2.72	-29.5***	-69.1***	-127.0***	-90.4***
	(2.84)	(10.7)	(5.04)	(13.1)	(44.0)	(14.9)
Year FE	Yes	Yes	Yes	Yes	Yes	Yes
Observations	2070	2070	2070	1979	1979	1979
R^2	0.057	0.012		0.073	0.020	

资料来源：《中国城市统计年鉴》。

注：括号中数据为标准误；* 代表 $p < 0.10$，** 代表 $p < 0.05$，*** 代表 $p < 0.01$。以下相同。

我们再来观察常住人口净流入率（*per_ pop net inflow*）与在岗职工真

实平均工资之间的关系。表10－3报告了该回归结果。我们发现常住人口净流入率与在岗职工真实平均工资正相关。该结果说明：真实平均工资越高，常住人口净流入越多；常住人口增加，将增加劳动力市场的厚度，这也使得在岗职工真实平均工资增加。

其他控制变量也与经验一致。例如，用于衡量地级城市经济发展水平的真实人均GDP增加，在岗职工真实平均工资将显著增加。市辖区规模以上工业企业单位数（ln*firms*）与在岗职工真实平均工资呈一定的负相关关系，但并不十分稳健。市辖区限额以上批发和零售业法人企业数（ln*whole sale*）与在岗职工真实平均工资正相关，且十分显著和稳健。市辖区实际利用外资金额（ln*real FDI*）与在岗职工真实平均工资显著正相关。

表10－3　人口流动对工资水平的影响：OLS、FE和RE

（因变量：在岗职工真实平均工资）

项目	(1)	(2)	(3)	(4)	(5)	(6)
	OLS1	FE1	RE1	OLS2	FE2	RE2
per_ pop net inflow	0.0019***	0.0003***	0.0003***	0.0004***	0.0003***	0.0003***
	(3.85)	(2.58)	(3.44)	(3.01)	(2.92)	(2.96)
pm25_ mean	0.0011***	0.00014	0.00048	－0.002***	－0.00037	－0.0009**
	(3.67)	(0.18)	(0.92)	(－5.87)	(－0.54)	(－2.09)
ln*real FDI*				0.0094***	0.0050	0.0094***
				(2.91)	(1.50)	(3.08)
ln*real GDP pc*				0.13***	0.050***	0.089***
				(14.67)	(3.33)	(7.18)
ln*firms*				－0.012	－0.024***	－0.0038
				(－1.58)	(－2.63)	(－0.51)
ln*whole sale*				0.078***	0.033***	0.053***
				(11.29)	(4.25)	(7.78)
Constant	0.39***	1.38***	1.36***	－1.05***	0.80***	0.13
	(9.79)	(48.20)	(58.46)	(－13.57)	(4.77)	(1.09)
Year FE	Yes	Yes	Yes	Yes	Yes	Yes
Observations	2070	2070	2070	1728	1728	1728
R^2	0.584	0.860		0.786	0.897	

其次，我们建立企业环境污染行为与公众诉求的局部均衡模型。我们使用了 3SLS 和迭代的 3SLS 来估计企业与公众的局部均衡模型。迭代 3SLS，即用 3SLS 的残差重新估计方程残差的协方差矩阵，再使用广义最小二乘法（GLS）估计方程，如此反复，直至收敛。如表 10－4 所示，3SLS 和迭代 3SLS 两种估计方法得到的结果没有显著差别。第 1 列至第 2 列，我们没有控制其他变量，仅观察企业污染行为（$PM_{2.5}$浓度）与公众诉求（常住人口净流入率）之间的局部均衡关系。我们发现，$PM_{2.5}$浓度全年均值对常住人口净流入率有负面影响，即 $PM_{2.5}$浓度全年均值越高，常住人口净流入率越低，同时常住人口净流入率越高，在岗职工真实平均工资越低。第 3 列至第 4 列分别控制了其他影响变量。我们发现，与第 1 列至第 2 列相比，在常住人口净流入率方程中，$PM_{2.5}$浓度全年均值对常住人口净流入率的影响虽仍然为负但已经不显著；在工资方程中，常住人口净流入率与市辖区在岗职工平均工资的关系也由显著为负变为并不显著的负向关系。这说明，局部均衡模型中发现的 $PM_{2.5}$浓度与常住人口净流入率之间的关系并不十分稳健，第 1 列至第 2 列中的关系显著有可能是由遗漏的控制变量导致的。

局部均衡模型中的其他控制变量与经验也一致。人口密度越高，常住人口净流入率越高。市辖区规模以上工业企业单位数（ln*firms*）与在岗职工工资呈一定的负相关关系，但并不十分稳健。市辖区限额以上批发和零售业法人企业数（ln*whole sale*）与在岗职工工资正相关，且十分显著和稳健。市辖区实际利用外资金额（ln*real FDI*）以及人均真实 GDP 与在岗职工工资显著正相关。

表 10－4　企业与公众局部均衡：3SLS、迭代 3SLS（1）

项目	(1)	(2)	(3)	(4)
	3SLS1	迭代 3SLS1	3SLS2	迭代 3SLS2
公众方程（因变量：常住人口净流入率，*per_ pop net inflow*）				
pm25_ mean	−0.075*	−0.075*	−0.072	−0.072
	(−1.85)	(−1.85)	(−1.53)	(−1.50)

续表

项目	(1)	(2)	(3)	(4)
	3SLS1	迭代 3SLS1	3SLS2	迭代 3SLS2
ln*real wage pc*	41.9***	41.9***	44.0***	41.5***
	(9.94)	(9.94)	(2.91)	(2.71)
population density	0.0022***	0.0022***	0.0031***	0.0029***
	(3.00)	(3.00)	(3.99)	(3.68)
ln*real GDP pc*			1.80	2.30
			(0.50)	(0.64)
Public goods4			-1.34	-1.05
			(-1.36)	(-1.05)
Constant	-4.62	-4.62	-23.2	-27.2
	(-0.99)	(-0.99)	(-0.78)	(-0.90)
企业方程（因变量：在岗职工平均工资，ln *real wage pc*）				
per_ pop net inflow	-0.010*	-0.010*	-0.0028	-0.0029
	(-1.73)	(-1.70)	(-0.86)	(-0.91)
pm25_ mean	-0.0031***	-0.0031***	-0.0016***	-0.0016***
	(-3.57)	(-3.51)	(-3.88)	(-4.02)
ln*firms*	0.0016	0.0015	-0.018**	-0.017**
	(0.18)	(0.17)	(-2.01)	(-1.98)
ln*whole sale*	0.17***	0.17***	0.087***	0.086***
	(5.37)	(5.29)	(8.81)	(8.87)
ln*real FDI*			0.012*	0.013*
			(1.72)	(1.86)
ln*real GDP pc*			0.15***	0.15***
			(5.69)	(5.81)
Constant	-0.052	-0.052	-1.38***	-1.38***
	(-0.76)	(-0.75)	(-5.20)	(-5.33)
Year FE	Yes	Yes	Yes	Yes
N	2062	2062	1679	1679

10.3.2 使用常住人口净流入率与工业“三废”建立局部均衡模型

如果说$PM_{2.5}$的排放还不能完全算作由企业行为导致，那么我们使用与企业行为更加相关的工业废水、工业SO_2、工业烟尘排放量的主成分（*industrial waste*）来衡量企业环境污染行为。工业“三废”排放主成分值越高说明工业“三废”的排放量越大。OLS、FE和RE模型回归结果见表10－5。当没有控制其他影响常住人口净流入率的变量时（第1列至第3列），OLS、FE和RE模型的回归结果显示工业“三废”的主成分对常住人口净流入率并没有显著影响。控制其他变量后（第4列至第6列），OLS和RE模型的回归结果显示工业“三废”的主成分对常住人口净流入率有显著负向影响，即当工业“三废”主成分增加时，常住人口净流入率将会降低。该关系在固定效应模型中虽仍然为负但显著性水平很低。

表10－5　工业污染物排放量对公众流动的影响：OLS、FE和RE

（因变量：常住人口净流入率）

项目	(1)	(2)	(3)	(4)	(5)	(6)
	OLS1	FE1	RE1	OLS2	FE2	RE2
industrial waste	0.16	−0.049	0.18	−0.98*	−0.32	−0.90*
	(0.36)	(0.91)	(0.46)	(0.50)	(0.95)	(0.52)
ln*real wage pc*	27.0***	14.7**	25.1***	12.5***	10.1*	12.2***
	(3.40)	(5.88)	(3.46)	(2.87)	(6.06)	(4.18)
population density				0.0014*	0.0045**	0.0017**
				(0.00071)	(0.0019)	(0.00086)
ln*real GDP pc*				7.71***	12.3***	8.14***
				(1.43)	(4.13)	(1.64)
*Public goods*4				1.91***	−0.87	1.57*
				(0.57)	(2.67)	(0.84)
Constant	0.22	−14.9*	−28.9***	−70.5***	−142.7***	−98.6***
	(2.12)	(8.33)	(5.09)	(13.9)	(43.8)	(15.2)
Year FE	Yes	Yes	Yes	Yes	Yes	Yes
Observations	2041	2041	2041	1959	1959	1959
R^2	0.056	0.010		0.073	0.018	

我们再来观察常住人口净流入率及工业污染物排放量与在岗职工真实平均工资的关系。如表 10 - 6 所示，工业“三废”［工业废水、工业 SO_2、工业烟尘排放量的主成分（*industrial waste*）］排放量与在岗职工平均工资正相关；常住人口净流入率也与在岗职工平均工资正相关。其他控制变量与前面经验一致。

表 10 - 6　人口流动对工资水平的影响：OLS、FE 和 RE（因变量：在岗职工平均工资）

项目	(1)	(2)	(3)	(4)	(5)	(6)
	OLS1	FE1	RE1	OLS2	FE2	RE2
per_ pop net inflow	0. 0016 ***	0. 0002 **	0. 0003 ***	0. 0004 ***	0. 0002 ***	0. 0003 ***
	(4. 14)	(2. 50)	(3. 44)	(3. 07)	(2. 94)	(3. 29)
industrial waste	0. 045 ***	0. 0062 *	0. 017 ***	0. 0056 ***	0. 0036	0. 0051 *
	(10. 73)	(1. 69)	(5. 31)	(2. 71)	(1. 12)	(1. 76)
ln*real FDI*				0. 0059 *	0. 0044	0. 0084 ***
				(1. 80)	(1. 30)	(2. 72)
ln*real GDP pc*				0. 13 ***		
				(15. 57)		
ln*firms*				-0. 020 ***	-0. 063 ***	-0. 049 ***
				(-2. 64)	(-5. 74)	(-5. 14)
ln*whole sale*				0. 079 ***	0. 030 ***	0. 047 ***
				(11. 08)	(3. 84)	(6. 82)
indus. tot. prod.					0. 072 ***	0. 074 ***
					(6. 27)	(7. 66)
Constant	0. 33 ***	1. 38 ***	1. 38 ***	-1. 12 ***	0. 42 ***	0. 17
	(8. 12)	(197. 90)	(110. 66)	(-14. 40)	(2. 77)	(1. 53)
Year FE	Yes	Yes	Yes	Yes	Yes	Yes
Observations	2041	2041	2041	1710	1730	1730
R^2	0. 635	0. 860		0. 783	0. 901	

本部分使用工业废水、工业 SO_2、工业烟尘排放量的主成分（*industrial waste*）来衡量企业环境污染行为，并使用常住人口净流入率衡量公众诉求，局部均衡模型的回归结果见表 10 - 7。首先，工业污染物排放量与常住人口净流入率之间呈显著且稳健的负向关系，即工业污染物排放量增加，地级及以上城市市辖区的常住人口净流入率将降低。不管是否控制其他变量，该负向关系系

数的大小和显著性水平均没有发生明显的变化，说明该结果较为稳健。常住人口净流入率方程其他控制变量的系数也与经验相符。其次，表10－7的第二部分报告了工业污染物排放量与在岗职工平均工资之间的关系。控制其他影响工资的因素后，工业污染物排放量仍对在岗职工平均工资有正向影响，即工业污染物排放量增加，在岗职工的平均工资会增加。

表10－7　企业与公众局部均衡：3SLS、迭代3SLS（2）

项目	(1)	(2)	(3)	(4)
	3SLS1	迭代3SLS1	3SLS2	迭代3SLS2
公众方程（因变量：常住人口净流入率，*per_ pop net inflow*）				
industrial waste	－0.90** (－2.12)	－0.90** (－2.12)	－0.97** (－2.30)	－0.99** (－2.35)
ln*real wage pc*	45.2*** (8.65)	45.2*** (8.65)	43.8*** (2.98)	42.2*** (2.86)
population density	0.0019*** (2.85)	0.0019*** (2.85)	－0.00070** (－2.17)	－0.00028 (－0.95)
ln*real GDP pc*			2.37 (0.69)	2.45 (0.70)
*Public goods*4			0.29 (0.47)	0.39 (0.66)
Constant	－7.02 (－1.49)	－7.02 (－1.49)	－27.3 (－0.96)	－27.9 (－0.97)
企业方程（因变量：在岗职工平均工资，ln*real wage pc*）				
per_ pop net inflow	－0.036 (－1.02)	－0.036 (－1.02)	0.017*** (10.32)	0.018*** (8.87)
industrial waste	－0.0033 (－0.17)	－0.0033 (－0.17)	0.017*** (3.02)	0.018** (2.57)
ln*firms*	－0.034 (－1.33)	－0.034 (－1.33)	－0.012 (－1.38)	－0.0084 (－0.84)
ln*whole sale*	0.31 (1.59)	0.31 (1.59)	0.019 (1.03)	0.018 (0.77)
indus. tot. prod.			0.0073 (1.41)	－0.00021 (－0.04)

续表

项目	(1)	(2)	(3)	(4)
	3SLS1	迭代 3SLS1	3SLS2	迭代 3SLS2
Constant	-0.21 (-0.75)	-0.21 (-0.75)	0.067 (0.77)	0.15 (1.47)
Year FE	Yes	Yes	Yes	Yes
N	2033	2033	1952	1952

10.3.3　使用常住人口净流入率与 $PM_{2.5}$ 浓度和工业"三废"建立局部均衡模型

本小节使用了工业废水排放量、工业 SO_2 排放量、工业烟尘排放量、$PM_{2.5}$ 浓度全年极差、$PM_{2.5}$ 浓度全年均值、$PM_{2.5}$ 浓度全年标准差等的主成分来综合衡量环境污染水平。因为仅使用均值有可能无法衡量极端情况以及离散情况。应该说，环境污染综合衡量指标相对于前两个指标而言，是一个更加全面的指标。

如表 10-8 所示，环境污染综合指标对常住人口净流入率的影响为负，且在 OLS 模型和 RE 模型中十分显著。这说明当环境污染程度加重时，公众的反应是"用脚投票"，在数据上显示为常住人口净流入率降低。其他控制变量的估计结果也与经验相符。例如，城市提供公共服务的水平提高，导致常住人口净流入率增加。地级及以上城市市辖区的人均真实 GDP 增加，将吸引更多的常住人口净流入。当然，与个人工资相关的在岗职工真实平均工资增加，也会吸引更多的常住人口净流入。

表 10-8　$PM_{2.5}$ 浓度、工业"三废"与常住人口净流入率的关系：OLS、FE 和 RE

项目	(1)	(2)	(3)	(4)	(5)	(6)
	OLS1	FE1	RE1	OLS2	FE2	RE2
pollution_ pca3	-0.096 (-0.32)	-1.42 (-0.97)	-0.23 (-0.47)	-1.50*** (-3.27)	-1.52 (-1.00)	-1.59*** (-2.81)
ln*real wage pc*	27.6*** (8.77)	14.9** (2.54)	25.8*** (7.75)	11.4*** (4.08)	10.2* (1.69)	11.3*** (2.71)

续表

项目	(1)	(2)	(3)	(4)	(5)	(6)
	OLS1	FE1	RE1	OLS2	FE2	RE2
population density				0.0020 **	0.0044 **	0.0024 ***
				(2.37)	(2.33)	(2.66)
ln*real GDP pc*				7.57 ***	12.3 ***	8.04 ***
				(5.45)	(2.97)	(4.99)
*Public goods*4				2.12 ***	-1.01	1.87 **
				(4.52)	(-0.38)	(2.27)
Constant	-7.10 ***	-15.4 *	-29.8 ***	-75.2 ***	-142.4 ***	-97.1 ***
	(-2.76)	(-1.85)	(-6.04)	(-5.52)	(-3.25)	(-6.54)
Year FE	Yes	Yes	Yes	Yes	Yes	Yes
Observations	2040	2040	2040	1958	1958	1958
R^2	0.056	0.011		0.076	0.018	

我们再来观察环境污染综合指标与在岗职工真实平均工资之间的关系。如表10－9所示，在没有控制其他影响在岗职工真实平均工资的变量时，OLS、FE、RE模型均显示环境污染综合指标与在岗职工真实平均工资正相关。当控制其他因素时，仅OLS模型显示环境污染综合指标与在岗职工真实平均工资负相关。该负向相关关系在随后的FE、RE模型中均不再显著。当然，常住人口净流入率在所有模型中均与在岗职工真实平均工资正相关，且十分显著，这与经验相符。我们还发现，市辖区规模以上工业企业单位数（ln*firms*）与在岗职工真实平均工资负相关；市辖区限额以上批发和零售业法人企业数（ln*whole sale*）与在岗职工真实平均工资正相关，均十分显著和稳健。

表10－9　$PM_{2.5}$浓度、工业“三废”与工资的关系：OLS、FE和RE

项目	(1)	(2)	(3)	(4)	(5)	(6)
	OLS1	FE1	RE1	OLS2	FE2	RE2
per_ pop net inflow	0.002 ***	0.0002 **	0.0003 ***	0.0004 ***	0.0002 ***	0.0003 ***
	(4.03)	(2.54)	(3.44)	(2.83)	(2.97)	(3.31)

续表

项目	(1)	(2)	(3)	(4)	(5)	(6)
	OLS1	FE1	RE1	OLS2	FE2	RE2
pollution_ pca3	0.026***	0.010*	0.016***	-0.008***	0.0048	-0.0013
	(8.11)	(1.69)	(3.50)	(-3.90)	(0.92)	(-0.32)
ln*real FDI*				0.0066**	0.0044	0.0087***
				(1.99)	(1.32)	(2.80)
ln*real GDP pc*				0.13***		
				(15.05)		
ln*firms*				-0.019**	-0.063***	-0.049***
				(-2.57)	(-5.72)	(-5.10)
ln*whole sale*				0.086***	0.030***	0.048***
				(12.32)	(3.86)	(6.93)
indus. tot. prod.					0.072***	0.076***
					(6.28)	(7.85)
Constant	0.42***	1.39***	1.38***	-1.19***	0.42***	0.13
	(11.30)	(196.64)	(105.82)	(-15.04)	(2.75)	(1.18)
Year FE	Yes	Yes	Yes	Yes	Yes	Yes
Observations	2040	2040	2040	1709	1729	1729
R^2	0.597	0.860		0.783	0.901	

接下来，本部分使用工业“三废”和$PM_{2.5}$浓度等主成分作为衡量环境污染水平的综合指标，并使用常住人口净流入率作为衡量公众诉求的指标，表10-10报告了局部均衡模型的回归结果。我们发现，不论是否控制其他影响因素，还是使用3SLS或迭代3SLS，所有模型均显示环境污染综合指标对常住人口净流入率的影响显著为负。因此，局部均衡模型说明，当环境污染程度加重时，公众的理性选择是“用脚投票”，市辖区常住人口净流入率将降低。在局部均衡模型中，没有控制与控制其他因素的在岗职工真实平均工资对常住人口净流入率的影响有所不同，显示出在岗职工真实平均工资对常住人口净流入率并没有绝对的影响，这有可能说明公众在与企业的相互作用过程中，更加重视的因素是环境污染。

在岗职工真实平均工资方程中，常住人口净流入率对工资的影响并不一致。当没有控制其他影响因素时，常住人口净流入率对在岗职工真实平均工资的影响为负；当控制其他影响因素时，常住人口净流入率对在岗职工真实平均工资的影响为正。这说明除了常住人口净流入率，还有一些其他因素影响在岗职工真实平均工资。模型中其他控制变量对在岗职工真实平均工资的影响与经验一致。例如，市辖区规模以上工业企业工业总产值（*indus. tot. prod.*）与在岗职工真实平均工资正相关。

表 10－10　企业与公众局部均衡：3SLS、迭代 3SLS（3）

项目	(1)	(2)	(3)	(4)
	3SLS1	迭代 3SLS1	3SLS2	迭代 3SLS2
公众方程（因变量：常住人口净流入率，*per_ pop net inflow*）				
pollution_ pca3	－1.08 ** (－2.54)	－1.08 ** (－2.54)	－2.64 ** (－2.32)	－2.65 ** (－2.10)
ln*real wage pc*	43.9 *** (9.81)	43.9 *** (9.81)	－158.8 (－1.40)	－155.5 (－1.24)
population density	0.0024 *** (3.26)	0.0024 *** (3.26)	－0.0014 (－1.05)	－0.0012 (－0.79)
ln*real GDP pc*			45.7 * (1.83)	44.9 (1.63)
Public goods4			12.0 * (1.82)	11.8 (1.62)
Constant	－7.51 (－1.61)	－7.51 (－1.61)	－374.2 * (－1.88)	－367.8 * (－1.67)
企业方程（因变量：在岗职工平均工资，ln*real wage pc*）				
per_ pop net inflow	－0.014 * (－1.73)	－0.014 * (－1.73)	0.014 *** (7.05)	0.014 *** (7.05)
pollution_ pca3	－0.030 ** (－2.47)	－0.030 ** (－2.47)	0.0050 (0.76)	0.0051 (0.77)
ln*firms*	－0.018 * (－1.65)	－0.018 * (－1.66)	－0.013 (－0.90)	－0.013 (－0.90)
ln*whole sale*	0.20 *** (4.13)	0.20 *** (4.13)		

续表

项目	(1)	(2)	(3)	(4)
	3SLS1	迭代3SLS1	3SLS2	迭代3SLS2
indus. tot. prod.			0.046*** (2.74)	0.046*** (2.71)
Constant	-0.14 (-1.41)	-0.14 (-1.41)	-0.34* (-1.83)	-0.34* (-1.84)
Year FE	Yes	Yes	Yes	Yes
N	2032	2032	1958	1958

10.3.4 使用户籍人口净流入率与 $PM_{2.5}$ 浓度建立局部均衡模型

常住人口净流入率也许能很好地衡量流动人口的变化，而户籍人口净流入率有可能在衡量户籍人口的变化上更有优势。接下来，我们报告使用户籍人口净流入率衡量公众诉求的回归结果，与使用常住人口净流入率衡量公众诉求的结果进行比较。借鉴李拓和李斌（2015），课题组定义户籍人口净流入率 =（年末户籍人口数 - 年初户籍人口数 - 年平均人口数 × 人口自然增长率）/年初户籍人口数。

本部分使用户籍人口净流入率（*hh. pop. net inflow*）衡量公众诉求及使用 $PM_{2.5}$ 浓度全年均值衡量企业环境污染水平，OLS、FE 和 RE 模型的回归结果见表 10-11。我们发现，与使用常住人口净流入率衡量公众诉求的结果不同，$PM_{2.5}$ 浓度全年均值对户籍人口净流入率并没有显著的影响。这可能与我们之前所分析的有关。一方面，我国过去十几年的户籍制度改革主要是全面放开小城镇落户限制，公众即使因为污染而迁徙，户籍也可能不迁移。另一方面，有一部分原来处于城市郊区的农民由于城镇化扩张而被划入城市中成为市辖区户籍人口。因此，我们可以推测，户籍人口净流入率并不是一个很好的衡量人口流动的指标，因此也不是很好的衡量公众诉求的指标。为了表格的简洁明了，我们不再报告其他控制变量（other controls，OC）的估计结果，在表格中使用是否控制其他变量（OC）以示区别。

表 10-11　$PM_{2.5}$浓度对户籍人口净流入率的影响

项目	(1)	(2)	(3)	(4)	(5)	(6)
	OLS1	FE1	RE1	OLS2	FE2	RE2
pm25_ mean	0.23	-0.60	0.23	-0.060	-1.39*	-0.060
	(1.37)	(-0.94)	(1.19)	(-0.26)	(-1.78)	(-0.31)
ln*real wage pc*	36.4***	-10.2	36.4***	9.04	-16.8	9.04
	(3.88)	(-0.46)	(3.22)	(0.93)	(-0.68)	(0.59)
Year FE	Yes	Yes	Yes	Yes	Yes	Yes
OC	No	No	No	Yes	Yes	Yes
Observations	4809	4809	4809	3503	3503	3503
R^2	0.013	0.011		0.009	0.020	

我们再来看户籍人口净流入率（*hh. pop. net inflow*）与在岗职工真实平均工资之间的关系。如表 10-12 所示，除了没有控制其他影响在岗职工真实平均工资因素的 OLS 模型，其他模型中户籍人口净流入率对在岗职工真实平均工资均没有显著的影响，$PM_{2.5}$浓度全年均值对在岗职工真实平均工资也均没有显著的影响。

表 10-12　$PM_{2.5}$浓度与在岗职工真实平均工资的关系

项目	(1)	(2)	(3)	(4)	(5)	(6)
	OLS1	FE1	RE1	OLS2	FE2	RE2
hh. pop. net inflow	0.00006***	-0.00001	-0.00000	0.000008	0.000005	0.000004
	(3.49)	(-0.46)	(-0.28)	(0.94)	(0.51)	(0.43)
pm25_ mean	0.00060**	0.00057	0.00061	-0.002***	0.00034	-0.00058
	(2.50)	(1.33)	(1.60)	(-9.27)	(0.65)	(-1.43)
Year FE	Yes	Yes	Yes	Yes	Yes	Yes
OC	No	No	No	Yes	Yes	Yes
Observations	4809	4809	4809	3496	3496	3496
R^2	0.800	0.939		0.862	0.931	

本部分使用户籍人口净流入率衡量公众诉求及使用$PM_{2.5}$浓度全年均值衡量企业环境污染水平，局部均衡模型的估计结果见表 10-13。结果显示，$PM_{2.5}$浓度全年均值与户籍人口净流入率并没有显著的关系。对于该结

果，局部均衡模型与 OLS、FE 和 RE 模型是一致的，这再次说明使用户籍人口净流入率衡量人口流动甚至是公众诉求并不十分恰当。其他控制变量的估计结果与经验相符。例如，在岗职工真实平均工资与户籍人口净流入率呈正相关关系，说明工资越高，人口净流入越多。虽然市辖区公共服务水平与户籍人口净流入率呈负相关关系，但该结果并不显著。

在岗职工真实平均工资方程中，$PM_{2.5}$浓度全年均值对工资的影响为负，但 3SLS 与迭代 3SLS 估计的结果有一定差异。户籍人口净流入率对在岗职工真实平均工资的影响为负，但 3SLS 与迭代 3SLS 估计的结果也呈现出一定差异。这些差异，说明 $PM_{2.5}$浓度全年均值与户籍人口净流入率对在岗职工真实平均工资的影响在局部均衡模型中并不是十分稳健。

表 10－13　企业与公众局部均衡：3SLS、迭代 3SLS（4）

项目	(1)	(2)	(3)	(4)
	3SLS1	迭代 3SLS1	3SLS2	迭代 3SLS2
公众方程（因变量：户籍人口净流入率，*hh. pop. net inflow*）				
pm25_ mean	0. 12 (0. 63)	0. 12 (0. 63)	0. 12 (0. 55)	0. 11 (0. 52)
ln*real wage pc*	49. 2 ** (2. 42)	49. 2 ** (2. 42)	99. 1 ** (2. 07)	95. 2 ** (2. 05)
population density	0. 0024 (0. 74)	0. 0024 (0. 74)	0. 0024 (0. 66)	0. 0024 (0. 69)
*Public goods*4			－2. 30 (－0. 92)	－1. 87 (－0. 89)
Constant	8. 13 (0. 61)	8. 13 (0. 61)	212. 5 ** (2. 07)	206. 9 ** (2. 04)
企业方程（因变量：在岗职工平均工资，ln*real wage pc*）				
hh. pop. net inflow	－0. 0044 (－1. 24)	－0. 0052 (－0. 93)	－0. 0062 ** (－2. 18)	－0. 013 (－1. 31)
pm25_ mean	－0. 0022 *** (－3. 12)	－0. 0020 * (－1. 80)	－0. 0023 ** (－2. 43)	－0. 0019 (－0. 58)
ln*firms*	0. 040 (0. 82)	0. 025 (0. 33)	0. 050 (0. 89)	－0. 0024 (－0. 01)

续表

项目	(1)	(2)	(3)	(4)
	3SLS1	迭代 3SLS1	3SLS2	迭代 3SLS2
ln *whole sale*	0.11***	0.13***	0.077***	0.15**
	(5.35)	(4.00)	(4.16)	(2.25)
Constant	-0.046	-0.017	-0.67**	0.0045
	(-0.65)	(-0.15)	(-2.12)	(0.00)
Year FE	Yes	Yes	Yes	Yes
OC	No	No	Yes	Yes
N	3306	3306	2718	2718

10.3.5 使用户籍人口净流入率与工业“三废”建立局部均衡模型

本小节使用工业“三废”排放量的主成分（*industrial waste*）替代 $PM_{2.5}$浓度全年均值作为衡量企业环境污染行为的指标，检验使用户籍人口净流入率衡量公众诉求结果的稳健性。该检验的 OLS、FE 和 RE 模型回归结果见表 10-14。“三废”排放量的主成分值越大，表明地级及以上城市中企业环境污染物排放量越多。我们发现，工业“三废”排放量的主成分与户籍人口净流入率负相关，且在 OLS 模型和 RE 模型中显著，只是在 FE 模型中不显著。这说明工业环境污染物排放量越多，户籍人口净流入越少。模型中未报告其他控制变量（OC）的估计结果，以是否控制其他变量作为区别。

表 10-14 工业“三废”排放对户籍人口净流入率的影响

项目	(1)	(2)	(3)	(4)	(5)	(6)
	OLS1	FE1	RE1	OLS2	FE2	RE2
industrial waste	-0.58	0.33	-0.58	-3.83*	2.03	-3.83*
	(1.46)	(4.85)	(1.87)	(2.30)	(5.05)	(2.25)
lnreal *wage pc*	18.6***	-22.2	18.6	9.92	-18.9	9.92
	(6.91)	(24.4)	(12.4)	(9.69)	(25.3)	(15.5)
Year FE	Yes	Yes	Yes	Yes	Yes	Yes
OC	No	No	No	Yes	Yes	Yes

续表

项目	(1)	(2)	(3)	(4)	(5)	(6)
	OLS1	FE1	RE1	OLS2	FE2	RE2
Observations	3592	3592	3592	3435	3435	3435
R^2	0. 007	0. 007		0. 010	0. 020	

如表 10－15 所示，用工业“三废”排放量的主成分（*industrial waste*）衡量的工业环境污染物排放量与在岗职工真实平均工资之间呈正相关关系。户籍人口净流入率与在岗职工真实平均工资之间呈负相关关系，说明户籍人口净流入越多，工资越低。

表 10－15　户籍人口净流入率与工资的关系（1）

项目	(1)	(2)	(3)	(4)	(5)	(6)
	OLS1	FE1	RE1	OLS2	FE2	RE2
hh. pop. net inflow	0. 00003 **	－0. 00001	－0. 00001	0. 000007	－0. 00002 *	－0. 00002 *
	(2. 08)	(－0. 91)	(－0. 78)	(0. 60)	(－1. 77)	(－1. 92)
industrial waste	0. 053 ***	0. 012 ***	0. 020 ***	0. 0070 ***	0. 0077 **	0. 0088 ***
	(13. 96)	(3. 41)	(6. 37)	(3. 59)	(2. 38)	(2. 98)
Year FE	Yes	Yes	Yes	Yes	Yes	Yes
OC	No	No	No	Yes	Yes	Yes
Observations	3592	3592	3592	3018	3058	3058
R^2	0. 720	0. 903		0. 828	0. 926	

本部分使用工业“三废”排放量的主成分（*industrial waste*）衡量工业环境污染水平，并使用户籍人口净流入率衡量公众诉求，局部均衡模型的估计结果见表 10－16。我们发现，使用工业“三废”排放量的主成分（*industrial waste*）衡量的工业环境污染水平仍然与户籍人口净流入率之间具有显著的关系。该结果与使用 $PM_{2.5}$浓度全年均值衡量环境污染水平以及使用户籍人口净流入率衡量公众诉求的局部均衡模型结果是一致的，这也再次说明户籍人口净流入率并不是很好的衡量公众诉求的指标。当然，在岗职工真实平均工资与户籍人口净流入率之间呈正相关关系，说明提高工资可以吸引户籍人口流入。但我们发现，城市公共服务水平与户籍人口净流入率之间呈负相关关系，这可能与城镇化将城市郊区农民转化为市民有关。

表 10－16　企业与公众局部均衡：3SLS、迭代 3SLS（5）

项目	(1)	(2)	(3)	(4)
	3SLS1	迭代 3SLS1	3SLS2	迭代 3SLS2
公众方程（因变量：户籍人口净流入率，*hh. pop. net inflow*）				
industrial waste	－2.73 （－1.21）	－2.73 （－1.21）	－1.08 （－0.48）	－0.94 （－0.41）
ln*real wage pc*	62.9** （2.43）	62.9** （2.43）	102.3* （1.89）	100.8* （1.85）
population density	0.0038 （1.22）	0.0038 （1.22）	0.0036* （1.70）	0.0032 （1.41）
*Public goods*4			－2.45* （－1.71）	－2.29* （－1.71）
Constant	6.06 （0.44）	6.06 （0.44）	184.2* （1.89）	190.7** （2.02）
企业方程（因变量：在岗职工平均工资，ln*real wage pc*）				
hh. pop. net inflow	－0.0098 （－0.84）	－0.0098 （－0.78）	－0.018*** （－3.72）	－0.033* （－1.88）
industrial waste	－0.0041 （－0.13）	－0.0038 （－0.11）	－0.013 （－0.51）	－0.0025 （－0.03）
ln*firms*	0.013 （0.09）	0.0050 （0.03）	0.013 （0.19）	－0.087 （－0.32）
ln*whole sale*	0.16*** （3.35）	0.16*** （3.26）	0.12** （2.49）	0.31** （2.03）
indus. tot. prod.			0.068*** （3.15）	
Constant	0.016 （0.06）	0.033 （0.12）	－0.58 （－1.60）	0.71 （1.13）
Year FE	Yes	Yes	Yes	Yes
OC	No	No	Yes	Yes
N	3279	3279	3128	3128

10.3.6　使用户籍人口净流入率和工业“三废”、$PM_{2.5}$浓度建立局部均衡模型

本小节继续使用工业“三废”和$PM_{2.5}$浓度的主成分衡量环境污染水平，并使用户籍人口净流入率衡量公众诉求，OLS、FE和RE模型的回归结果见表10－17。由表10－17可知，使用工业“三废”和$PM_{2.5}$浓度的主成分作为衡量环境污染水平的综合指标并没有改变环境污染水平与户籍人口净流入率之间的关系：环境污染综合指标仍然对户籍人口净流入率没有显著的影响。其他控制变量（OC）在表10－17模型中也没有明显改变。

表10－17　工业“三废”、$PM_{2.5}$浓度与户籍人口净流入率的关系

项目	(1)	(2)	(3)	(4)	(5)	(6)
	OLS1	FE1	RE1	OLS2	FE2	RE2
pollution_ pca3	-0.023	-3.57	-0.023	-3.38	1.20	-3.38
	(-0.01)	(-0.53)	(-0.01)	(-1.15)	(0.17)	(-1.51)
ln*real wage pc*	17.4***	-21.4	17.4	6.77	-18.4	6.77
	(2.62)	(-0.88)	(1.48)	(0.66)	(-0.73)	(0.44)
Year FE	Yes	Yes	Yes	Yes	Yes	Yes
OC	No	No	No	Yes	Yes	Yes
Observations	3580	3580	3580	3424	3424	3424
R^2	0.007	0.007		0.009	0.020	

如表10－18所示，在使用工业“三废”和$PM_{2.5}$浓度的主成分综合衡量环境污染水平的工资方程中，户籍人口净流入率对在岗职工真实平均工资的影响为负，但仅仅在边际上显著。环境污染综合指标对在岗职工真实平均工资的影响并不稳健，在固定效应模型与随机效应模型中变得不再显著。模型中其他控制变量对在岗职工真实平均工资影响的方向、显著性水平并没有明显改变，为了简洁未在表中报告。

表 10－18　户籍人口净流入率与工资的关系（2）

项目	(1)	(2)	(3)	(4)	(5)	(6)
	OLS1	FE1	RE1	OLS2	FE2	RE2
hh. pop. net inflow	0. 000035*	－0. 00001	－0. 00001	0. 000004	－0. 00002*	－0. 00002*
	(1. 95)	(－0. 88)	(－0. 76)	(0. 28)	(－1. 75)	(－1. 94)
pollution_ pca3	0. 026***	0. 0099**	0. 014***	－0. 011***	0. 0064	0. 0012
	(9. 39)	(2. 08)	(3. 37)	(－5. 75)	(1. 43)	(0. 31)
ln*real FDI*				0. 011***	0. 014***	0. 016***
				(2. 89)	(5. 73)	(6. 81)
Year FE	Yes	Yes	Yes	Yes	Yes	Yes
OC	No	No	No	Yes	No	No
Observations	3580	3580	3580	3006	3046	3046
R^2	0. 687	0. 902		0. 829	0. 926	

使用工业“三废”和 $PM_{2.5}$ 浓度的主成分衡量环境污染水平与使用户籍人口净流入率衡量公众诉求的局部均衡模型的回归结果见表 10－19。与使用户籍人口净流入率衡量公众诉求的其他两个模型的结果一致，我们仍未发现环境污染综合指标对户籍人口净流入率有显著影响。在岗职工真实平均工资对户籍人口净流入率的影响为正，说明工资提高将吸引更多人口流入。其他控制变量的结果与预期一致。在岗职工真实平均工资方程中，户籍人口净流入率对工资的影响为负，说明人口净流入增加会降低工资水平。市辖区城市公共服务水平在局部均衡模型中对户籍人口净流入并没有显著的影响。其他控制变量的结果并没有发生显著改变。

表 10－19　企业与公众局部均衡：3SLS、迭代 3SLS（6）

项目	(1)	(2)	(3)	(4)
	3SLS1	迭代 3SLS1	3SLS2	迭代 3SLS2
公众方程（因变量：户籍人口净流入率，*hh. pop. net inflow*）				
pollution_ pca3	－0. 90	－0. 90	3. 05	3. 07
	(－0. 44)	(－0. 44)	(1. 28)	(1. 24)

续表

项目	(1)	(2)	(3)	(4)
	3SLS1	迭代 3SLS1	3SLS2	迭代 3SLS2
ln*real wage pc*	52.3 **	52.3 **	475.1 ***	476.2 ***
	(2.42)	(2.42)	(3.49)	(3.39)
population density	0.0036	0.0036	0.0088 ***	0.0087 **
	(1.12)	(1.12)	(2.63)	(2.50)
*Public goods*4			−25.2 ***	−25.2 ***
			(−3.21)	(−3.07)
Constant	9.16	9.16	812.3 ***	814.4 ***
	(0.70)	(0.70)	(3.48)	(3.38)
企业方程（因变量：在岗职工平均工资，ln*real wage pc*）				
hh. pop. net inflow	−0.0064	−0.0064	−0.0092 **	−0.0093 **
	(−0.98)	(−0.90)	(−2.09)	(−2.27)
*pollution_ pca*3	−0.020	−0.020	−0.025	−0.025
	(−1.38)	(−1.25)	(−1.13)	(−1.23)
ln*firms*	0.016	0.0094	0.011	0.023
	(0.19)	(0.10)	(0.19)	(0.42)
ln*whole sale*	0.14 ***	0.15 ***		
	(4.48)	(4.26)		
indus. tot. prod.			0.15 ***	0.15 ***
			(4.51)	(4.41)
Constant	−0.057	−0.044	−1.58 ***	−1.52 ***
	(−0.40)	(−0.28)	(−4.02)	(−4.09)
Year FE	Yes	Yes	Yes	Yes
OC	No	No	Yes	Yes
N	3268	3268	3149	3149

我们在这里总结一下局部均衡模型中用常住和户籍人口净流入率衡量公众诉求的结果。第一，$PM_{2.5}$浓度对常住人口净流入率的影响为负，但并不十分稳健。第二，工业“三废”对常住人口净流入率的影响为负，且十分稳健。第三，包括工业“三废”和 $PM_{2.5}$浓度在内的环境污染综合指标对常住人口净流入率的影响显著为负。第四，上述三个环境污染指标对户

籍人口净流入率均没有显著的影响。这可能与我国的户籍制度改革有关。我国户籍制度目前的政策是完全放开小城镇落户，有序放开中等城市落户限制，逐步放宽大城市落户条件，合理控制特大城市落户条件。因此，公众即使因为污染而迁移，户籍也可能不迁徙。因此，我们倾向于认为，公众在与企业相互作用的过程中，公众选择“用脚投票”是对企业污染行为的一种表现，在数据中并不是体现在户籍人口的变动中，而是体现在常住人口的变动中。

接下来，我们使用城镇私营企业和个体劳动者就业人数的变化、城镇单位就业人员数量的变化率以及两者之和的城镇就业总人数的变化来衡量高级人才的“用脚投票”行为，从而估计高级人才的环境诉求对企业污染行为的影响。为了使报告更加简洁，也为了使我们能抓住主要问题，下面的报告仅使用了前面报告中表现相对稳健的工业“三废”和 $PM_{2.5}$浓度的主成分作为综合衡量环境污染水平的估计指标。

10.3.7 使用城镇私营企业和个体劳动者就业人员数量的变化率建立局部均衡模型

本小节使用城镇私营企业和个体劳动者就业人员数量的变化率（*pri_nf*）衡量高级人才的“用脚投票”行为，以及使用工业“三废”和 $PM_{2.5}$ 浓度的主成分综合衡量环境污染水平，OLS、FE 和 RE 模型的估计结果见表 10－20。课题组定义城镇私营企业和个体劳动者就业人员数的变化率＝（年末城镇私营企业和个体劳动者就业人员数－年初城镇私营企业和个体劳动者就业人员数）/年初城镇私营企业和个体劳动者就业人员数。普通最小二乘法（OLS）和面板数据随机效应模型（RE）显示，环境污染综合指标与城镇私营企业和个体劳动者就业人员数之间呈负相关关系，但并不显著。在岗职工真实平均工资对城镇私营企业和个体劳动者就业人员数的变化率并没有显著的影响。其他控制变量（OC）的估计结果与预期一致，但为了简洁并未报告具体的估计结果，仅列出是否控制以示区别。

表10－20 工业“三废”、$PM_{2.5}$浓度对城镇私营企业和个体劳动者就业人员数量变化率的影响

项目	(1)	(2)	(3)	(4)	(5)	(6)
	OLS1	FE1	RE1	OLD2	FE2	RE2
pollution_ pca3	0.000022	0.00011	0.000022	0.00012	0.00011	0.00012
	(0.28)	(0.31)	(0.24)	(1.32)	(0.30)	(1.06)
ln*real wage pc*	0.00016	0.000045	0.00016	0.00086*	0.00049	0.00086
	(0.39)	(0.04)	(0.27)	(1.85)	(0.37)	(1.09)
Year FE	Yes	Yes	Yes	Yes	Yes	Yes
OC	No	No	No	Yes	Yes	Yes
Observations	3202	3202	3202	3076	3076	3076
R^2	0.004	0.004		0.005	0.006	

如表10－21所示，在岗职工真实平均工资方程中，城镇私营企业和个体劳动者就业人员数量的变化率（*pri_ nf*）对工资的影响并不显著。同时，使用工业“三废”和$PM_{2.5}$浓度的主成分衡量的环境污染水平对工资也没有一致的影响。

表10－21 城镇私营企业和个体劳动者就业人员数量变化率与工资的关系

项目	(1)	(2)	(3)	(4)	(5)	(6)
	OLS1	FE1	RE1	OLS2	FE2	RE2
pri_ nf	0.14	0.0097	0.0099	0.045	−0.055	−0.078
	(0.41)	(0.04)	(0.04)	(0.15)	(−0.22)	(−0.32)
pollution_ pca3	0.026***	0.013**	0.016***	−0.010***	0.0058	0.00022
	(8.97)	(2.50)	(3.79)	(−5.27)	(1.23)	(0.06)
Year FE	Yes	Yes	Yes	Yes	Yes	Yes
OC	No	No	No	Yes	Yes	Yes
Observations	3202	3202	3202	2697	2725	2725
R^2	0.650	0.887		0.809	0.917	

我们进一步地使用局部均衡模型来挖掘用城镇私营企业和个体劳动者就业人员数的变化率衡量的高级人才流动与环境污染之间的关系。如表10－22所示，城镇私营企业和个体劳动者就业人员数量与环境污染综合指标之间呈负相关关系，但仍然不显著。在局部均衡模型中，在岗职工真

实平均工资对城镇私营企业和个体劳动者就业人员数的变化率具有显著的正向影响。我们发现，在控制其他影响工资的因素时，环境污染综合指标对在岗职工真实平均工资的影响为负。与之前的报告方式相同，其他控制变量（OC）的估计结果与预期一致。

表 10-22 企业与公众局部均衡：工业“三废”、$PM_{2.5}$浓度对城镇私营企业和个体劳动者就业人员数量变化率的影响

项目	(1)	(2)	(3)	(4)
	3SLS1	迭代 3SLS1	3SLS2	迭代 3SLS2
公众方程（因变量：城镇私营企业和个体劳动者就业人员数量变化率，*pri_ nf*）				
pollution_ pca3	-0.0039	-0.0039	0.0000080	-0.00020
	(-1.13)	(-1.13)	(0.00)	(-0.05)
ln*real wage pc*	0.15***	0.15***	0.63***	0.61***
	(4.05)	(4.05)	(4.23)	(3.97)
企业方程（因变量：在岗职工平均工资，ln*real wage pc*）				
pri_ nf	1.62*	1.62*	-0.63	-0.64
	(1.72)	(1.74)	(-1.41)	(-1.43)
pollution_ pca3	-0.0016	-0.0016	-0.012**	-0.012**
	(-0.17)	(-0.18)	(-2.28)	(-2.30)
Year FE	Yes	Yes	Yes	Yes
OC	No	No	Yes	Yes
N	3043	3043	2567	2567

10.3.8 使用城镇单位就业人员数量的变化率建立局部均衡模型

本小节使用城镇单位就业人员数的变化率（*pub_ nf*）衡量高级人才的“用脚投票”行为，以及使用工业“三废”和$PM_{2.5}$浓度的主成分衡量环境污染水平，OLS、FE 和 RE 模型的估计结果见表 10-23。普通最小二乘法（OLS）和面板数据随机效应模型（RE）显示，环境污染综合指标与城镇单位就业人员数量的变化率呈一定的负相关关系，但仅在边际上显著。在岗职工真实平均工资与城镇单位就业人员数量的变化率正相关，说明当工资提高时城镇单位就业人员数量将增加。

表 10－23　工业“三废”、$PM_{2.5}$浓度对城镇单位就业人员数量变化率的影响

项目	(1)	(2)	(3)	(4)	(5)	(6)
	OLS1	FE1	RE1	OLS2	FE2	RE2
pollution_ pca3	－0. 0014	－0. 00096	－0. 0014	－0. 0030 *	－0. 00094	－0. 0030 *
	(－1. 13)	(－0. 19)	(－1. 03)	(－1. 88)	(－0. 18)	(－1. 80)
ln*real wage pc*	0. 040 ***	0. 034 *	0. 040 ***	0. 033 ***	0. 032 *	0. 033 ***
	(4. 94)	(1. 89)	(4. 58)	(3. 04)	(1. 70)	(2. 85)
Year FE	Yes	Yes	Yes	Yes	Yes	Yes
OC	No	No	No	Yes	Yes	Yes
Observations	3306	3306	3306	3157	3157	3157
R^2	0. 111	0. 114		0. 114	0. 117	

如表 10－24 所示，在岗职工工资方程中，城镇单位就业人员数量的变化率（*pub_ nf*）与在岗职工真实平均工资的关系并不稳健，当控制其他影响工资的因素后，城镇单位就业人员数量变化率与在岗职工真实平均工资的正相关关系变得不再显著。环境污染综合指标与在岗职工真实平均工资也没有稳健的相关关系。

表 10－24　城镇单位就业人员数量变化率与工资的关系

项目	(1)	(2)	(3)	(4)	(5)	(6)
	OLS1	FE1	RE1	OLS2	FE2	RE2
pub_ nf	0. 16 ***	0. 034 *	0. 039 **	0. 084 ***	0. 026	0. 028
	(4. 89)	(1. 89)	(2. 12)	(3. 35)	(1. 45)	(1. 56)
pollution_ pca3	0. 026 ***	0. 011 **	0. 015 ***	－0. 009 ***	0. 012 **	0. 0044
	(9. 18)	(2. 13)	(3. 51)	(－4. 70)	(2. 44)	(1. 14)
Year FE	Yes	Yes	Yes	Yes	Yes	Yes
OC	No	No	No	Yes	Yes	Yes
Observations	3306	3306	3306	3259	3259	3259
R^2	0. 655	0. 888		0. 789	0. 891	

我们在表 10－25 继续报告城镇单位就业人员数的变化率（*pub_ nf*）与企业环境污染行为的局部均衡模型估计结果。模型结果显示，当没有控制影响城镇单位就业人员数变化的其他因素时，环境污染综合指标与城镇

单位就业人员数量变化率呈一定的负相关关系，但并不显著。控制其他影响因素后，3SLS 回归显示出环境污染综合指标对城镇单位就业人员数的变化率有一定的负向影响，但仅在边际上显著，在迭代 3SLS 的回归中变得不再显著。因此，局部均衡的结果未能证明高级人才对环境污染有“用脚投票”的倾向。

表 10-25 企业与公众局部均衡：工业“三废”、$PM_{2.5}$浓度对城镇单位就业人员数量变化率的影响

项目	(1)	(2)	(3)	(4)
	3SLS1	迭代 3SLS1	3SLS2	迭代 3SLS2
公众方程（因变量：城镇单位就业人员数变化率，*pub_ nf*）				
pollution_ pca3	-0.0019 (-1.23)	-0.0019 (-1.23)	-0.0027* (-1.66)	-0.0023 (-1.41)
ln*real wage pc*	0.049*** (3.48)	0.049*** (3.48)	-0.027 (-0.42)	-0.020 (-0.32)
population density	0.0000015 (0.65)	0.0000015 (0.65)	-0.0000036** (-2.56)	-0.0000052*** (-3.27)
ln*real GDP pc*			0.013 (0.97)	0.012 (0.90)
Public goods4			0.010** (2.06)	0.0097** (1.99)
Constant	-0.012 (-1.26)	-0.012 (-1.26)	-0.10 (-0.94)	-0.094 (-0.86)
企业方程（因变量：在岗职工平均工资，ln*real wage pc*）				
pub_ nf	-32.0 (-0.09)	-39.4 (-0.15)	1.14 (0.30)	3.11 (1.37)
pollution_ pca3	-0.064 (-0.07)	-0.090 (-0.14)	-0.010 (-0.73)	-0.0026 (-0.31)
ln*real GDP pc*	0.50 (0.36)	0.46 (0.47)	0.13*** (5.38)	0.14*** (10.17)
pub financial spending	0.14 (0.05)	0.24 (0.13)	0.027 (0.72)	0.076*** (3.36)

续表

项目	(1)	(2)	(3)	(4)
	3SLS1	迭代 3SLS1	3SLS2	迭代 3SLS2
ln*firms*			0.059 (0.94)	−0.014 (−0.36)
Constant	−5.92 (−0.14)	−6.68 (−0.23)	−1.52*** (−5.60)	−1.92*** (−11.58)
Year FE	Yes	Yes	Yes	Yes
N	3262	3262	3152	3152

10.3.9　使用城镇就业人员数量变化率建立局部均衡模型

本小节使用城镇就业人员数量（城镇单位就业人员数量 + 城镇私营与个体劳动者就业人员数量）的变化（*tot_ nf*）衡量人才流动。如表 10－26 所示，OLS、FE 与 RE 模型均显示，城镇就业人员数量变化率与环境污染综合指标存在一定的负相关关系，但并不显著。在岗职工真实平均工资与城镇就业人员数量变化率存在正相关关系。其他控制变量的估计结果与预期基本一致，但为了简洁，表中并未报告具体结果，仅列出是否控制其他变量（OC）以示区别。

表 10－26　工业“三废”、$PM_{2.5}$浓度对城镇就业人员数量变化率的影响

项目	(1)	(2)	(3)	(4)	(5)	(6)
	OLS1	FE1	RE1	OLS2	FE2	RE2
pollution_ pca3	−0.0020 (−1.16)	0.0024 (0.34)	−0.0020 (−1.05)	−0.0021 (−0.99)	0.0016 (0.22)	−0.0021 (−0.92)
ln*real wage pc*	0.047*** (4.10)	0.035 (1.38)	0.047*** (3.92)	0.040*** (2.58)	0.042 (1.60)	0.040** (2.56)
Year FE	Yes	Yes	Yes	Yes	Yes	Yes
OC	No	No	No	Yes	Yes	Yes
Observations	3176	3176	3176	3051	3051	3051
R^2	0.031	0.029		0.033	0.030	

如表 10－27 所示，在岗职工工资方程中，城镇就业人员数的变化率（*tot_ nf*）与在岗职工真实平均工资的关系并不稳健，当控制其他影响工

资的因素或使用固定效应、随机效应估计方法后，城镇单位就业人员数的变化率与在岗职工真实平均工资的正相关关系变得不再显著。环境污染综合指标与在岗职工真实平均工资也没有稳健的相关关系。

表 10－27 城镇就业人员数量变化率与工资的关系

项目	(1)	(2)	(3)	(4)	(5)	(6)
	OLS1	FE1	RE1	OLS2	FE2	RE2
tot_ nf	0. 10 ***	0. 019	0. 022	0. 030	0. 015	0. 016
	(3. 98)	(1. 38)	(1. 58)	(1. 26)	(1. 21)	(1. 22)
pollution_ pca3	0. 026 ***	0. 012 **	0. 016 ***	－0. 009 ***	0. 0046	－0. 00016
	(9. 15)	(2. 44)	(3. 77)	(－4. 95)	(0. 99)	(－0. 04)
Year FE	Yes	Yes	Yes	Yes	Yes	Yes
OC	No	No	No	Yes	Yes	Yes
Observations	3176	3176	3176	2701	2701	2701
R^2	0. 652	0. 887		0. 809	0. 919	

我们继续使用城镇就业人员数量（城镇单位就业人员数量＋城镇私营与个体劳动者就业人员数量）的变化（*tot_ nf*）衡量人才流动，人才流动与企业环境污染行为之间的局部均衡关系见表 10－28。所有的 3SLS 模型结果均显示，城镇就业人员数的变化率与环境污染综合指标存在一定的负相关关系，但仍然不显著。在岗职工真实平均工资与城镇就业人员数量变化率存在正相关关系。在工资方程中，城镇就业人员数量变化率也与在岗职工真实平均工资正相关，而环境污染综合指标与在岗职工真实平均工资没有显著的相关关系。

表 10－28 企业与公众局部均衡：工业“三废”、$PM_{2.5}$浓度与城镇就业人员数量变化率

项目	(1)	(2)	(3)	(4)
	3SLS1	迭代 3SLS1	3SLS2	迭代 3SLS2
公众方程（因变量：城镇就业人员数变化率，*tot_ nf*）				
pollution_ pca3	－0. 0016	－0. 0016	－0. 0024	－0. 0023
	(－0. 80)	(－0. 80)	(－1. 01)	(－0. 98)

续表

项目	(1)	(2)	(3)	(4)
	3SLS1	迭代 3SLS1	3SLS2	迭代 3SLS2
lnreal wage pc	0.069***	0.069***	0.13**	0.14**
	(3.63)	(3.63)	(2.24)	(2.40)
tot_ nf	3.50*	3.51*	1.18*	1.17*
	(1.94)	(1.85)	(1.92)	(1.87)
企业方程（因变量：在岗职工平均工资，lnreal wage pc）				
pollution_ pca3	0.0021	0.0019	−0.0030	−0.0031
	(0.21)	(0.18)	(−0.67)	(−0.66)
Year FE	Yes	Yes	Yes	Yes
OC	No	No	Yes	Yes
N	3143	3143	2634	2634

10.4　本章小结

通过使用城镇私营企业和个体劳动者就业人员数量变化率、城镇单位就业人员数量变化率衡量高级人才的“用脚投票”行为，以及城镇就业人员数量变化率衡量“用脚投票”行为，结合使用工业“三废”和 $PM_{2.5}$浓度的主成分综合衡量环境污染水平，我们检验公众与企业相互作用过程中，不同公众对企业环境污染行为影响的异质性。局部均衡模型检验发现，不管是城镇私营企业和个体劳动者就业人员数量变化率，还是城镇单位就业人员数量变化率，抑或是城镇就业人员数量变化率对企业环境污染行为都没有显著影响。这一方面说明城镇私营企业和个体劳动者就业人员数量变化率等指标并不能很好地衡量高级人才的流动；另一方面说明企业也许更加重视的是整个市场的厚度，亦即常住人口变化所带来的市场整体改变。

综合以上公众与企业的局部均衡模型回归结果，我们可以得出以下结论：

第一，公众面对环境污染选择“用脚投票”不是针对某一项污染物（例如 $PM_{2.5}$），而是对整体环境污染水平综合衡量的结果。

第二，户籍人口与常住人口对环境污染的反应有所不同。以户籍人口为口径的人口净流入率与环境污染水平并不显著负相关，这很可能与我国过去的户籍制度改革有关。以常住人口为口径的人口净流入率与环境污染水平显著负相关，说明若我国当下存在公众“用脚投票”行为，则公众流动很可能是没有户籍迁移的人口流动。

第三，是不是所有公众都选择“用脚投票”？用城镇单位就业人员衡量的高级人才流动是否表现出高级人才对环境污染有与普通公众不一样的敏感度？通过实证分析，本章发现高级人才更倾向于向环境污染相对较低的地方流动，而普通公众对环境污染目前并没有显示出“用脚投票”的倾向。该结论虽在公众与企业局部均衡中部分显著，但有待在政府、企业与公众三方共治环境污染的一般均衡模型中接受进一步的检验。

第11章　政府、企业、公众共治环境污染相互作用的一般均衡分析

11.1　政府、企业、公众共治环境污染的理论基础

我国目前有关环境治理政策的制定和实施，总体上属于政府主导型。政府行为贯穿环境保护的各个领域和环节。企业一方面排放污染，另一方面可能通过缴纳税费等影响环境政策的制定与执行，公众参与环境保护的方式、渠道略显不足。环保法律对政府环境管理部门授予很大的权力，对公众分配的权力却不多，并缺乏足够的利益激励。然而，公众对环境污染却有强烈的诉求，希望能参与到环境治理过程中。这就需要研究政府、企业、公众三方共同参与环境污染治理的机制。而目前，三方共治环境污染或多或少缺乏公众环节的重要参与。

受到近来一些报道的启发：由于公众因对清洁环境的向往而移民的倾向日益显著，尤其是高素质劳动力或具有较高人力资本的公众更具有流动性，因此课题组认为，公众可能使用“用脚投票”的方式表达出对环境质量的诉求。该方式表现出的结果便是环境污染程度较重的城市有劳动力尤其是高素质劳动力的净流出，而环境较好的城市有劳动力尤其是高素质劳动力的净流入。劳动力的流动会影响受污染城市的商品房价格，进而影响地方政府的财政收入。鉴于此，地方政府不得不采取更为有效的环境污染治理措施，关停污染较为严重的企业，减少污染物或污染气体的排放量，增加对改善环境的投入。当然公众也会对当地政府环境污染治理行为做出相应的反应，若环境污染仍然严重或可能继续“用脚投票”而流出污染地

区，若环境改善或可能暂缓流动等。

当然，劳动力尤其是高素质劳动力的流动也会对企业产生相互作用。企业的发展一是需要资金投入，二是需要人力资本投入。如果说公众“用脚投票”一方面影响当地商品房价格进而影响政府财政收入，则另一方面影响企业劳动力（特别是高素质劳动力）供给从而影响企业的长远发展。同时，企业的行为，尤其是所支付的工资水平反过来也影响劳动力的流动。若某一企业所能支付的工资较高，即使该地方的污染程度较为严重，公众也可能选择留在该地区而不迁徙，说明企业使用高工资补偿了糟糕的环境；若某一企业所支付的工资较低，即使该地区的污染水平较低，公众也可能选择迁徙，说明公众更偏好较高的工资而不是较好的环境水平。因此企业与公众之间相互作用的机制可以体现在劳动力市场上，而劳动力的流动又与环境质量和工资水平直接相关。

另外，政府与企业之间也存在相互作用的机制。一方面，政府更宽松的污染排放标准会减少企业的污染治理成本，这样将带动更多的就业和增加政府的财政收入；另一方面，政府对环境的规制较为宽松则可能更加吸引高污染企业，企业缴纳的税金或获得的利润也会更高，因此政府会获得更多的财政收入。对企业来说，缴纳税费一方面获得了与政府的议价能力，以获得较为宽松的环境规制措施；另一方面政府也可能调整环境规制措施，以引导企业的调整和发展。

总结起来，政府、企业、公众在环境污染治理中都是非常重要的一环。如果没有公众的参与，则政府与企业之间的博弈有可能损害公众的利益；如果没有政府的参与，环境污染治理就无从谈起，因为环境具有典型的公共物品属性；如果没有企业的参与，则环境治理问题本身就不存在，因为有低成本的生产才可能有严重的污染。所以，在环境污染共治中，政府、企业、公众三方主体缺一不可。

我们将上述分析总结到图 11 -1 中。图 11 -1 表明政府、企业与公众共治环境污染相互作用的机理。政府是环境污染治理的方向指引者，是污染防治的主导者和推动者、执行者和控制者，也是区域经济增长的主要负责者，还要对区域内企业进行监督和管理，对违规企业和行为进行惩罚。

政府的目标函数主要是增加财政收入和提升政府声誉。由于环境污染具有极强的外部性，因此政府无疑是环境污染治理的重要主体。企业是环境污染的主要制造者，也是大气污染治理主体之一，同时还是政府与公众的主要监督对象。企业的目标函数是利润最大化，治污成本、生产经营成本（包括支付劳动力的工资等）、上缴的税金等是实现目标函数的约束条件。公众是环境污染的主要受害者，也是大气污染的制造者之一，还是政府与企业治理大气污染的主要监督者和企业劳动力的供给者。公众的目标函数是追求优良的空气质量和较高的工资收入。

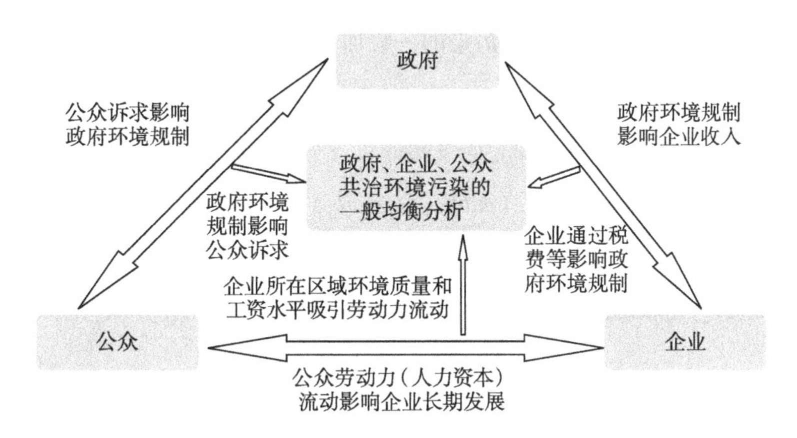

图 11－1　政府、企业、公众在共治环境污染中的相互作用关系

11.2　政府、企业、公众共治环境污染的一般均衡分析

本节主要分析政府、企业与公众共治环境污染一般均衡模型的实证结果。本课题建立政府、企业与公众共治环境污染一般均衡模型的思路是：使用人口或劳动力就业的变化来衡量公众环境诉求，使用工业“三废”等指标来衡量企业环境污染行为，使用政府环境污染治理投资来衡量政府环境治理行为，以期建立三方相互制约、相互权衡的模型，达到三方共治环境污染的目的。即我们构建如下模型：式（11－1）表示企业与公众对政府环境污染监管、治理政策的影响，该方程所表达的核心思想是，政府制定环境污染监管与环境污染治理政策时需要考虑到公众诉求和对企业的影响，这是政府、企业与公众一般均衡模型中的政府方程；式（11－2）表示公众诉求和政府

监管行为对企业污染行为的影响，该方程所表达的核心思想是，企业在排放污染物从而造成环境污染时需要考虑到政府的监管与公众通过迁徙所传递出来的公众诉求信号，这是政府、企业与公众一般均衡模型中的企业方程；式（11－3）表示企业污染行为以及企业所支付的工资水平对公众诉求（即劳动力流动）所产生的替代性影响，该方程所表达的核心思想是，通过劳动力流动表达对环境质量的诉求时需要考虑到当前的污染水平、当前的工资水平以及政府已经采取的环境治理措施，这是政府、企业与公众一般均衡模型中的公众方程。将式（11－1）、式（11－2）和式（11－3）联立起来，就是政府、企业、公众三方共治环境污染的一般均衡模型。

$$E_{it} = \alpha_1 + \beta_1 pollution_{it} + \gamma_1 L(public\_appeal_{it}) + \delta_1 Firm\_tax_{it} + \sigma_1 wage_{it} + X_{1it}'\varphi_1 + \varepsilon_{1it} \quad (11-1)$$

$$pollution_{it} = \alpha_2 + \beta_2 L(public\_appeal_{it}) + \gamma_2 E_{it} + X_{2it}'\varphi_2 + \varepsilon_{2it} \quad (11-2)$$

$$L(public\_appeal_{it}) = \alpha_3 + \beta_3 pollution_{it} + \gamma_3 E_{it} + \sigma_3 wage_{it} + X_{3it}'\varphi_3 + \varepsilon_{3it} \quad (11-3)$$

其中，用E_{it}来衡量政府的环保行为，$pollution_{it}$表示第i个省份t年的环境污染水平，$public_appeal_{it}$表示公众诉求，$Firm_tax_{it}$表示企业相关指标，$wage_{it}$表示省份平均工资水平，X为其他控制变量。

接下来，我们将分别使用常住人口净流入率、户籍人口净流入率、城镇私营企业和个体劳动者就业人员数量变化率、城镇单位就业人员数量变化率以及城镇就业人员数量变化率衡量公众的环境诉求，分别使用$PM_{2.5}$浓度全年均值、工业“三废”（主成分）、包含工业“三废”和$PM_{2.5}$浓度在内的主成分综合衡量企业的环境污染行为，以及使用政府治理环境污染的投资衡量政府环境规制行为，从而建立一般均衡模型。

与前文相同，我们分别使用常住人口净流入率（简记为“常住”）、户籍人口净流入率（简记为“户籍”）、城镇私营企业和个体劳动者就业人员数量变化率（简记为“私营”）、城镇单位就业人员数量变化率（简记为“单位”）以及城镇就业人员数量变化率（简记为“私营＋单位”）衡量公众的环境诉求。为了能更加简单明了地报告主要回归结果，也为了能更加集中地讨论我们主要关心的问题，在本章中我们仅报告政府、企业和公众三者的系数，省去了与前文相同的其他控制变量的系数；仅报告 3SLS 估计结果，省去了迭代 3SLS 回归结果，并将“常住”“户籍”等 5 个回归结果整理在一张表中。这样做便于我们比较在不同模型设定下，核心变量的估计结果有何不同。

11.2.1　使用 $PM_{2.5}$浓度与城市环境基础设施建设投资建立一般均衡模型

本小节使用 $PM_{2.5}$浓度全年均值（*pm25_ mean*）衡量企业环境污染行为以及使用城市环境基础设施建设投资衡量政府环境治理投资力度（ln*env. gov.*），一般均衡模型估计结果见表 11 - 1[①]。

首先，我们来看政府面对公众环境诉求和企业污染行为的环境治理反应是什么。第 1 列第一部分结果显示，用常住人口净流入率衡量的公众诉求增加可使政府环境治理投资增加，企业环境污染（*pm25_ mean*）程度加重也会使政府环境治理投资增加。

其次，企业在面对公众诉求和政府环境治理时是如何反应的。我们继续来看第 1 列第二部分的结果。结果显示，公众诉求增加时，企业将减少环境污染物排放量（*pm25_ mean*），然而当政府环境治理投资（ln*env. gov.*）增加时，企业的反应却是增加环境污染物排放量。乍看这似乎有些难以理解，深入思考后或许是企业的理性选择。企业在面对公众压力（诉求）时，其理性的选择应该是减少污染物排放量，因为污染的“最终消费者”是公众；而企业在面对政府环境治理投资增加时，企业或许认为政府的环境治理投资为企业“购买”到了更多的环境容量，因此其理性的选择

① 陈强（2014）提出，多个方程之间如果存在着某种内在联系，则联合估计这些方程可以提高效率，这就是系统估计。但如果多方程中某个方程的误差较大，则系统估计会将这一方程的误差带入其他方程中，从而使得整个系统的误差增加。因此，多方程与单方程之间存在着“有效性”与“稳健性”的取舍。多方程系统主要分为“联立方程组”（Simultaneous Equations）与“似不相关回归”（Seemingly Unrelated Regression Estimations，SUR）。联立方程中不同的方程之间存在着内在的联系，一个方程的解释变量是另一个方程的被解释变量，且方程中还可能存在内生变量。似不相关回归的不同方程中并没有内在的联系，但方程的各扰动项可能存在相关关系。

将是增加污染物排放量。

最后，公众在面对企业环境污染行为与政府环境治理时是如何反应的。我们继续来看第1列第三部分的结果。结果显示，当企业环境污染物（*pm25_ mean*）排放量增加时，常住人口净流入率将降低，表明公众的反应是“用脚投票”，从而对企业与政府都形成了公众（压力）诉求。当政府环境治理投资增加时，常住人口净流入率将增加，即吸引常住人口流入。因此，公众在面对企业污染行为时的反应是“用脚投票”离开，在面对政府环境治理投资增加时的反应是“用脚投票”迁入。企业与政府在环境污染上的不同行为对公众形成了“推”和“拉”的力量。

综观第1列的结果，我们可以发现：政府、企业与公众三方的系数在所有的方程中均显著。公众诉求（常住人口净流入）可以增加政府环境治理投资，可以减少企业环境污染物排放量；政府环境治理投资增加将减少环境污染物排放量，并吸引常住人口净流入；企业环境污染物排放量减少又将吸引更多的常住人口流入，于是政府、企业与公众在环境治理过程中形成了一个闭环，公众诉求成为治理环境污染中不可或缺的一环。

接下来，我们来看用户籍人口净流入率衡量公众诉求的回归结果。表11 -1第2列结果显示，用户籍人口净流入率衡量公众诉求，在该一般均衡系统中公众诉求仅能增加政府环境治理投资，并不能减少企业污染物排放量；政府的环境治理投资能减少环境污染物排放量，却降低了户籍人口净流入率。企业环境污染物排放量增加不能引起政府环境治理投资增加。因此，与在局部均衡中的结论一致，由于我国现阶段的户籍制度改革，户籍人口净流入率并不是很好的衡量公众诉求的指标。综合常住人口流入率和户籍人口净流入率来看，我们仍然可以得到与局部均衡模型相同的结论。公众显示出“用脚投票”倾向，但并没有迁移其户籍。

表11 -1第3列报告了用城镇私营企业和个体劳动者就业人员数量变化率衡量高级人才的“用脚投票”行为的一般均衡估计结果。然而，我们并没有发现与用常住人口净流入率衡量公众诉求（第1列）一样的结果。第4列报告了用城镇单位就业人员数量变化率衡量公众诉求的一般均衡回归结果，但我们仍然没有发现与第1列相同的结果。第5列将城镇私营企

业和个体劳动者就业人员数量与城镇单位就业人员数量相加，计算并得到城镇就业人员数量变化率，用于衡量公众诉求，但我们仍然没有得到与第 1 列相同的结果。第 3 列至第 5 列的结果显示，至少在用 $PM_{2.5}$浓度全年均值衡量企业污染行为的一般均衡模型中，我们没有发现用城镇单位、城镇私营企业和个体劳动者等就业人员数的变化率衡量的公众诉求对政府的环境治理与企业的环境污染行为构成影响，没能形成政府、企业与公众三方共治环境污染的闭环。

表 11 – 1　政府、企业与公众一般均衡：$PM_{2.5}$浓度衡量企业污染行为，城市环境基础设施建设投资衡量政府环境治理投资力度（2003—2015 年）

项目	(1)	(2)	(3)	(4)	(5)
	常住	户籍	私营	单位	私营 + 单位
政府方程（因变量：城市环境基础设施建设投资，ln*env. gov.*）					
公众诉求	0.032***	0.0065*	-4.26***	-7.38***	1.96*
	(3.80)	(1.73)	(-3.80)	(-6.06)	(1.76)
pm25_ mean	0.024***	-0.0049	-0.021***	0.0014	0.0050
	(5.63)	(-1.21)	(-4.39)	(0.26)	(1.47)
企业方程（因变量：$PM_{2.5}$浓度全年均值，*pm25_ mean*）					
公众诉求	-0.44***	-0.0012	-56.4***	491.4	-359.6***
	(-3.05)	(-0.01)	(-3.78)	(1.06)	(-8.24)
ln*env. gov.*	4.78***	-3.27***	-1.10	-6.77	-3.62*
	(2.96)	(-3.23)	(-1.13)	(-0.68)	(-1.70)
公众方程（因变量：公众诉求，使用常住人口净流入率等衡量）					
ln*env. gov.*	8.10***	-18.8**	0.00068	0.0058	-0.0067
	(4.59)	(-2.50)	(0.02)	(0.48)	(-0.93)
pm25_ mean	-0.66***	1.69***	-0.0083***	0.00011	0.00021
	(-3.87)	(2.96)	(-3.07)	(0.09)	(0.30)
Year FE	Yes	Yes	Yes	Yes	Yes
N	1942	3396	3306	3424	3304

资料来源：《中国城市统计年鉴》。

注：括号中数据为 t 统计量；* 代表 $p < 0.10$，** 代表 $p < 0.05$，*** 代表 $p < 0.01$。以下相同。

11.2.2 使用工业“三废”与城市环境基础设施建设投资建立一般均衡模型

本小节使用工业“三废”主成分（*industrial waste*）代替 $PM_{2.5}$浓度全年均值来衡量企业环境污染行为，分别检验一般均衡模型是否仍然有效。一般均衡模型的估计结果见表 11-2。同前文一样，第 1 列报告了使用常住人口净流入率衡量公众诉求的结果。与使用 $PM_{2.5}$浓度全年均值衡量环境污染水平的结果相同，我们发现第 1 列三个方程中三方的系数都是显著的，且方向也没有发生变化。常住人口净流入率增加使得政府环境治理投资增加；工业“三废”排放增加也使政府环境治理投资增加；公众诉求将减少工业“三废”的排放，政府环境治理投资增加对企业来说等于为企业“购买”到了更多的环境容量，反而增加了工业“三废”的排放；但政府环境治理投资的增加吸引了更多的常住人口净流入，而工业“三废”排放的增加降低了常住人口净流入。总之，用常住人口净流入率作为衡量公众诉求的指标，我们发现公众诉求构成了政府对企业污染排放行为进行环境治理的重要一环，形成了政府、企业与公众三方共治环境污染的闭环。

表 11-2 第 2 列至第 5 列分别报告了使用户籍人口净流入率衡量公众诉求，使用城镇私营企业和个体劳动者就业人员数量变化率、城镇单位就业人员数量变化率以及城镇就业人员数量变化率衡量高级人才“用脚投票”行为的一般均衡估计结果。但是，我们并没有发现与第 1 列相同的结果。第 2 列的结果再次说明，即使使用工业“三废”来衡量企业的污染行为，户籍人口净流入率仍然不是一个很好的衡量公众诉求的指标，这与我国的户籍制度改革政策有关。第 3 列至第 5 列的结果说明，至少在使用工业“三废”作为衡量企业污染行为的指标的情况下，城镇私营企业、城镇单位以及城镇总就业人员数量变化率仍未构成有效的公众诉求，没能形成政府、企业与公众三方共治环境污染的闭环。

表11－2　政府、企业与公众一般均衡：工业“三废”衡量企业污染行为，城市环境基础设施建设投资衡量政府环境治理投资力度（2003—2015年）

项目	(1)	(2)	(3)	(4)	(5)
	常住	户籍	私营	单位	私营＋单位
政府方程（因变量：城市环境基础设施建设投资，*lnenv. gov.*）					
公众诉求	0.038***	0.0011	3.42*	－4.12***	2.22**
	(4.99)	(0.37)	(1.92)	(－3.15)	(2.13)
industrial waste	0.34***	0.090**	0.36***	0.74***	0.38***
	(11.21)	(2.24)	(5.23)	(15.55)	(11.47)
公众诉求	－0.092***	0.22	－4.32	－0.19	－4.79*
	(－3.19)	(1.10)	(－0.41)	(－0.04)	(－1.67)
lnenv. gov.	1.40***	－0.22	1.20***	0.65***	0.92***
	(5.27)	(－0.16)	(4.12)	(4.05)	(9.99)
公众方程（因变量：公众诉求，使用常住人口净流入率等衡量）					
lnenv. gov.	12.9***	3.97	0.086***	－0.12***	0.074***
	(16.84)	(1.26)	(3.43)	(－8.37)	(11.35)
industrial waste	－7.98***	6.16*	－0.10***	0.15***	－0.082***
	(－7.13)	(1.92)	(－2.85)	(5.88)	(－6.56)
Year FE	Yes	Yes	Yes	Yes	Yes
N	1923	3380	3292	3408	3290

11.2.3　使用工业“三废”、$PM_{2.5}$浓度与城市环境基础设施建设投资建立一般均衡模型

本小节使用工业“三废”和$PM_{2.5}$浓度全年均值等主成分（*pollution_pca3*）来衡量企业环境污染行为，分别检验一般均衡模型是否仍然有效。一般均衡模型估计结果见表11－3。第1列，我们仍然使用常住人口净流入率衡量公众诉求。该列回归结果与之前的结果一致，政府、企业与公众三方系数的方向与显著性水平均没有发生改变。结果显示，在使用环境污染综合指标的设定下，用常住人口净流入衡量的公众诉求形成了政府、企业与公众共治环境污染的闭环，公众诉求是污染治理过程中重要的组成部分。第2列的结果与之前的结果也一致，用户籍人口净流入率衡量的公众诉求没有在政府、企业与公众共治环境污染中形成闭环，再次说明户籍人

口净流入率并不是很好的衡量公众诉求的指标。第3列至第5列的结果说明，至少在使用综合环境指标作为衡量企业污染行为的指标的情况下，城镇私营企业和个体劳动者、城镇单位、城镇总就业人员数量变化率仍未形成有效的公众诉求，未能形成政府、企业与公众三方共治环境污染的闭环。

表11-3 政府、企业与公众一般均衡：工业“三废”、$PM_{2.5}$浓度衡量企业污染行为，城市环境基础设施建设投资衡量政府环境治理投资力度（2003—2015年）

项目	(1)	(2)	(3)	(4)	(5)
	常住	户籍	私营	单位	私营+单位
政府方程（因变量：城市环境基础设施建设投资，ln*env. gov.*）					
公众诉求	0.043***	0.0016	3.64*	-6.28***	6.56***
	(5.76)	(0.53)	(1.70)	(-4.71)	(5.33)
pollution_ pca3	0.29***	0.059	0.23**	0.13***	0.28***
	(10.09)	(1.55)	(1.99)	(3.02)	(6.78)
企业方程（因变量：工业“三废”和$PM_{2.5}$浓度全年均值主成分，*pollution_ pca3*）					
公众诉求	-0.13***	0.21	-21.3***	-20.3	-24.4***
	(-3.34)	(1.14)	(-3.84)	(-0.65)	(-7.03)
ln*env. gov.*	1.42***	-0.66	0.80***	-1.22	0.61***
	(4.06)	(-0.48)	(3.12)	(-1.37)	(4.41)
公众方程（因变量：公众诉求，使用常住人口净流入率等衡量）					
ln*env. gov.*	10.9***	4.88	0.036	-0.011	0.036***
	(15.28)	(1.61)	(1.48)	(-1.25)	(7.94)
pollution_ pca3	-6.49***	5.27	-0.032	0.026**	-0.035***
	(-4.18)	(1.21)	(-0.96)	(2.22)	(-4.40)
Year FE	Yes	Yes	Yes	Yes	Yes
N	1922	3369	3280	3396	3278

11.2.4 稳健性检验：城市环境基础设施建设投资+污染源本年投资额与$PM_{2.5}$浓度

有读者认为用城市环境基础设施建设投资衡量政府环境污染治理投资力度可能存在一定的欠缺。根据《中国城市统计年鉴》对主要统计指标的解释，虽然污染源本年投资额主要的出资方是企业，但仍有可能在一定程度上代表了政府对企业环境污染排放的规制或要求。因此，我们将城市环境基础设施建设投资与污染源本年投资额相加，形成一个新的衡量政府环境污染治理投资力度的指标，结合公众诉求与企业的污染行为来建立一般均衡模型，以期检验仅仅使用城市环境基础设施建设投资作为衡量政府环境污染治理投资力度指标的稳健性。

本部分使用城市环境基础设施建设投资 + 污染源本年投资额作为衡量政府环境污染治理投资力度的指标，并使用 $PM_{2.5}$浓度全年均值衡量环境污染水平，一般均衡模型的估计结果见表11－4。第1列的结果显示，用常住人口净流入率衡量的公众诉求仍然能增加政府环境污染治理投资，企业环境污染物排放量增加也将使政府环境污染治理投资增加。公众诉求能减少企业环境污染物排放量；当企业环境污染物排放量增加时，常住人口净流入率将降低。因此，政府、企业与公众三方形成了共治环境污染的闭环。第1列的结果说明，之前使用常住人口净流入率衡量公众诉求的一般均衡结果在使用新的政府环境污染治理投资指标情况下仍然成立，显示出其稳健性。第2列至第5列结果显示，在使用新的政府环境污染治理投资衡量指标的情况下，用户籍人口净流入率，城镇私营企业与个体劳动者、城镇单位、城镇总就业人口数量变化率衡量的公众诉求与之前的结果一致，并没有形成政府、企业与公众共治环境污染的闭环。

表11－4 政府、企业与公众一般均衡：$PM_{2.5}$浓度衡量企业污染行为，城市环境基础设施建设投资＋污染源本年投资额衡量政府环境治理投资力度（2003—2015年）

项目	(1)	(2)	(3)	(4)	(5)
	常住	户籍	私营	单位	私营＋单位
政府方程（因变量：城市环境基础设施建设投资＋污染源本年投资额，ln*env. tot. inv*）					
公众诉求	0.028***	0.023***	−3.58***	−4.03***	8.87***
	(3.96)	(6.76)	(−3.31)	(−3.50)	(9.60)
pm25_ mean	0.027***	0.0012	−0.019***	−0.0000037	0.016***
	(7.64)	(0.18)	(−4.04)	(−0.00)	(3.99)
企业方程（因变量：$PM_{2.5}$浓度全年均值，*pm25_ mean*）					
公众诉求	−0.44***	−0.45**	−59.5***	−3274.3***	−262.1***
	(−3.01)	(−2.44)	(−2.95)	(−2.69)	(−7.72)

续表

项目	(1)	(2)	(3)	(4)	(5)
	常住	户籍	私营	单位	私营+单位
ln*env. tot. inv.*	4.47***	-4.31***	-1.62	-125.6***	-1.74
	(2.74)	(-2.61)	(-1.33)	(-3.38)	(-1.04)
公众方程（因变量：公众诉求，使用常住人口净流入率等衡量）					
ln*env. tot. inv.*	5.97***	-11.3**	0.015	0.023*	-0.0085
	(3.11)	(-2.20)	(0.43)	(1.96)	(-1.24)
pm25_ mean	-0.54***	1.15**	-0.010***	-0.0029***	0.00019
	(-2.74)	(2.33)	(-3.69)	(-3.09)	(0.28)
Year FE	Yes	Yes	Yes	Yes	Yes
N	1982	3454	3362	3483	3360

11.2.5 稳健性检验：城市环境基础设施建设投资+污染源本年投资额与工业“三废”

本小节使用城市环境基础设施建设投资+污染源本年投资额作为衡量政府环境污染治理投资力度的指标，使用工业“三废”主成分衡量环境污染，一般均衡模型的估计结果见表11-5。第1列的结果与之前一致。第1列的结果说明，之前使用常住人口净流入率衡量公众诉求的一般均衡结果在使用新的政府环境污染治理投资指标情况下仍然成立，显示出其稳健性。第2列至第5列结果显示，在使用新的政府环境污染治理投资衡量指标的情况下，用户籍人口净流入率，城镇私营企业和个体劳动者、城镇单位、城镇总就业人口数量变化率衡量的公众诉求与之前的结果一致，并没有形成政府、企业与公众共治环境污染的闭环。

表11-5 政府、企业与公众一般均衡：工业“三废”衡量企业污染行为，城市环境基础设施建设投资+污染源本年投资额衡量政府环境治理投资力度（2003—2015年）

项目	(1)	(2)	(3)	(4)	(5)
	常住	户籍	私营	单位	私营+单位
政府方程（因变量：城市环境基础设施建设投资+污染源本年投资额，ln*env. tot. inv*）					
公众诉求	0.031***	0.017***	5.44***	-2.37**	6.65***
	(4.76)	(6.60)	(3.01)	(-2.19)	(7.19)

续表

项目	(1)	(2)	(3)	(4)	(5)
	常住	户籍	私营	单位	私营+单位
industrial waste	0.32*** (10.72)	0.20*** (4.35)	0.63*** (11.52)	0.27*** (7.32)	0.71*** (23.95)
企业方程（因变量：工业“三废”主成分，*industrial waste*）					
公众诉求	-0.084*** (-2.98)	0.63*** (4.21)	-2.41 (-0.39)	-402.4*** (-2.79)	-3.74** (-2.04)
ln*env. tot. inv.*	1.08*** (3.80)	2.68** (2.21)	1.30*** (6.03)	-13.3*** (-3.17)	0.87*** (13.22)
公众方程（因变量：公众诉求，使用常住人口净流入率等衡量）					
ln*env. tot. inv.*	12.2*** (17.43)	9.43*** (3.23)	0.099*** (7.37)	-0.013* (-1.75)	0.066*** (9.14)
industrial waste	-6.85*** (-6.63)	14.2*** (4.23)	-0.097*** (-5.55)	0.0045 (1.12)	-0.075*** (-5.80)
Year FE	Yes	Yes	Yes	Yes	Yes
N	1962	3437	3347	3466	3345

11.2.6 稳健性检验：城市环境基础设施建设投资+污染源本年投资额与工业“三废”和 $PM_{2.5}$浓度

本小节使用工业“三废”和 $PM_{2.5}$浓度的主成分衡量环境污染水平，以及使用城市环境基础设施建设投资+污染源本年投资额作为衡量政府环境污染治理投资力度的指标，一般均衡估计结果见表 11-6。第 1 列的结果与之前一致。第 1 列的结果说明，之前使用常住人口净流入率衡量公众诉求的一般均衡估计结果在使用新的政府环境污染治理投资指标的情况下仍然成立，显示出其稳健性。第 2 列至第 5 列结果显示，在使用新的政府环境污染治理投资指标情况下，用户籍人口净流入率，城镇私营企业和个体劳动者、城镇单位、城镇总就业人口数量变化率衡量的公众诉求与之前的结果一致，并没有形成政府、企业与公众共治环境污染的闭环。

表 11-6　政府、企业与公众一般均衡：$PM_{2.5}$浓度、工业“三废”衡量企业污染行为，城市环境基础设施建设投资+污染源本年投资额衡量政府环境治理投资力度（2003—2015年）

项目	(1)	(2)	(3)	(4)	(5)
	常住	户籍	私营	单位	私营+单位
政府方程（因变量：城市环境基础设施建设投资+污染源本年投资额，ln*env. tot. inv*）					
公众诉求	0.036***	0.020***	11.0***	-1.22	14.3***
	(5.52)	(7.75)	(6.75)	(-0.96)	(13.21)
pollution_ pca3	0.26***	0.011	0.86***	0.14***	0.66***
	(9.27)	(0.32)	(5.67)	(3.53)	(18.23)
企业方程（因变量：$PM_{2.5}$浓度全年均值和工业“三废”主成分，*pollution_ pca3*）					
公众诉求	-0.12***	0.23***	-8.65*	-716.0**	-16.7***
	(-3.13)	(2.98)	(-1.83)	(-2.50)	(-8.20)
ln*env. tot. inv.*	1.07***	-0.65	1.50***	-24.8***	0.71***
	(2.70)	(-0.92)	(9.96)	(-2.92)	(8.16)
公众方程（因变量：公众诉求，使用常住人口净流入率等衡量）					
ln*env. tot. inv.*	10.1***	6.93**	0.11***	-0.0060	0.040***
	(15.78)	(2.52)	(8.94)	(-0.76)	(9.46)
pollution_ pca3	-4.04***	7.77***	-0.095***	-0.016**	-0.048***
	(-3.35)	(2.65)	(-4.98)	(-2.11)	(-9.08)
Year FE	Yes	Yes	Yes	Yes	Yes
N	1961	3426	3335	3454	3333

11.2.7　小结

一般均衡模型估计结果显示，用常住人口净流入率衡量的公众诉求形成了政府、企业与公众共治环境污染的闭环，公众诉求成为治理环境污染中不可或缺的一环。该结论在使用不同的环境污染指标、不同的政府环境治理投资指标情形下均成立，显示出该结论的稳健性。而用户籍人口净流入率，城镇私营企业和个体劳动者、城镇单位和城镇总就业人员数量变化率衡量的公众诉求并不能成为政府、企业与公众三方共治环境污染中的重要一环。户籍人口净流入率不能成为衡量公众诉求的指标与我国现阶段的户籍制度改革政策有关。但城镇私营企业和个体劳动者、城镇单位和城镇总就业人员数量变化率在三方共治一般均衡模型中仍然部分地显著，那么它们究竟能否衡量公众诉求仍有待检验。

细心的读者有可能已经注意到了使用常住人口净流入率衡量公众诉求的一般均衡模型的样本数量与其他一般均衡模型的样本数量具有一定的差别，因此可能会提出这样一个问题，即用常住人口净流入率衡量的公众诉求与用户籍人口净流入率衡量的公众诉求之所以显著性不同，是否是因为回归使用样本的不同？由于统计年鉴中 2003—2004 年地级及以上城市常住人口数相对于户籍人口数的缺失值较多，所以常住人口口径的净流入率的样本数量与户籍人口口径的净流入率的样本数量存在显著的差别。为了检验是否是由样本不同导致结果不同，接下来我们将使用 2005—2015 年的样本，因为在这期间常住人口与户籍人口的地级及以上城市的样本数量几乎是相同的。由于包含工业“三废”和 $PM_{2.5}$浓度在内的主成分是一个更加综合的指标，而且之前使用 $PM_{2.5}$浓度全年均值和工业“三废”主成分的一般均衡模型估计结果与使用工业“三废”和 $PM_{2.5}$浓度的主成分的一般均衡模型的估计结果是一致的，因此为了简洁，我们后续只报告使用工业“三废”和 $PM_{2.5}$浓度的主成分衡量环境污染水平的稳健性检验结果。

我们先使用 2005—2015 年工业“三废”和 $PM_{2.5}$浓度的主成分衡量环境污染水平，以及使用城市环境基础设施建设投资衡量政府环境污染治理投资力度，一般均衡模型估计结果见表 11 - 7。我们发现，第 1 列中政府、企业与公众三方的系数在三个方程中仍然都显著，其系数的方向与显著性水平均没有发生改变。该列的结果说明，即使使用 2005—2015 年的样本，使用常住人口净流入率衡量的公众诉求仍然在政府、企业与公众共治环境污染过程中形成了闭环。但是，第 2 列使用户籍人口净流入率衡量的公众诉求仍然在所有的三个方程中都不显著。因此，用常住人口净流入率与户籍人口净流入率衡量的公众诉求在一般均衡模型中的不同结果，应该不是由样本的不同造成的，而是由我国现阶段户籍制度改革政策所造成的。

再来看第 3 列的结果。使用 2005—2015 年的样本后，第 3 列显现出与之前不一样的结果：第 3 列的系数全部变得显著起来，且系数的方向和显著程度与第 1 列是相同的。对比第 1 列的结果，我们可知用城镇私营企业和个体劳动者就业人员数量变化率衡量的高级人才“用脚投票”行为对政府、企业与公众共治环境污染形成了闭环。例如，高级人才“用脚投票”行为将增加政府的环境治理投资、减少企业环境污染物排放量。因此，高级人才的诉求成为政府、企业与公众共治环境污染中的重要一环。

然而，第 4 列用城镇单位就业人员数变化衡量的公众诉求却显示出与以城镇私营企业和个体劳动者就业人员数量变化率衡量的公众诉求不同的结果。我们发现，用 2005—2015 年城镇单位就业人员数变化衡量的公众诉求没能成为政府、企业与公众三方共治环境污染过程中的重要一环。这一结果，似乎不难理解。因为，根据定义，城镇单位就业人员在地级及以上城市间的流动性本就比私营企业和个体劳动者就业人员的流动性低，其影响较低也就不难理解了。值得注意的是，第 3 列与第 4 列的样本数量大致相同，因此它们之间的差异应该不是由样本差异造成的。

我们将城镇私营企业和个体劳动者就业人员数量与城镇单位就业人员数量相加，定义了城镇就业人员总数量，并利用其变化来衡量公众诉求。第 5 列报告了用城镇就业人员数量变化率衡量的公众诉求的一般均衡估计结果。第 5 列与第 3 列所对应的三方系数的方向与显著性水平均一样，因此用城镇就业人员数量变化率衡量的公众诉求对政府的环境治理与企业的污染排放形成了制衡。综观第 3 列至第 5 列的结果，可以看出第 5 列之所以显著，是因为第 3 列是显著的。这一对比结果告诉我们，10 年间，城镇私营企业就业人员数的变化推动了整体城镇就业人员总数的变化，显示出城镇私营企业和个体劳动者就业人员的重要性。同时，第 3 列与第 4 列的结果也说明，不是所有人都选择“用脚投票”，而是城镇私营企业和个体劳动者就业人员显示出与城镇单位就业人员不同的公众诉求。

表 11-7　政府、企业与公众一般均衡：$PM_{2.5}$浓度、工业“三废”衡量企业污染行为，城市环境基础设施建设投资 + 污染源本年投资额衡量政府环境治理投资力度（2005—2015 年）

项目	(1)	(2)	(3)	(4)	(5)
	常住	户籍	私营	单位	私营 + 单位
政府方程（因变量：城市环境基础设施建设投资，ln*env. gov.*）					
公众诉求	0.043 ***	0.00089	5.75 ***	-7.48 ***	5.62 ***
	(5.84)	(0.22)	(4.75)	(-5.73)	(4.63)
pollution_ pca3	0.30 ***	0.071 *	0.44 ***	0.25 ***	0.26 ***
	(10.17)	(1.81)	(5.52)	(5.19)	(6.51)
企业方程（因变量：$PM_{2.5}$浓度全年均值和工业“三废”主成分，*pollution_ pca3*）					
公众诉求	-0.12 ***	0.53	-11.5 ***	8.18	-20.9 ***
	(-3.28)	(1.50)	(-6.20)	(1.08)	(-7.43)
ln*env. gov.*	1.40 ***	1.69	0.76 ***	0.16	0.46 ***
	(4.02)	(0.45)	(3.47)	(0.56)	(3.84)
公众方程（因变量：公众诉求，使用常住人口净流入率等衡量）					
ln*env. gov.*	11.2 ***	4.00	0.064 ***	-0.023 **	0.042 ***
	(15.06)	(1.35)	(3.35)	(-2.11)	(8.03)
pollution_ pca3	-6.71 ***	7.37	-0.087 ***	0.044 ***	-0.034 ***
	(-4.21)	(1.45)	(-3.56)	(3.55)	(-4.46)
Year FE	Yes	Yes	Yes	Yes	Yes
N	1881	2845	2766	2872	2764

11.3　本章小结

通过一般均衡模型分析，我们发现用常住人口净流入率衡量的公众诉求形成了政府、企业与公众共治环境污染的闭环，公众诉求成为治理环境污染中不可或缺的一环。该结论在使用不同的环境污染指标、不同的政府环境治理投资指标情形下均成立，显示出该结论的稳健性。由于现阶段户籍改革制度等因素，户籍人口净流入率不能成为有效的衡量公众诉求的指标，因而并不能成为三方共治环境污染过程中有效的制衡因素。我们进一步发现，不是所有人都选择“用脚投票”，城镇私营企业和个体劳动者就业人员显示出与城镇单位就业人员不同的环境诉求。2005—2015 年，用城镇私营企业和个体劳动者就业人员数量变化率衡量的高级人才“用脚投票”行为对三方共治环境污染形成了相互制约、相互权衡，而城镇就业人员总数的变化却没有形成有效的制衡。该结论显示出城镇私营企业和个体劳动者就业人员与城镇单位就业人员的不同特征，以及城镇私营企业和个体劳动者就业人员的相对重要性。

第12章 政府、企业、公众共治环境污染相关研究结论与政策启示

12.1 环境污染对公众幸福感、迁移意愿和环保行为的影响研究

12.1.1 环境污染对公众幸福感、迁移意愿和环保行为影响的研究结论

通过文献调研与实证分析，课题组得出如下结论：①当感知到的环境污染程度越严重时，居民幸福感水平越低。居民对空气污染、水污染、噪声污染、工业垃圾污染、生活垃圾污染5类污染的感知度，无论是在个人层面、村/社区层面，还是区县层面，都对居民幸福感有显著的不利影响。②各种环境污染问题对居民幸福感的影响主要体现在对我国城镇地区居民有显著的负面影响，对农村地区居民的影响并不具有统计学意义，数据分析发现农村地区的环境污染感知水平在各种层面显著低于城镇地区。总之，环境污染感知确实对中国民众的主观福利产生了不良影响。③课题组考察了我国城镇居民环境迁移意愿的影响因素有三个发现。第一，总体而言，城镇居民具有迁移意愿的比例较高，接近1/3。第二，公众对当地环境质量的自我评价对其环境迁移意愿具有显著的影响，当感知到的环境质量越差时，有迁移意愿的概率越高；对当地环境质量预期未来变差会提高其迁移的概率；实际空气质量AQI指数也成为影响其迁移意愿的重要因素之一。第三，年龄、教育状况、主观幸福感和居住区域等属性特征的差异

也会对城镇居民的环境迁移意愿产生显著影响。④通过对公众环保行为的分析，课题组发现，居民的环保认知和环境污染感知对环保行为都具有显著的正向影响。相同条件下，居民环保认知指数对公共环保行为指数的影响程度仅为个体环保行为指数的 1/3，而环境污染感知指数对个体环保行为指数的影响也一样高于对公共环保行为指数的影响。这表明，环境污染感知严重程度变量在环保认知与环保行为之间发挥了中介作用，即在环保认知影响环保行为的机制中，居民对环境污染严重程度的感知有着极为重要的中介作用。⑤通过对公众使用媒体的情况进行分析，课题组发现媒体使用在环境相关议题中有重要作用。第一，媒体使用与我国居民对环境问题的关注正相关，媒体使用有利于提高我国居民的环境保护知识水平，有利于促进我国居民的个体和公共环保行为；第二，不同类型的媒体结果表明，报纸、杂志、广播和电视等传统媒体在居民环境关注、环保知识和环保行为等方面发挥了显著的积极作用，而互联网、手机等新媒体并没有发挥出应有的作用。⑥我国居民的环保行为受到邻里其他居民环保行为非常显著的正面影响。此外，社会互动越频繁、邻里信任度越高以及拥有可遵循的社会规范的居民的环境保护行为越会受到邻里效应的影响。

12.1.2 政策启示

根据以上研究结论，提出以下政策建议：

第一，我们应该采取能有效减少各种环境污染物排放量的措施，以减轻对社会公众的伤害，提升公众的幸福感。

第二，通过加强环境保护知识宣传和大众化教育来倡导环保行为，提高社会民众的环保参与度，例如，汇编形成环境保护的科普读物，下放到社区或者村的阅览室供居民免费阅读；在适当的地方贴出环保标语告示；集中开展环保知识讲座；等等。

第三，继续发挥电视、报纸等传统媒体的优势，强化对有关环境问题、环保知识和环保行为的宣传；要充分利用互联网、手机等新媒体覆盖广、受众人群多、传播速度快等优势，借助其优势为改善环境问题出力；政府引导媒体加大对环境问题的宣传力度，引导普通大众在日常生活工作中关注环境，并通过自身行为改善环境质量，从而真正让媒体成为改善我国环境质量的重要工具。

第四，由于公众环保行为存在邻里效应，因此应通过已经构建起来的村落或社区关系网络体系，形成相互信任、多多互动、和睦相处、守望相助的邻里关系，从而充分发挥环境保护行为的邻里效应。

12.2　政府与企业共治环境污染的研究结论与政策启示

12.2.1　政府与企业共治环境污染的研究结论

通过分析政府与企业的局部均衡模型，课题组有两个发现。

（1）使用 $PM_{2.5}$浓度全年均值或工业“三废”排放量主成分衡量企业环境污染行为，同时不管使用何种方式衡量政府环境污染治理投资力度，地级及以上城市市辖区规模以上工业企业缴纳的增值税、企业的利润总额和利税均对工业“三废”排放有显著的负向影响，说明税金、利润以及利税为企业获得了与政府在共治环境污染中的议价能力，使其获得了排放更多污染物的可能性。

（2）使用 $PM_{2.5}$浓度和工业“三废”排放量的主成分衡量企业环境污染行为，同时不管使用何种方式衡量政府环境污染治理投资力度，地级及以上城市市辖区规模以上工业企业缴纳的增值税等表示的企业议价能力的影响消失了。

12.2.2　政府与企业共治环境污染的政策启示

（1）企业通过利税贡献等行为获得了与政府共治环境污染中的议价能力，污染物排放量可能增加，这说明政府的环境政策也应考虑这种情况，力求在政策制定中寻求均衡点。

（2）研究中部分结果不是特别稳健，说明政府与企业共治环境污染过程中有可能还需要第三方即公众的介入。

12.3 政府与公众共治环境污染的研究结论与政策启示

12.3.1 政府与公众共治环境污染的研究结论

课题组通过搜集我国省级行政单位宏观数据，考察了公众环保诉求与地方政府环境保护行为的关系，通过以环境信访来信数、环境信访人数、环境信访批次、人大代表议案建议数和政协委员提案数等信息，以及用各地区城镇劳动力变化率作为公众环保诉求的代理变量指标，全面考察了地方政府环境污染治理行为、环境监管行为和环境法治行为。研究结论如下：

（1）公众环境诉求的表达有利于促进地方政府的环境保护行为。具体地，大多数公众环境信访指标均与环境污染治理投资额正相关，政协环境提案也在一定程度上促使环境污染治理投资额增加，因子分析获取的公众诉求因子与主成分得分的公众环保诉求均有促使环境污染治理投资额增加的作用。城镇劳动力变化或劳动力流动体现出的环境诉求也能有效促进政府加强环境治理。民众通过来信来访等方式表达环保诉求能够促进地方政府加强环境监管行为，公众环境诉求迫使地方政府采取更多的环境监管行为。城镇劳动力变动虽与环境本级行政处罚案件数正相关，但统计上都不显著。城镇劳动力变化当期值与滞后一期值均与各种形式的地区环境法律法规数正相关，且统计上都不显著，说明通过该指标反映出的公众环境诉求对于推动地区环境法治建设有一定的积极作用。

（2）课题组也考察了政府环境治理行为对公众环境治理评价的影响。总的来说，地区环境污染治理投资额无论是单位 GDP 下的投资额还是人均投资额，在其他条件相同的情况下，均与公众环境治理评价满意度正相关，而且在统计上具有显著意义。这说明政府的环境污染治理行为表现公众是能够切身感受到的，最终会对治理进行相对客观公正的评价。当然这里有一个潜在的假设，即通过治理投资的金额来衡量污染治理行为的表现。虽然在一定意义上是可行的，但这并不能完全代表污染治理的质量。由于缺乏数据，目前我们只能姑且假定两者是一致的。同时也发现，影响最大的是政府环境监管行为，政府环境本级行政处罚案件数与公众环境治理评价呈正相关关系，而且均在 1% 的水平下统计显著。这说明当政府行使环境监管权力时，尤其是针对环境污染实施环境监管处罚行为时，公众的满意度评价会明显提高。

（3）课题组通过对“12369”联网平台数据案例分析不难发现，目前广大的社会公众对该平台已有较为广泛的运用。社会公众通过该平台及时将在生活中所发现的企业环境污染问题反馈给政府相关部门，政府相关部门根据举报的信息对相关违法违规者进行核查核实，发现问题及时进行查处，这对当前解决污染问题有着极为重要的意义。但也发现，这其中还存在着一定的问题，例如，群众举报信息不完整，导致核查工作开展难度大；群众在某些时间段举报不积极；举报平台依然有一些不完善的地方等。

（4）综合政府与公众共治环境污染相互作用的各种局部均衡模型回归结果，可得出如下结论：第一，公众对环境污染的确存在“用脚投票”的诉求行为，即随着环境污染程度加重，人们会在其他条件相同的情况下，选择搬离所在地区；第二，政府对环境污染的治理可以在一定程度上减少社会公众对环境的诉求；第三，政府会视环境污染程度改变环境污染治理力度，具体来说就是在环境污染程度加重的情况下，政府会加大投入以治理污染；第四，公众“用脚投票”的诉求行为对于流入地来讲也会促进政府加大环境污染治理投资力度。

12.3.2　政府与公众共治环境污染的政策启示

（1）建立完善的信访通道，尤其是采用现代化科技通信手段，提升公众信访效率，以促进政府加大环境治理投资力度。

（2）政府环境污染监管与环境治理政策的实施效果最终可以通过民意调查得到反馈。

（3）根据对环保平台数据案例的分析得出启示：首先，优化平台，以更加方便群众举报，比如可通过照片、录音、录像等佐证材料上传，增强举报的可靠性；其次，加强宣传教育，使群众明确自身的权利和义务，鼓励社会公众参与环境保护，发挥“朝阳群众”的精神；再次，可以考虑适当的激励措施，对于举报属实者给予一定的精神物质奖励；最后，政府通过平台核查核实情况一定要给举报者以回馈，告知处理结果。

(4) 公众可以通过表达环保诉求促使政府加大环境治理投资力度，而政府也应通过增加环境治理投入来改善环境治理以吸引公众特别是高素质劳动力的流入，从而提高政府信誉和挖掘当地经济发展的潜力。

12.4 企业与公众共治环境污染的研究结论与政策启示

12.4.1 企业与公众共治环境污染的研究结论

通过使用城镇私营企业和个体劳动者就业人员数量变化率、城镇单位就业人员数量变化率衡量高级人才的“用脚投票”行为，以及城镇就业人员数的变化率衡量“用脚投票”行为，结合使用工业“三废”和$PM_{2.5}$浓度的主成分综合衡量环境污染水平，我们构建了公众与企业相互作用的局部均衡模型。结果发现：①公众面对环境污染选择“用脚投票”不是针对某一项污染物（例如$PM_{2.5}$），而是对整体环境污染水平综合衡量的结果。②户籍人口与常住人口对环境污染的反应有所不同；以户籍人口为口径的人口净流入率与环境污染水平并不显著负相关，这很可能与我国过去的户籍制度改革有关，以常住人口为口径的人口净流入率与环境污水平显著负相关，说明若我国当下存在公众“用脚投票”行为，则公众流动很可能是没有户籍迁移的人口流动。③是不是所有公众都选择“用脚投票”？用城镇单位就业人员衡量的高级人才流动是否表现出高级人才对环境污染有与普通公众不一样的敏感度？通过实证分析发现高级人才更倾向于向环境污染相对较低的地方流动，而普通公众对环境污染目前并没有显示出“用脚投票”的倾向。该结论虽在公众与企业局部均衡中部分显著，但有待在政府、企业与公众三方共治环境污染的一般均衡模型中接受进一步的检验。

12.4.2 企业与公众共治环境污染的政策启示

(1) 由于公众面对环境污染选择“用脚投票”，且并非只针对某一特定污染物，而是对整体污染综合水平而言的，因此企业不应只针对某一环境问题采取措施，而应采取综合防治措施，以回应公众的环境质量诉求从而改善环境质量。

（2）由于高素质劳动力的环境诉求倾向比普通公众更显著，因此企业要想吸引更多的高素质劳动力，应通过各种措施治理环境污染、提升环境质量以增加对高素质劳动力的吸引力，从而为企业发展提供更多的高素质劳动力资源。

12.5　政府、企业、公众共治环境污染一般均衡的研究结论与政策启示

12.5.1　政府、企业、公众共治环境污染一般均衡的研究结论

通过分析政府、企业与公众共治环境污染相互作用的一般均衡模型，并结合各自两两局部均衡模型，课题组发现：①两两局部均衡模型中不太稳健的结果在加入公众诉求后的一般均衡模型中变得显著且稳健起来，这说明公众诉求是政府、企业与公众共治环境污染过程中的一个重要环节。②在三方共治环境污染的一般均衡模型中，公众诉求减少了企业污染物排放量、增加了政府环境污染治理投资，而政府环境污染治理“安抚”了公众诉求，企业排放污染“触发”了公众诉求。因此，公众诉求成为与政府、企业共治环境污染过程中相互制衡的一条重要纽带，说明了公众诉求在三方共治环境污染过程中的重要作用。

12.5.2　政府、企业、公众共治环境污染一般均衡的政策启示

根据政府、企业与公众共治环境污染一般均衡分析结论，我们可以得到整个课题的主要政策启示，即在治理环境污染过程中，无论是政府还是企业都需要考虑到公众，将公众纳入三方共治环境污染体系将使政府、企业与公众形成一个有效的环境污染治理的闭环。否则，两两共治并不能达到有效治理环境污染的目的。

参考文献

英文文献

[1]ADAMOWICZ W, BOXALL P, WILLIAMS M, et al. Stated preference approaches for measuring passive use values: Choice experiments and contingent valuation[J]. American Journal of Agricultural Economics, 1998,80(1):64－75.

[2] ADAMOWICZ W, LOUVIERE J, SWAIT J. Introduction to attribute－based stated choice methods[M]. Washington: NOAA－National Oceanic Athmospheric Administration, USA,1998.

[3]ADHVARYU A, KALA N, NYSHADHAM A. Management and shocks to worker productivity: Evidence from air pollution exposure in an Indian garment factory [J]. Unpublished Working Paper, University of Michigan,2014.

[4]ALBERINI A, CROPPER M, FU T T, et al. Valuing health effects of air pollution in developing countries: The case of Taiwan[J]. Journal of Environmental Economics and Management, 1997,34(2):107－126.

[5]ALPIZAR F, CARLSSON F, MARTINSSON P. Using choice experiments for non－market valuation [J]. Working Papers in Economics, 2001, 8(52): 83－110.

[6]AMBEC S, BARLA P. Can environmental regulations be good for business? An assessment of the porter hypothesis[J]. Energy Studies Review, 2006, 14 (2):42.

[7]ANSELIN L, LOZANO－GRACIA N. Errors in variables and spatial effects

in hedonic house price models of ambient air quality[J]. Empirical Economics, 2008,34(1):5 -34.

[8]ARAGON F, MIRANDA J, OLIVA P. Particulate matter and labor supply: The role of caregiving and non - linearities[J]. Working Paper,2016.

[9]ARCEO E, HANNA R, OLIVA P. Does the effect of pollution on infant mortality differ between developing and developed countries? Evidence from Mexico City[J]. The Economic Journal, 2016,126(591):257 -280.

[10]AUERBACH I L, FLIEGER K. The importance of public education in air pollution control[J]. Air Repair, 1976,17(2):102 -104.

[11]BARBERA A J, MCCONNELL V D. The impact of environmental regulations on industry productivity:Direct and indirect effects[J]. Journal of Environmental Economics and Management, 1990,18(1):50 -65.

[12]BAYER P, KEOHANE N, TIMMINS C. Migration and hedonic valuation: The case of air quality[J]. Journal of Environmental Economics and Management, 2009, 58(1):1 -14.

[13]BENDER B, GRONBERG T J, HWANG H S. Choice of functional form and the demand for air quality[J]. The Review of Economics and Statistics, 1980 (4):638 -643.

[14]BENTO A, FREEDMAN M, LANG C. Who benefits from environmental regulation? Evidence from the clean air act amendments[J]. Review of Economics and Statistics,2015,97(3):610 -622.

[15]BERGER M C, BLOMQUIST G C, KENKEL D, et al. Valuing changes in health risks: A comparison of alternative measures[J]. Southern Economic Journal, 1987(53):967 -984.

[16]BERRY M A, RONDINELLI D A. Proactive corporate environmental management: A new industrial revolution[J]. The Academy of Management Executive (1993 -2005), 1998,12(2):38 -50.

[17]BICKERSTAFF K, WALKER G. Public understandings of air pollution: The"localisation"of environmental risk[J]. Global Environmental Change, 2001,11

(2):133 - 145.

[18]BIRDSALL N, WHEELER D. Trade policy and industrial pollution in Latin America: Where are the pollution havens? [J]. The Journal of Environment & Development, 1993,2(1):137 - 149.

[19]BIROL E, HANLEY N, KOUNDOURI P, et al. Optimal management of wetlands: Quantifying trade - offs between flood risks, recreation, and biodiversity conservation[J]. Water Resources Research, 2009,45(11):2471 - 2481.

[20]BOXALL P C, ADAMOWICZ W L, SWAIT J, et al. A comparison of stated preference methods for environmental valuation[J]. Ecological Economics, 1996, 18(3):243 - 253.

[21]BRODY S D, PECK B M, HIGHFIELD W E. Examining localized patterns of air quality perception in Texas: A spatial and statistical analysis[J]. Risk Analysis: An International Journal, 2004,24(6):1561 - 1574.

[22]BRUVOLL A, GLOMSROD S, VENNEMO H. Environmental drag: Evidence from Norway[J]. Ecological Economics, 1999, 30(2):235 - 249.

[23]BUCHARD V, DA SILVA A, RANDLES C, et al. Evaluation of the surface PM2. 5 in version 1 of the NASA MERRA aerosol reanalysis over the United States[J]. Atmospheric Environment,2016,125(11):100 - 111.

[24]CAMERON T A, MCCONNAHA I T. Evidence of environmental migration [J]. Land Economics, 2006,82(2):273 - 290.

[25]CARMI N, KIM H S. Further than the eye can see: Psychological distance and perception of environmental threats[J]. Human and Ecological Risk Assessment: An International Journal, 2015,21(8):2239 - 2257.

[26]CARRIÓN - FLORES C E, INNES R. Environmental innovation and environmental performance[J]. Journal of Environmental Economics and Management, 2010,59(1):27 - 42.

[27]CHANG T, ZIVIN J G, GROSS T, et al. The effect of pollution on worker productivity: Evidence from call center workers in China[J]. American Economic Journal: Applied Economics, 2019,11 (1): 151 - 172.

[28]CHANG T, ZIVIN J, GROSS T, et al. Particulate pollution and the productivity of pear packers[J]. American Economic Journal: Economic Policy, 2016(8):141-169.

[29]CHATTOPADHYAY S. Estimating the demand for air quality: New evidence based on the Chicago housing market[J]. Land Economics, 1999,75(1):22-38.

[30]CHAY K Y, GREENSTONE M. Does air quality matter? Evidence from the housing market[J]. Journal of Political Economy, 2005,113(2):376-424.

[31]CHAY K Y, GREENSTONE M. The impact of air pollution on infant mortality: Evidence from geographic variation in pollution shocks induced by a recession[J]. Quarterly Journal of Economics,2003(118):1121-1167.

[32]CHEN R, YIN P, MENG X, et al. Fine particulate air pollution and daily mortality: A nationwide analysis in 272 Chinese cities[J]. American Journal of Respiratory and Critical Care Medicine,2017,196(1):73.

[33]CHEN Y, EBENSTEIN A, GREENSTONE M, et al. Evidence on the impact of sustained exposure to air pollution on life expectancy from China's Huai River Policy[J]. Proceedings of the National Academy of Sciences of the United States of America,2013(110):12936-12941.

[34]CHESTNUT L G, OSTRO B D, VICHIT-VADAKAN N. Transferability of air pollution control health benefits estimates from the United States to developing countries: Evidence from the Bangkok study[J]. American Journal of Agricultural Economics, 1997,79(5):1630-1635.

[35]CHONG W K, PHIPPS T T, ANSELIN L. Measuring the benefits of air quality improvement: A spatial hedonic approach[J]. Journal of Environmental Economics & Management, 2003,45(1):24-39.

[36]CHRISTIE M, AZEVEDO C D. Testing the consequence in benefits estimates across contingent valuation and choice experiment: A multiple policy options application[C]. Second World Congress of Environmental and Resource Economists, AERE, Monterey (EE. UU.),2002.

[37] CHRISTIE M, AZEVEDO C D. Testing the consistency between standard contingent valuation, repeated contingent valuation and choice experiments[J]. Journal of Agricultural Economics, 2009,60(1):154 – 170.

[38] CHRISTIE M, WARREN J, HANLEY N, et al. Developing measures for valuing changes in biodiversity : Final report[J]. Defra, 2004.

[39] CHUNG J B, KIM H K, RHO S K. Analysis of local acceptance of a radioactive waste disposal facility[J]. Risk Analysis: An International Journal, 2008,28(4):1021 – 1032.

[40] COLE D H. Pollution and property: Comparing ownership institutions for environmental protection[M]. London: Cambridge University Press,2002.

[41] COLOMBO S, CALATRAVA – REQUENA J, HANLEY N. Analysing the social benefits of soil conservation measures using stated preference methods[J]. Ecological Economics, 2006,58(4):850 – 861.

[42] COONDOO D, DINDA S. Causality between income and emission: A country group – specific econometric analysis[J]. Ecological Economics, 2002,40(3):351 – 367.

[43] CURRIE J, HANUSHEK E, KAHN M, et al. Does pollution increase school absences? [J]. Review of Economics and Statistics,2009,91(4):682 – 694.

[44] DALY D J. Porter's diamond and exchange rates[J]. Management International Review, 1993,33(2):119.

[45] DASGUPTA S, WHEELER D. Citizen complaints as environmental indicators: Evidence from China[J]. Social Science Electronic Publishing,1997.

[46] DAVIS L. The effect of power plants on local housng values and rents[J]. Review of Economics and Statistics, 2010,93(4):1391 – 1402.

[47] DEAN J M. Testing the impact of trade liberalization on the environment: Theory and evidence[J]. World Bank Discussion Paper, 1999:55 – 64.

[48] DEL RÍO P, MORÁN M Á T, ALBIÑANA F C. Analysing the determinants of environmental technology investments: A panel – data study of Spanish industrial sectors[J]. Journal of Cleaner Production, 2011,19(11):1170 – 1179.

[49]DERYUGINA T, HEUTEL G, MILLER N, et al. The mortality and medical costs of air pollution: Evidence from changes in wind direction[J]. NBER Working Paper, 2016.

[50]DESCHENES O, GREENSTONE M, SHAPIRO J S. Defensive investments and the demand for air quality: Evidence from the NOx budget program and Ozone reductions[J]. Social Science Electronic Publishing, 2013.

[51]DICKIE M, GERKING S. Willingness to pay for Ozone control: Inferences from the demand for medical care[J]. Journal of Environmental Economics and Management, 1991,21(1):1 - 16.

[52]EARLE T C, CVETKOVICH G. Social trust and culture in risk management[J]. Social Trust and the Management of Risk, 1999(14):9 - 21.

[53]EL - ZEIN A, NASRALLAH R, NUWAYHID I, et al. Why do neighbors have different environmental priorities? Analysis of environmental risk perception in a Beirut neighborhood[J]. Risk Analysis: An International Journal, 2006,26(2):423 - 435.

[54]EPA (U.S. Environmental Protection Agency). Review of the national ambient air quality standards for particulate matter: Policy assessment of scientific and technical information[J]. OAQPS Staff Paper, 1996.

[55]ERIKSSON C, ZEHAIE F. Population density, pollution and growth[J]. Environmental & Resource Economics, 2005,30(4):465 - 484.

[56]FARZIN Y H, BOND C A. Democracy and environmental quality[J]. Journal of Development Economics, 2006,81(1):213 - 235.

[57]FIREBAUGH M W. Public attitudes and information on the nuclear option[J]. Nucl. Saf. (United States), 1980(22):2.

[58]FITCHEN J M. When toxic chemicals pollute residential environments: The cultural meanings of home and homeownership[J]. Human Organization, 1989,48(4):313 - 324.

[59]FLYNN J, BURNS W, MERTZ C K, et al. Trust as a determinant of opposition to a high - level radioactive waste repository: Analysis of a structural model

[J]. Risk Analysis, 1992,12(3):417 -429.

[60]FOSTER V, MOURATO S. Elicitation format and sensitivity to scope[J]. Environmental and Resource Economics, 2003,24(2):141 -160.

[61]FREUDENBURG W R. Perceived risk, real risk: Social science and the art of probabilistic risk assessment[J]. Science, 1988,242(4875):44 -49.

[62]FU S, GUO M. Running with a mask? The effect of air pollution on marathon runners' performance[J]. Working Paper,2017.

[63]FU S, VIARD B, ZHANG P. Air quality and manufacturing firm productivity: Comprehensive evidence from China[J]. Working Paper,2017.

[64]GAWANDE K, BOHARA A K. Agency problems in law enforcement: Theory and application to the US Coast Guard[J]. Management Science, 2005,51(11): 1593 -1609.

[65]GENTZKOW B M, SHAPIRO J M. What drives media slant? Evidence from U. S. Daily Newspapers[J]. Econometrica, 2010, 78(1):35 -71.

[66]GERKING S, STANLEY L R. An economic analysis of air pollution and health: the case of St. Louis[J]. The Review of Economics and Statistics, 1986,68(1):115 -121.

[67]GHORBANI M, KULSHRESHTHA S, FIROZZAREA A. A choice experiment approach to the valuation of air pollution in Mashhad, Iran[J]. WIT Transactions on Biomedicine and Health, 2011(15):33 -44.

[68]GILOVICH T, GRIFFIN D, KAHNEMAN D. Heuristics and biases: The psychology of intuitive judgment[M]. London: Cambridge University Press,2002.

[69]GOLLOP F M, ROBERTS M J. Environmental regulations and productivity growth: The case of fossil - fueled electric power generation[J]. Journal of Political Economy, 1983,91(4):654 -674.

[70]GOULD L C, GARDNER G T, DELUCA D R, et al. Perceptions of technological risks and benefits[J]. Research Policy, 1990, 19(5):482 -483.

[71]GRAY W B, SHIMSHACK J P. The effectiveness of environmental monitoring and enforcement: A review of the empirical evidence[J]. Review of Environmen-

tal Economics and Policy, 2011,5(1):3 -24.

[72]GREENSTONE M, GALLAGHER J. Does hazardous waste matter? Evidence from the housing market and the superfund program[J]. Quarterly Journal of Economics,2008,123(3):951 -1003.

[73]GROOTHUIS P A, MILLER G. Locating hazardous waste facilities: The influence of NIMBY beliefs[J]. American Journal of Economics and Sociology, 1994, 53(3):335 -346.

[74]GROSSMAN M. On the concept of health capital and the demand for health [J]. Journal of Political Economy, 1972,80(2):223 -255.

[75]GUO M, YE Z, FU S. Air pollution and mood: Evidence from restaurants' ratings[J]. Working Paper, 2017.

[76]HANLEY N, WRIGHT R E, ADAMOWICZ V. Using choice experiments to value the environment[J]. Environmental and Resource Economics,1998,11(3 -4):413 -428.

[77]HANNA R, OLIVA P. The effect of pollution on labor supply: Evidence from a natural experiment in Mexico[J]. Journal of Public Economics,2015(122): 68 -79.

[78]HARRISON J D, RUBINFELD D L. Hedonic housing prices and the demand for clean air[J]. Journal of Environmental Economics and Management, 1978, 5(1):81 -102.

[79]HÅRSMAN B, QUIGLEY J M. Political and public acceptability of congestion pricing: Ideology and self - interest[J]. Journal of Policy Analysis and Management, 2010,29(4):854 -874.

[80]HART S L, AHUJA G. Does it pay to be green? An empirical examination of the relationship between emission reduction and firm performance[J]. Business Strategy and the Environment, 1996,5(1):30 -37.

[81]HE G, MOL A. P, ZHANG L, et al. Nuclear power in China after Fukushima: Understanding public knowledge, attitudes, and trust[J]. Journal of Risk Research, 2014,17(4):435 -451.

[82] HE J, LIU H, SALVO A. Severe air pollution and labor productivity: Evidence from Industrial towns in China[J]. American Economic Journal: Applied Economics, 2019,11 (1): 173 -201.

[83] HE J. Pollution haven hypothesis and environmental impacts of foreign direct investment: The case of industrial emission of sulfur dioxide (SO_2) in Chinese provinces[J]. Ecological Economics,2006,60(1):228 -245.

[84] HOWEL D, MOFFATT S, PRINCE H, et al. Urban air quality in North - East England: Exploring the influences on local views and perceptions[J]. Risk Analysis,2002,22(1):121 -130.

[85] HUANG L, HE R, YANG Q, et al. The changing risk perception towards nuclear power in China after the Fukushima nuclear accident in Japan[J]. Energy Policy, 2018(120):294 -301.

[86] HUANG L, ZHOU Y, HAN Y, et al. Effect of the Fukushima nuclear accident on the risk perception of residents near a nuclear power plant in China[J]. Proceedings of the National Academy of Sciences, 2013,110(49):19742 -19747.

[87] HUBER J, ZWERINA K. The importance of utility balance in efficient choice designs[J]. Journal of Marketing Research, 1996, 33 (3):307 -317.

[88] HUNG H C, WANG T W. Determinants and mapping of collective perceptions of technological risk: The case of the second nuclear power plant in Taiwan[J]. Risk Analysis: An International Journal, 2011,31(4):668 -683.

[89] ITAOKA K, KRUPNICK A J, SAITO A, et al. Morbidity valuation with a cessation lag[J]. Working Paper, 2007.

[90] ITO K, ZHANG S. Willingness to pay for clean air: Evidence from air purifier markets in China[J]. National Bureau of Economic Research, 2016.

[91] JANS J, JOHANSSON P, NILSSON J. Economic status, air quality, and child health: Evidence from inversion episodes[J]. Working Paper,2016.

[92] JANZ N K, BECKER M. H. The health belief model: A decade later [J]. Health Education Quarterly, 1984,11(1):1 -47.

[93] JERRETT M, BURNETT R, GOLDBERG M, et al. Spatial analysis for en-

vironmental health research: Concepts, methods, and examples[J]. Journal of Toxicology and Environmental Health Part A, 2003,66(16-19):1783-1810.

[94]JIN J, WANG Z, RAN S. Comparison of contingent valuation and choice experiment in solid waste management programs in Macao[J]. Ecological Economics, 2006,57(3):430-441.

[95]JOHNSON T, MOL A P, ZHANG L, et al. Living under the dome: Individual strategies against air pollution in Beijing[J]. Habitat International, 2017(59):110-117.

[96]JORGENSON D W, WILCOXEN P J. Environmental regulation and US economic growth[J]. The Rand Journal of Economics, 1990,21(2):314-340.

[97]KAHNEMANT D, KNETSCH J. L. Contingent valuation and the value of public goods: Reply[J]. Journal of Environmental Economics and Management, 1992,22(1):90-94.

[98]KASPERSON R E, GOLDING D, TULER S. Social distrust as a factor in siting hazardous facilities and communicating risks[J]. Journal of Social Issues, 1992,48(4):161-187.

[99]KEMFERT C. Induced technological change in a multi-regional, multi-sectoral, integrated assessment model (WIAGEM): Impact assessment of climate policy strategies[J]. Ecological Economics, 2005,54(2-3):293-305.

[100]KIEL K, MCCLAIN K. Housing prices during siting decision stage: The case of an incinerator from rumor through operations[J]. Journal of Environmental Economics and Management,1995(28):241-255.

[101]KIMENJU S C, MORAWETZ U B, GROOTE D H. Comparing contingent valuation method, choice experiments and experimental auctions in soliciting consumer preference for maize in Western Kenya: Preliminary results[C]. In Presentation at the African Econometric Society 10th Annual Conference on Econometric Modeling in Africa, Nairobi, Kenya, 2005.

[102]KUZNETS S. Economic growth and income inequality[J]. American Economic Review, 1955,45(1):1-28.

[103]LASSWELL H D. The structure and function of communication in society [J]. The Communication of Ideas, 1948(37):215 - 228.

[104]LAVY V, EBSENSTEIN A, ROTH S. The impact of short term exposure to ambient air pollution on cognitive performance and human capital formation[J]. NBER Working Paper, 2014.

[105]LAYTON D, BROWN G. Application of stated preference methods to a public good: Issues for discussion[Z]. In NOAA Workshop on the Application of Stated Preference Methods to Resource Compensation, Washington, DC, 1998.

[106]LI S, RAO L L, REN X P, et al. Psychological typhoon eye in the 2008 Wenchuan earthquake[J]. PLoS One, 2009, 4(3), e4964.

[107]LIBERMAN N, TROPE Y, MCCREA S M, et al. The effect of level of construal on the temporal distance of activity enactment[J]. Journal of Experimental Social Psychology, 2007, 43(1):143 - 149.

[108]LIBERMAN N, TROPE Y. The psychology of transcending the here and now[J]. Science, 2008, 322(5905):1201 - 1205.

[109]LICHTER A, PESTEL N, SOMMER E. Productivity effects of air pollution: Evidence from professional soccer[J]. IZA Discussion Paper, 2015.

[110]LIN Y. The Long Shadow of Industrial pollution: Environmental amenities and the distribution of skills[J]. Working Paper, 2017.

[111]LINDELL M K, PERRY R W. Communicating environmental risk in multiethnic communities [J]. Sage Publications, 2003(7).

[112]LIST J A, DANIEL S. How elections matter: Theory and evidence from environmental policy [J]. Quarterly Journal of Economics, 2016, 121 (4): 1249 - 1281.

[113]LORENTZEN P, LANDRY P, YASUDA J. Transparent authoritarianism? An analysis of political and economic barriers to greater government transparency in China[C]. In APSA 2010 Annual Meeting Paper, Washington, D. C. (Vol. 4), 2010.

[114]LUCAS R E, WHEELER D, HETTIGE H. Economic development, envi-

ronmental regulation, and the international migration of toxic industrial pollution[J]. World Bank Publications,1992(4):13 - 18.

[115]MA D, GONG W, FANG Q, et al. Divergence between general public's risk perception and environmental risk assessment: A case study of p - xylene projects in China[J]. Human and Ecological Risk Assessment: An International Journal, 2018,24(4):859 - 869.

[116]MACKENZIE J. A comparison of contingent preference models[J]. American Journal of Agricultural Economics, 1993,75(3):593 - 603.

[117]MAZOTTA M, OPALUCH J. Decision making when choices are complex: A test of Heiners hypothesis[J]. Land Economics,1995,71 (4):500 - 515.

[118]MCCONNELL K E. Income and the demand for environmental quality [J]. Environment & Development Economics,1997,2(4):383 - 399.

[119]MCGUIRE W J. The structure of individual attitudes and attitude systems [J]. Attitude Structure and Function, 1989(1):37 - 69.

[120]MCKEE D J, ATWELL D, et al. Review of national ambient air quality standards for Ozone: Assessment of scientific and technical information[J]. Proceedings of SPIE - The International Society for Optical Engineering, 1996, 8557(1):6.

[121]MERRETT S. Deconstructing households' willingness - to - pay for water in low - income countries[J]. Water Policy, 2002,4(2):157 - 172.

[122]MITCHELL R C, CARSON R T. A contingent valuation estimate of national freshwater benefits: Technical report to the US Environmental Protection Agency [G]. Washington, DC, Resources for the Future,1984.

[123]MITCHELL R C, CARSON R T. Using surveys to value public goods:The contingent valuation method[M]. Rff Press,2013.

[124]MOGAS J, RIERA P, BENNETT J. A comparison of contingent valuation and choice modelling with second - order interactions[J]. Journal of Forest Economics, 2006,12(1):5 - 30.

[125]MUNIER S, PESCHANSKI R. Universality and tree structure of high - energy QCD[J]. Physical Review D, 2004,70(7):645 - 648.

[126]NAVRUD S. Valuing health impacts from air pollution in Europe[J]. Environmental and Resource Economics,2001,20(4):305 - 329.

[127]NEIDELL M J. Air pollution, health, and socio - economic status: The effect of outdoor air quality on childhood asthma[J]. Journal of Health Economics, 2004,23(6):1209 - 1236.

[128]OKRENT D. Comment on societal risk[J]. Science, 1980,208(4442): 372 - 375.

[129]PEEK M K, CUTCHIN M P, FREEMAN D H, et al. Perceived health change in the aftermath of a petrochemical accident: An examination of pre - accident, within - accident, and post - accident variables[J]. Journal of Epidemiology & Community Health,2008,62(2):106 - 112.

[130]PERKO T. Radiation risk perception: A discrepancy between the experts and the general population[J]. Journal of Environmental Radioactivity, 2014(133): 86 - 91.

[131]PERRINGS C. Economy and environment: A theoretical essay on the interdependence of economic and environmental systems[M]. London: Cambridge University Press,1987.

[132]PETTY E, WEGENER D T. Attitude change: Multiple roles for persuasion variables (In D. Gilbert, S. Fiske, G. Lindzey (Eds.) [J]. The Handbook of Social Psychology,998(1):323 - 390.

[133]PIDGEON N, HOOD C, JONES D, et al. Risk perception. Risk: Analysis[J]. Perception and Management, 1992(1):89 - 134.

[134]POORTINGA W, PIDGEON N F. Exploring the dimensionality of trust in risk regulation[J]. Risk Analysis: An International Journal,2003,23(5):961 - 972.

[135]PORTER M E, LINDE V D. Toward a new conception of the environment - competitiveness relationship[J]. Journal of Economic Perspectives, 1995,9(4): 97 - 118.

[136]PUN V, MANJOURIDE J, SUH H. Association of ambient air pollution with depressive and anxiety symptoms in older adults: Results from the NSHAP Study,

Environmental Health Perspectives[J]. Working Paper,2016.

[137]QIN Y, ZHU H. Run away? Air pollution and emigration interests in China[J]. Journal of Population Economics, 2018(31):235 - 266 .

[138]RAMON L. The environment as a factor of production: The effects of economic growth and trade liberalization[J]. Journal of Environmental Economics & Management,1994,27(2):163 - 184.

[139]READ J D. The availability heuristic in person identification: The sometimes misleading consequences of enhanced contextual information[J]. Applied Cognitive Psychology, 1995,9(2):91 - 121.

[140]RIDKER R G, HENNING J A. The determinants of residential property values with special reference to air pollution[J]. The Review of Economics and Statistics, 1967,49(2):246 - 257.

[141]ROGERS R W. A protection motivation theory of fear appeals and attitude change[J]. The Journal of Psychology, 1975,91(1):93 - 114.

[142]ROSENSTOCK I M. Historical origins of the health belief model[J]. Health Education Monographs, 1974,2(4):328 - 335.

[143] RYDIN Y. Public participation in planning, in: J. B. Cullingworth (Ed.) British Planning Policy: 50 years of regional and urban change[M]. London: Ahlone Press,1999.

[144]SAGER L. Estimating the effect of air pollution on road safety using atmospheric temperature inversions[J]. Grantham Research Institute on Climate Change and the Environment Working Paper, 2016.

[145]SAIDA Z, KAIS S. Environmental pollution, health expenditure and economic growth and in the Sub - Saharan Africa countries: Panel ARDL approach[J]. Sustainable Cities & Society, 2018,41(8):833 - 840.

[146]SCHMALENSEE R, STAVINS R N. The SO_2 allowance trading system: The ironic history of a grand policy experiment [J]. Journal of Economic Perspectives, 2013,27(1):103 - 122.

[147]SCONFIENZA U. The narrative of public participation in environmental

governance and its normative presuppositions[J]. Review of European Comparative & International Environmental Law, 2015,24(2):139 - 151.

[148]SHECHTER M. A comparative study of environmental amenity valuations [J]. Environmental and Resource Economics, 1991,1(2):129 - 155.

[149]SHEN J. A simultaneous estimation of Environmental Kuznets Curve: Evidence from China[J]. China Economic Review, 2006,17(4):383 - 394.

[150]SHRADER - FRECHETTE K S. Risk and rationality: Philosophical foundations for populist reforms[M]. San Francisco:University of California Press,1991.

[151]SIEGRIST M. The influence of trust and perceptions of risks and benefits on the acceptance of gene technology[J]. Risk Analysis,2000,20(2):195 - 204.

[152] SLOVIC P. Perception of risk [J]. Science, 1987, 236 (4799): 280 - 285.

[153]STEVENS T H, BELKNER R, DENNIS D, et al. Comparison of contingent valuation and conjoint analysis in ecosystem management[J]. Ecological Economics, 2000,32(1):63 - 74.

[154]STOFFLE R W, STONE J V, HEERINGA S G. Mapping risk perception shadows: Defining the locally affected population for a low - level radioactive waste facility in Michigan[J]. Environmental Professional, 1993,15(3):316 - 333.

[155]STOFFLE R W, TRAUGOTT M W, STONE J V, et al. Risk perception mapping: Using ethnography to define the locally affected population for a low - level radioactive waste storage facility in Michigan[J]. American Anthropologist, 1991,93(3):611 - 635.

[156]STOKEY N L. Are there limits to growth? [J]. International Economic Review, 1998,39(1):1 - 31.

[157]STONE J V. Risk perception mapping and the Fermi II nuclear power plant: Toward an ethnography of social access to public participation in Great Lakes environmental management[J]. Environmental Science & Policy, 2001,4(4 - 5): 205 - 217.

[158]SUN C, KAHN M E, ZHENG S. Self - protection investment exacerbates

air pollution exposure inequality in urban China[J]. Ecological Economics, 2017(131):468 - 474.

[159]TAI M Y, CHAO C C, HU S W. Pollution, health and economic growth [J]. The North American Journal of Economics and Finance, 2015(32):155 - 161.

[160]TANAKA S, ZABEL J. Valuing nuclear energy risk: Evidence from the impact of the Fukushima crisis on U. S[J]. House Prices, Tufts University, Working Paper,2017.

[161]THATCHER T L, LAYTON D W. Deposition, resuspension, and penetration of particles within a residence[J]. Atmospheric Environment, 1995,29(13): 1487 - 1497.

[162]TIEBOUT C M. A pure theory of local expenditures[J]. Journal of Political Economy, 1956,64(5):416 - 424.

[163]TSANG S, BURNETT M, HILLS P, et al. Trust, public participation and environmental governance in Hong Kong[J]. Environmental Policy & Governance, 2009,19(2):99 - 114.

[164]TVERSKY A, KAHNEMAN D. Availability: A heuristic for judging frequency and probability[J]. Cognitive psychology, 1973,5(2):207 - 232.

[165] VAN EWIJK C, VAN WIJNBERGEN S. Can abatement overcome the conflict between the environment and economic growth? [J]. De Economist,1995, 143(2):197 - 216.

[166]VENKATACHALAM L. The contingent valuation method: A review[J]. Environmental Impact Assessment Review, 2004,24(1):89 - 124.

[167]VISCUSI W K. Prospective reference theory: Toward an explanation of the paradoxes[J]. Journal of Risk and Uncertainty,1989,2(3):235 - 263.

[168]WALLEY N, WHITEHEAD B. It's not easy being green[J]. Reader in Business and the Environment, 1994,72(3):46 - 52.

[169]WANG Y, ZHANG Y S. Air quality assessment by contingent valuation in Ji'nan, China[J]. Journal of Environmental Management, 2009,90(2):1022 - 1029.

[170]WEBLER T, TULER S. Fairness and competence in citizen participation:

Theoretical reflections from a case study[J]. Administration & Society, 2000,32(5): 566 -595.

[171]WHITTINGTON D. Administering contingent valuation surveys in developing countries[J]. World Development, 1998,26(1):21 -30.

[172]WOLFE D A, EDWARDS B, MANION I, et al. Early intervention for parents at risk of child abuse and neglect: A preliminary investigation[J]. Journal of Consulting and Clinical Psychology, 1988,56(1):40.

[173]WRIGHT R E, HANLEY N, ADAMOWICZ V. Using choice experiments to value the enviroment - design issues, current experience and future prospects[J]. Environmental and Resource Economics, 1998,11(3 -4):413 -428.

[174]WU D, MA X Z, ZHANG S, et al. Why do not most people wear face-mask when expose to outdoor air pollution? Evidence from choice experiment[C]. Annual meeting of American Sociological Association, Philadelphia, United States, 2018.

[175]Xie X X. The value of health: Applications of choice experiment approach and urban air pollution control strategy[D]. Beijing: Peking University, 2011.

[176]XU J H, CHI C S, ZHU K. Concern or apathy:The attitude of the public toward urban air pollution[J]. Journal of Risk Research, 2017,20(4):482 -498.

[177]YIN H, PIZZOL M, JACOBSEN J B, et al. Contingent valuation of health and mood impacts of PM 2.5 in Beijing, China[J]. Science of the Total Environment, 2018,630(15): 1269 -1282.

[178]YOO S H, KWAK S J, LEE J S. Using a choice experiment to measure the environmental costs of air pollution impacts in Seoul[J]. Journal of Environmental Management, 2008,86(1):308 -318.

[179] ZHENG S Q, JING C, KAHN M E, et al. Real estate valuation and cross - boundary air pollution externalities: Evidence from Chinese cities[J]. Journal of Real Estate Finance and Economics, 2014,48(3):398 -414.

[180]ZIVIN J G, NEIDELL M. Environment, health, and human capital[J]. Journal of Economic Literature,2013,51(3):689 -730.

[181]ZIVIN J G, NEIDELL M. The impact of pollution on worker productivity [J]. American Economic Review, 2012,102(7):3652-3673.

中文文献

[1]包群, 彭水军. 经济增长与环境污染:基于面板数据的联立方程估计[J]. 世界经济, 2006(11):48-58.

[2]蔡春光,郑晓瑛. 改善空气质量健康效益的非市场价值评估[J]. 环境科学研究, 2007, 20(4):150-154

[3]蔡定剑. 公众参与及其在中国的发展[J]. 团结, 2009 (4):32-35.

[4]曹正汉. 中国上下分治的治理体制及其稳定机制[J]. 社会学研究, 2011(1):1-40.

[5]陈福平. 强市场中的“弱参与”:一个公民社会的考察路径[J]. 社会学研究, 2009 (3):89-111.

[6]陈刚. FDI竞争、环境规制与污染避难所——对中国式分权的反思[J]. 世界经济研究, 2009 (6):3-7.

[7]陈海嵩. 邻避型环境群体性事件的治理困境及其消解——以“PX事件”为中心[J]. 社会治理法治前沿年刊, 2017(1): 219-239.

[8]陈强. 高级计量经济学及Stata应用(第二版)[M]. 北京: 高等教育出版社, 2014.

[9]陈诗一. 节能减排与中国工业的双赢发展:2009—2049[J]. 经济研究, 2010(3):129-143.

[10]陈舜友,丁祖荣,李娟. 清洁生产中企业与政府之间的博弈分析[J]. 环境科学与技术, 2008 (1): 31-42.

[11]陈卫东,杨若愚. 政府监管、公众参与和环境治理满意度——基于CGSS2015数据的实证研究[J]. 软科学,2018, 32(11): 49-53.

[12]陈业华, 王立山. 信任视角下公众对PX项目的感知风险及对抗研究[J]. 燕山大学学报(哲学社会科学版), 2016, 17(3): 8-14.

[13]陈永伟,陈立中. 为清洁空气定价:来自中国青岛的经验证据[J]. 世界经济, 2012(4): 140-160.

[14]程德年,周永博,魏向东,等. 基于负面 IPA 的入境游客对华环境风险感知研究[J]. 旅游学刊, 2015, 30(1): 54 -62.

[15]程欣, 帅传敏, 王静, 等. 生态环境和灾害对贫困影响的研究综述[J]. 资源科学, 2018,40(4): 676 -697.

[16]楚永生, 刘杨, 刘梦. 环境污染效应对异质性劳动力流动的影响——基于离散选择模型的空间计量分析[J]. 产经评论, 2015(4): 45 -56.

[17]邓彦龙, 王旻. 公众诉求对地区环境治理的门槛效应研究[J]. 生态经济, 2017(33): 173.

[18]邓志强. 我国工业污染防治中的利益冲突与协调研究[D]. 长沙:中南大学, 2009.

[19]董慧凝. 略论日本循环经济立法对我国环境立法的启示[J]. 现代法学, 2006, 28(1): 177 -184.

[20]董小林, 马瑾, 王静, 等. 基于自然与社会属性的环境公共物品分类[J]. 长安大学学报(社会科学版), 2012, 14(2): 64 -67.

[21]段平忠, 刘传江. 中国省际人口迁移对地区差距的影响[J]. 中国人口·资源与环境, 2012, 22(11): 60 -67.

[22]封进, 余央央. 中国农村的收入差距与健康[J]. 经济研究, 2007(1):26 -35.

[23]傅帅雄, 张可云, 张文彬. 污染型行业布局及减排技术对中国污染转移的影响研究[J]. 河北经贸大学学报, 2011(5): 29 -34.

[24]韩超, 张伟广, 单双. 规制治理、公众诉求与环境污染——基于地区间环境治理策略互动的经验分析[J]. 财贸经济, 2016, 37(9): 144 -160.

[25]洪大用,范叶超,李佩繁. 地位差异、适应性与绩效期待——空气污染诱致的居民迁出意向分异研究[J]. 社会学研究, 2016(3): 1 -24.

[26]黄德春,刘志彪. 环境规制与企业自主创新[J]. 中国工业经济,2006(3): 100 -106.

[27]江海宁. 完善我国重点企业排污定额监管制度研究[D]. 桂林:广西师范大学, 2013.

[28]姜爱林, 陈海秋, 张志辉. 中国城市环境治理的绩效、不足与创新对

策[J]. 江淮论坛, 2008, 230(4):84 - 92.

[29]姜博,童心田,郭家秀. 我国环境污染中政府、企业与公众的博弈分析[J]. 统计与决策,2013 (12): 71 - 74.

[30]靳磊磊. 漳州PX事件的框架变迁与媒介建构——以中新网和腾讯网对漳州PX事件报道为例[D]. 重庆:西南大学,2016.

[31]匡耀求, 黄宁生, 胡振宇. 环境污染对东莞市地域经济发展的影响[J]. 地理科学, 2004, 24(4):419 - 425.

[32]黎泉,林靖欣,魏钰明. 基础设施建设、环境污染与政治信任——一项跨国比较研究[J]. 中南林业科技大学学报(社会科学版), 2018(3):37 - 42.

[33]李富有,王博峰. 能源消费与环境污染对经济增长的影响分析——基于空间面板模型的实证研究[J]. 华东经济管理, 2014(10):5 - 11.

[34]李光钰. 城镇化视阈下环境问题对社会稳定的影响研究[J]. 理论学刊, 2016(6): 114 - 119.

[35]李佳. 空气污染对劳动力供给的影响研究——来自中国的经验证据[J]. 中国经济问题, 2014(5): 67 - 77.

[36]李晶晶. 中国人口流动对区域经济差异的影响[D]. 郑州:河南大学, 2015.

[37]李茜,胡昊,罗海江,等. 我国经济增长与环境污染双向作用关系研究——基于PVAR模型的区域差异分析[J]. 环境科学学报,2015,35(6) : 1875 - 1886.

[38]李拓, 李斌. 中国跨地区人口流动的影响因素——基于286个城市面板数据的空间计量检验[J]. 中国人口科学, 2015(2): 73 - 83.

[39]李晓春. 劳动力转移和工业污染——在现行户籍制度下的经济分析[J]. 管理世界, 2005(6): 27 - 33.

[40]李叶, 赵洪进. 环境污染对我国经济增长的影响研究——以河北省为例[J]. 农村经济与科技, 2014(12):9 - 12.

[41]李永友,沈坤荣. 我国污染控制政策的减排效果:基于省际工业污染数据的实证分析[J]. 管理世界, 2008(7): 7 - 17.

[42]李治. 公众诉求下城市环境治理路径分析[J]. 新西部:中旬·理论,

2018(3):63－64.

[43]梁枫，任荣明．经济、环境与社会稳定:基于群体性事件的实证研究[J]．生态经济，2017(2):184－189.

[44]刘杰，姜志法．引导要“给利” 约束要“给力”——辽宁省大连PX项目搬迁引发的思考[J]．中国土地，2012（1）：17－19.

[45]刘君，刘尚俊，田宝龙．环境污染水平与经济发展水平对就业的影响研究——基于就业规模和就业结构视角[J]．生态经济，2018,34(6):79－83.

[46]刘细良,刘秀秀.基于政府公信力的环境群体性事件成因及对策分析[J].中国管理科学,2013(11):153－157.

[47]刘志荣．政府与企业在循环经济发展中的博弈分析[J]．现代经济探讨，2007（10）：89－91.

[48]卢方元．环境污染问题的演化博弈分析[J]．系统工程理论与实践，2007，27(9):148－152.

[49]陆旸．从开放宏观的视角看环境污染问题:一个综述[J]．经济研究，2012(2)：146－158.

[50]逯元堂，王金南，吴舜泽,等．中国环保投资统计指标与方法分析[J]．中国人口·资源与环境,2010，20(S2)：96－99.

[51]马骥涛,郭文．环境规制对就业规模和就业结构的影响 ——基于异质性视角[J]．财经问题研究，2018，419(10)：60－67.

[52]诺伊迈耶．强与弱:两种对立的可持续性范式[M]．王寅通,译．上海:上海译文出版社,2002.

[53]彭建交,谢中起,臧红松,等．环境治理中的政府信任重塑[J].生态经济，2018(11).

[54]彭水军．污染外部性、可持续发展与政府政策选择——基于内生化劳动供给和人力资本积累的动态模型[J]．厦门大学学报(哲学社会科学版)，2008(3)：50－57.

[55]彭水军，包群．环境污染、内生增长与经济可持续发展[J]．数量经济技术经济研究，2006a，23(9):114－126.

[56]彭水军，包群．中国经济增长与环境污染——基于广义脉冲响应函数

法的实证研究[J]. 中国工业经济, 2006b(5):15-23.

[57]彭郁. 环境污染对居民相关行为决策的影响研究[D]. 长沙:湖南大学, 2017.

[58]邱琼. 我国环境统计发展历程及存在的问题[J]. 中国统计, 2004(11): 9-10.

[59]桑玉成. 论政府管理的经济目标与政治目标[J]. 政治学研究, 1996(3):58-65.

[60]尚宇红. 治理环境污染问题的经济博弈分析[J]. 理论探索, 2005(6): 93-95.

[61]沈承诚. 环境维权的二元形态差异: 生活的政治与对话的政治——基于癌症村和厦门 PX 项目的案例[J]. 江苏社会科学, 2017(6): 143-151.

[62]盛鹏飞. 环境污染对中国劳动生产率的影响——理论与实证依据[D]. 重庆:重庆大学, 2014.

[63]宋德福. 中国政府管理与改革[M]. 北京:中国法制出版社, 2001.

[64]孙刚. 污染、环境保护和可持续发展[J]. 世界经济文汇, 2004(5): 47-58.

[65]孙伟力. 公众环境危机感知、互联网使用与政府信任——基于 CGSS2010 数据的分析[J]. 福建行政学院学报, 2016(3):34-43.

[66]童燕齐. 转型社会中的环境保护运动:台湾与中国大陆的比较研究[M]//张茂桂,郑永年. 两岸社会运动分析. 台北新自然主义股份有限公司, 2003:406.

[67]童燕齐. 环境意识与环境保护政策的取向[M]. 北京:华夏出版社,2002.

[68]涂正革, 邓辉, 甘天琦. 公众参与中国环境治理的逻辑:理论、实践和模式[J]. 华中师范大学学报(人文社会科学版), 2018, 57(3): 49-61.

[69]王斌. 环境污染治理与规制博弈研究[D]. 北京:首都经济贸易大学,2013.

[70]王凯民,檀榕基. 环境安全感、政府信任与风险治理——从“邻避效应”的角度分析[J]. 行政与法, 2014(2):10-15.

[71]王美晓．环境规制对就业的影响研究——基于地级市面板数据的实证检验[J]．当代经济，2017(35)：122－123.

[72]王强．政府信任的建构："五位一体"的策略及其途径[J].行政论坛，2013(2):15－19.

[73]王新，吴玉萍．破解环境与贫困问题症结的关键——促进社会公平[J]．WTO经济导刊，2011(3):70－73.

[74]王学义,何兴邦．空气污染对城市居民政府信任影响机制的研究[J]．中国人口科学，2017(4):97－108.

[75]吴建南，徐萌萌，马艺源．环保考核、公众参与和治理效果:来自31个省级行政区的证据[J]．中国行政管理，2016(9)：75－81.

[76]吴柳芬，洪大用．中国环境政策制定过程中的公众参与和政府决策——以雾霾治理政策制定为例的一种分析[J]．南京工业大学学报(社会科学版)，2015(2)：55－62.

[77]席鹏辉，梁若冰．城市空气质量与环境移民——基于模糊断点模型的经验研究[J]．经济科学，2015，37(4)：30－43.

[78]谢旭轩．健康的价值:环境效益评估方法与城市空气污染控制策略[D]．北京:北京大学,2011.

[79]熊鹰,徐翔．政府环境监管与企业污染治理的博弈分析与对策研究[J]．云南社会科学，2007(4)：60－63.

[80]许莹晖．关于环境污染与地域贫困关系的研究——基于EKC曲线的实证分析[J]．环球人文地理，2014(14)：26.

[81]颜咏华，郭志仪．中国人口流动迁移对城市化进程影响的实证分析[J]．中国人口·资源与环境，2015，25(10)：103－110.

[82]杨继生,徐娟,吴相俊．经济增长与环境和社会健康成本[J].经济研究,2013(12)：17－29.

[83]杨健燕．公众诉求提升政府环境治理绩效的制度改进[J]．中州学刊，2015，226(10)：83－87.

[84]杨俊，盛鹏飞．环境污染对劳动生产率的影响研究[J]．中国人口科学，2012(5)：56－65.

[85]杨明．环境问题和环境意识[M]．北京:华夏出版社,2002.

[86]叶初升,惠利．农业生产污染对经济增长绩效的影响程度研究[J]．中国人口·资源与环境, 2016(4).

[87]易舒．茂名市政府对 PX 项目公共舆论管理的案例研究[D]．成都:电子科技大学, 2016.

[88]于文超, 高楠, 龚强．公众诉求、官员激励与地区环境治理[J]．浙江社会科学, 2014(5): 23.

[89]于文超．公众诉求、政府干预与环境治理效率——基于省级面板数据的实证分析[J]．云南财经大学学报, 2015(5): 132-139.

[90]袁程炜, 张得．能源消费、环境污染与经济增长效应——基于四川省1991—2010 年样本数据[J]．财经科学, 2015(7):132-140.

[91]袁海军．建构论, 知识的弹性与环境争议中的公众参与——以宁波市镇海区的 PX 项目事件为例[J]．哈尔滨工业大学学报（社会科学版）, 2013(5): 19.

[92]袁剑文．浅谈公众诉求与城市环境治理[J]．科技与创新, 2015(23): 23.

[93]岳友熙．生态环境美学[M].北京: 人民出版社, 2007.

[94]张锋, 胡浩, 张晖．江苏省农业面源污染与经济增长关系的实证[J]．中国人口·资源与环境, 2010, 120(8):80-85.

[95]张金阁, 彭勃．我国环境领域的公众参与模式——一个整体性分析框架[J]．华中科技大学学报(社会科学版), 2018, 32(4): 131-140.

[96]张平淡．地方政府环保真作为吗? ——基于财政分权背景的实证检验[J]．经济管理, 2018, 40(8): 25-39.

[97]张绍波．PX 项目,“妖魔”还是“天使”? ——来自四川石化项目环评的调查[J]．中国石油企业, 2013 (5): 32-34.

[98]张同斌, 张琦, 范庆泉．政府环境规制下的企业治理动机与公众参与外部性研究[J].中国人口·资源与环境,2017(2): 36-43.

[99]张橦．新媒体视域下公众参与环境治理的效果研究——基于中国省级面板数据的实证分析[J]．中国行政管理, 2018(9): 79-85.

[100]张小曳,孙俊英,王亚强,等. 我国雾霾成因及其治理的思考[J]. 科学通报, 2013, 58(13):1178 - 1187.

[101]张翼, 卢现祥. 公众参与治理与中国二氧化碳减排行动——基于省级面板数据的经验分析[J]. 中国人口科学, 2011(3): 64 - 72.

[102]赵伟. 空气污染对地区劳动生产率的影响研究[D]. 济南:山东大学, 2018.

[103]郑思齐, 万广华, 孙伟增,等. 公众诉求与城市环境治理[J]. 管理世界, 2013(6): 72 - 84.

[104]钟伟. 解决养殖业环境污染是农村畜牧业经济可持续发展的关键[J]. 青海畜牧兽医杂志, 2007, 37(6):42.

[105]周浩, 郑越. 环境规制对产业转移的影响——来自新建制造业企业选址的证据[J]. 南方经济, 2015, 33(4): 12 - 26.

[106]朱德米, 虞铭明. 社会心理, 演化博弈与城市环境群体性事件——以昆明 PX 事件为例[J]. 同济大学学报 (社会科学版), 2015, 26(2): 54 - 57.

[107]朱国华. 我国环境治理中的政府环境责任研究[D]. 南昌:南昌大学,2016.

[108]朱海伦. 环境公共治理中的信任与协商——以浙江省海宁"晶科事件"为例[J]. 国家行政学院学报,2015(2):115 - 118.

[109]朱建华, 逯元堂, 吴舜泽. 中国与欧盟环境保护投资统计的比较研究[J]. 环境污染与防治, 2013(3): 105 - 110.

[110]朱秀霞, 曹旭超, 宋金萍. 垃圾换物, 能把多少垃圾"换"清[N]. 新华日报, 2015 - 03 - 14(5).

[111]朱志胜. 劳动供给对城市空气污染敏感吗?——基于2012 年全国流动人口动态监测数据的实证检验[J]. 经济与管理研究, 2015(11): 47 - 57.

[112]祝睿. 环境共治模式下生活垃圾分类治理的规范路向[J]. 中南大学学报(社会科学版), 2018, 24 (4): 75 - 81.

[113]左翔, 李明. 环境污染与居民政治态度[J]. 经济学(季刊), 2016, 15(4): 1409 - 1438.